金沙江下游向家坝—溪洛渡库区地震活动特征研究

赵翠萍　雷红富　周连庆　姚孟迪　主编

地震出版社

图书在版编目（CIP）数据

金沙江下游向家坝—溪洛渡库区地震活动特征研究/赵翠萍等主编.
—北京：地震出版社，2023.9
ISBN 978-7-5028-5582-6

Ⅰ.①金…　Ⅱ.①赵…　Ⅲ.①金沙江—下游—梯级水库—地震活动性—研究
Ⅳ.①P315.5

中国国家版本馆 CIP 数据核字（2023）第 186075 号

地震版　XM5496/P（6416）

金沙江下游向家坝—溪洛渡库区地震活动特征研究

赵翠萍　雷红富　周连庆　姚孟迪　主编
责任编辑：俞怡岚　王　伟
责任校对：凌　樱

出版发行：地震出版社
　　　　　北京市海淀区民族大学南路 9 号　　　　邮编：100081
　　　　　销售中心：68423031　68467991　　　　传真：68467991
　　　　　总　编　办：68462709　68423029
　　　　　编辑二部（原专业部）：68721991
　　　　　http://seismologicalpress.com
　　　　　E-mail：68721991@sina.com

经销：全国各地新华书店
印刷：河北文盛印刷有限公司

版（印）次：2023 年 9 月第一版　2023 年 9 月第一次印刷
开本：787×1092　1/16
字数：307 千字
印张：12
书号：ISBN 978-7-5028-5582-6
定价：100.00 元

版权所有　翻印必究

（图书出现印装问题，本社负责调换）

《金沙江下游向家坝—溪洛渡库区地震活动特征研究》

编写人员

主　　编：赵翠萍　雷红富　周连庆　姚孟迪

参编人员：於三大　王勤彩　左可桢　赵　策
　　　　　郭　伟　董先勇　权录年　杜泽东
　　　　　韩　鹏　徐建宽　鲁人齐　缪　淼
　　　　　龚文正　崔仁胜　郑　现　罗　钧

参编单位：中国三峡建工（集团）有限公司
　　　　　中国地震局地震预测研究所
　　　　　南方科技大学
　　　　　中国地震局地质研究所

序

水库地震研究是与社会经济直接关联，但科学难度大的一个重要研究课题。这是因水库集防洪、灌溉、发电和提供工业及民用水等多项功能，尤其水电作为一种清洁、且可持续的能源，在现代社会备受青睐。因此水库，尤其大中型水库是现代社会的重要基础设施。不言而喻，如果发生破坏性水库地震，必然对社会经济、公共安全造成严重的危害，且由于水库地震震源较浅，同时水库蓄水后地下水位抬升，库区介质水饱和度增大，库区近地表介质的阻抗降低，对地震的放大效应显著增大。加之水库多位于高山峡谷地带、边坡效应较大，震级小，震感强，社会影响大及诱发滑坡等地质灾害的现象不乏其例。这意味着水库地震灾害是现代社会的一种特殊的自然灾害。但水库地震研究作为地震学的学科分支，还很薄弱。虽然与天然构造地震震源区一样，库区介质也在区域构造应力场的作用下，但又增加了库水加卸载作用这一重要因素，这使得水库地震的发生环境和动力条件更加复杂，其成因机理也更加复杂。相应的，地震活动特征及危害风险评估、预测方法，与天然构造地震可能具有某些共同点，又有一些明显的差别。近几十年来，国内外许多学者对水库地震开展了大量的研究，不断取得新的进展和一些重要的认识。但与有效地防控水库地震危害，减小水库地震对社会经济生活的影响，维护社会稳定和公共安全的要求，仍存在较大差距，这决定了加强水库地震研究是现代社会必须重点加强的一个重要课题。

《金沙江下游向家坝—溪洛渡库区地震活动特征研究》一书是中国三峡建工（集团）有限公司与中国地震局地震预测研究所、中国地震局地质研究所、南方科技大学产、学、研相结合，合作研究的重要成果。纵观全书，研究具有以下三个重要特点：

一是研究具有较强的针对性，以高坝、大库容，且成梯级化的大型水库为研究对象。国内外已有报道的水库地震案例，多数位于低地震烈度区划区，且多是针对一个个单一的水库而言的。我国从20世纪50年代开始建设了许多大中型水库，与社会经济建设布局相适应，在21世纪前尤其20世纪90年代前，我国的大中型水库多位于地震风险相对较低的华中、华南等低地震烈度区划区，且多为一个个单一的水库，梯级化的特征不明显。改革开放后，尤其从20世纪90年代开始，随着我国社会经济建设的快速发展，对能源的需求迅速增加，鉴于水电作为一种清洁，且可持续的能源备受青睐，于是从20世纪90年代开始，尤其21世纪初以来，在水利资源丰富的川滇等高地震烈度区划区建设了许多高坝、大库容，且呈梯级化的大型水库，已投入运行及在建、拟建的大型水库达100个左右。高地震烈度区地震构造复杂，地壳构造运动强烈，天然构造地震的频度、强度较高，这不仅增大了水库地震识别的难度，且梯级化布局使库区加卸载作用更加复杂，并应顾及库区以外，周围天然构造大震的孕育发生对库区地震活动的影响，这决定着已有主要的低地震烈度区划区水库地震研究所取得的认识是否完全可适用于高地震烈度区划区、梯级化水库，无疑需要根据新的观测事实予以检验，以明确哪些认识仍可适用，哪些认识应予以改进、发展。同时，选择位于高地震烈度区、呈梯级化的向家坝—溪洛渡库区作为研究对象，具有较强的针对性，不仅具有现实的主要应用价值，而且具有重要的科学意义。

二是研究建立在丰富的、可信度较高的基础数据的基础上。不仅有水库库水加卸载过程的详细、完整资料和库区及周围区域地质构造的详细资料，更主要的是在川滇地区已有数字地震监测台网的基础上，在库区建立了高密度的水库地震监测台网，这是目前我国密度最高的库区地震监测台网之一，不仅大大增强了对该库区的地震监测能力，提高了地震定位的精度，使水库地震时空分布与断裂构造、岩性的关系更加清晰，水库地震活动过程与库水加卸载过程的关系也更加清晰、可靠，而且所取得的丰富的波形数据，可扩展水库地震的研究内容，在水库地震的识别、发生环境、动力条件、成因机理等方面的认识取得新的进展。

三是改进、创新了水库地震研究思路及相应的方法。在21世纪之前国内外关于水库地震的研究，多采用地质学和统计分析等传统方法，研究水库的空间分布与库区断裂构造、库区基底岩性的关系；水库地震的时间分布与库水加卸载过程的关系等。依其对水库地震发生的环境与机理做推测、探索。在此基础上对水库地震危险性提出一些以统计分析、概率预测为主的评估方法。研究虽然取得一些可喜的进展，但对于一些重要问题，如库水加卸载所产生的弹性应力变化和介质孔隙压的变化对水库地震发生的作用，水库蓄水对地震活动的影响范围，水库地震有别于天然构造地震等仍存在一些不同认识，甚至众说纷纭。随着现代数字地震观测技术的诞生，从20世纪90年代中期开始，我国各省（区、市）普遍建设并不断加密区域数字地震监测台网，许多大中型水库业主也按照《中华人民共和国防震减灾法》的要求，建设高密度的库区数字地震监测台网。向家坝—溪洛渡库区数字地震观测台网正是我国密度最高的库区水库地震监测台网之一。与模拟观测技术比较，数字地震观测技术更利于提取地震波所携带的来自震源和介质更丰富的信息。本书作者们充分利用数字地震观测技术的优点和高密度台网所记录的丰富观测资料，将现代地震学的先进方法用于水库地震研究，得到的结果更加清晰，可信度更高。例如采用先进的地震定位方法，尤其双差结合波形互相关方法对包括微小地震在内的大量水库地震进行精定位，明确了地震在三维空间的分布范围，并使水库地震活动的空间分布与库区断裂构造的关系及水库地震活动过程与库水加卸载过程的关系更加清晰，更主要使用三维层析成像方法反演给出了库区及周围区域介质的速度结构图像，结合库区断裂构造研究了高烈库区水库地震发生的环境；用先进的方法测定大量地震的应力降等新的震源参数，指出库区绝大多数地震的应力降明显低于同等强度的天然构造地震，并进行动力学数值模拟，强调孔隙压力的增大对水库地震的发生起重要的作用；反演了大量水库地震的地震矩张量、震源机制、区域构造应力场，研究其时空分布特征的变化；根据反演给出的震源谱发现水库地震存在自停止破裂和非自停止破裂两种震源模型；根据地震空间分布和震源机制解构建的三维断层模型，运用流固耦合理论和库仑破裂准则，进行高精度的数值模拟，研究了在库水加卸载过程中，断层面剪应力变化、有效正应力变化、孔隙压力变化、库仑应力变化与库区地震活动时空分布的关系等。

纵观本书，研究工作量大，取得了很多有新意的认识。本书的作者们以严谨的科学态度对待所取得的认识。鉴于普遍性寓于特殊性之中，没有明确由本库区所取得的认识是否可完全适用于其他水库，尤其高地震烈度区梯级化、大型水库的水库地震。但其研究所采用的科学思路及相应方法对今后回答水库地震，尤其高地震烈度大型水库地震发生的环境及动力条件、水库地震有别于天然构造地震的主要特征及相应的地震危险性评估和预测方法有重要的借鉴和指导意义。笔者期望本书的出版对水库地震研究起到积极的推动作用，以便更有效增强防控水库地震的能力，服务于保障公共安全、维护社会稳定。

陈章立

2023.5

前　言

　　人类修建坝高100m以上的水库始于20世纪初，至今已有100多年的历史，其中大规模建设始于20世纪中叶。我国自20世纪50年代开始重视大型水库的建设，21世纪进入高速建设时期，水库建设呈现发展速度快、数量多、规模大、梯级化，且逐步向西部地震多发区、高烈度区集中的特点。水库区发生的地震由于震源深度较浅，地震烈度较同等级的天然地震烈度高，且中强水库地震有可能对水库岸坡、移民工程等产生破坏，蓄水后水库区较大地震发生的背景、成因及发展趋势是科学家和企业都十分关注的问题。到目前为止，全球已有200多个水库在蓄水过程或蓄水后发生了水库地震，其中包括4次6级以上地震，即20世纪60年代发生的1962年新丰江水库6.1级、1963年赞比亚—津巴布韦卡里巴水库6.2级、1966年希腊克里玛斯塔水库6.3级和1967年印度柯依纳水库6.5级地震，4次6级以上的水库地震连续发生，引起了地震学者和水库建设者的广泛关注，掀起了水库地震观测和研究的高潮。最早的水库地震观测始于1938年美国米德胡水库地震，该地震也是最早认定的由于水库蓄水引发的地震。我国的水库地震观测始于1962年的新丰江水库6.1级地震。新丰江水库地震台网是我国运行时间最长的水库地震台网，几经改造至今仍在运行，该水库也是我国研究时间最长、研究成果最多的水库。20世纪70年代，人们对水库地震的活动特征有了一定的认知，认为与普通地震序列相比，水库地震序列一般为前—主—余型地震序列、b值偏高、多为震群型及余震持续时间较长。20世纪80年代，通过对国内外水库地震震例的分析研究，在水库地震活动特征、地质构造、发震机理及地震危险性评估方面取得了显著进展，但因为观测条件限制和资料积累影响，水库地震研究仍处于初始阶段。

　　为保障水电建设持续发展及为社会公共安全提供更有力的科技支撑，科技部于2008~2011年把"水库地震监测与预测技术研究"作为国家重点科技支撑项目予以支持，中国地震局地震预测研究所为项目牵头单位。项目研究组取得了一些具有创造性的进展，主要表现在以下几个方面：水库发震机理为水库荷载引起的弹性变形和孔隙压实及库水渗透导致流体扩散和应力腐蚀，孔隙压效应导致的库区介质强度的降低是水库中强地震发生的主要原因；水库地震震源绝大多数深度小于10km，震中位于距库岸小于10km的有限区域范围里；初始地震活动对水库开始蓄水呈"快速响应"，最大地震对水库蓄水至最高水位也呈"快速响应"；与同等强度的构造地震比较，多数水库地震的烈度明显偏高，地震应力降偏低，震源尺度偏大，5级以上地震无此特征；水库地震是否发生取决于库区断裂构造、岩性等地质构造背景和库区构造应力水平。上述认知主要来源于低地震烈度区的水库观测资料研究结果。是否完全适用于地壳构造运动强烈的高烈度区的水库，尤其是梯级化的水库尚有待深入地观测研究。

川滇地区大型梯级水库主要集中在澜沧江、金沙江、雅砻江和大渡河4个流域。高坝大库容梯级水库的建设使水库地震的潜在危险性及地震安全问题日益突出，监测蓄水前后的地震活动，分析高烈度区水库地震成因及其发展趋势，有助于提高水库地区的防震减灾能力。中国三峡建工（集团）有限公司本着承担社会责任、为公共安全负责的理念，沿金沙江下游乌东德、白鹤滩、溪洛渡和向家坝4个首尾相连的梯级水库建立了金沙江下游水库地震监测系统。该系统是布设在高烈度区域梯级水库两岸、国内外罕见的、规模巨大且技术先进的地震监测系统，为我国水工抗震科研工作积累了不可多得的观测数据资料。金沙江下游地震监测系统2007年投入运行，至今已运行16年，丰富而高质量的地震监测资料，为研判库区地震活动趋势，研究水库地震特征和成因，分析潜在诱发地震危险性和保障水库地震安全提供了重要的基础数据。2020年，中国三峡建工（集团）有限公司立项支持了"金沙江下游梯级水库地震成因及判别方法研究"项目，中国地震局地震预测研究所承担了其中部分课题的研究，与中国地震局地质研究所、南方科技大学通力合作，完成该项目的研究内容。

本书的研究工作不仅使用了金沙江下游水库台网的地震观测数据，还使用了四川省地震局和云南省地震局区域台网固定台站，中国地震局地震预测研究所、中国地震局地球物理研究所科研项目布设的密集流动台站数据，对这些不同来源、不同格式的地震观测数据进行梳理、整合和相关处理，合并成本次研究的基础数据库。借助本数据库，采用先进的地震学和数值模拟方法，开展了基于精确定位的蓄水前后地震活动时空特征研究、三维速度成像、震源特性等研究工作。通过数值模拟方法，对库区水库地震进行动力学模拟，探索诱发地震发生的动力学机制。根据向家坝—溪洛渡库区重点库段已有断层和隐伏断层的几何和运动学特征及展布情况，构建了库区三维地震和构造模型。在三维构造模型的基础上进行库区蓄水后库仓应力变化的数值模拟，分析水位变化对库区断层应力的影响。

项目研究取得如下主要研究进展：蓄水过程中高烈度区构造环绕的"安全岛"内有可能发生中强地震；水库地震活动受库区地质构造背景控制，地震活动呈条带或丛集状，条带长度与断层相关，蓄水对库区小范围应力场造成扰动，但总体与区域应力场一致；水库地震绝大多数为震级较小的自停止地震，仅孔隙压力增加不容易触发失稳大地震；构建了库区带地形和精细断层模型的三维模型，实现精准计算蓄水导致的库区断层孔隙压力场及库仓应力场的时空演化，可动态分析库区各断层的库仓应力变化，为地震危险性分析提供依据。借助本项目资助，我们在高烈度区水库地震研究方面取得了一些创新性的进展，但在水库地震预测、预警及地震危险性评估方面仍需做进一步的研究工作。高烈度区构造地震活动频繁，构造复杂，与稳定大陆上的水库地震相比高烈度区水库地震成因有何特殊性，这些问题尚需要进行更深入研究。随着观测技术的发展和研究方法的创新，对水库地震的认知也将逐渐深刻和全面。

本书内容共分11章。

前言部分介绍了本书编撰的目的和项目来源。

第1章：主要概述了金沙江下游的地震地质和地震活动背景，介绍了水库建设、库区地震活动监测等情况。

第2章：利用结合波形互相关的双差定位法开展了库区地震的精定位研究，深入分析向家坝、溪洛渡库区地震活动的时间、空间分布特征。分析溪洛渡库区两次$M_S 5$地震序列的演化特征和相互关系。

第3章：利用2010年以来在库区开展的地震监测所积累的观测数据，反演了金沙江下游地区的精细三维速度和波速比结构，讨论了深部结构和地震活动特征及其相关性。为后续库区地震定位及三维结构模型的构建提供支撑。

第 4 章：采用地震矩张量反演方法，精细反演了库区 $M_L \geq 3.5$ 级地震的矩张量解和矩心深度，结合地震活动分析了库区较大地震的发震机制和库区断层几何结构。

第 5 章：水库区的地震以微震为主，本章使用溪洛渡库区的近场波形数据，反演了库区不同库段的小震震源机制解，在此基础上研究库区的应力场及其在蓄水前后的变化。

第 6 章：综合前面几章获得的金沙江下游地区的地震分布和地震震源机制解，构建了金沙江下游向家坝和溪洛渡库区高分辨率三维可视化构造模型，包括三维断层模型和三维综合构造模型。

第 7 章：反演得到 2013~2019 年库区震源模型和震源参数，发现库区存在自停止破裂和非自停止破裂两种震源模型，溪洛渡库区震级较小的地震大多为自停止地震。计算了库区地震的应力降等震源参数。

第 8 章：使用第 7 章获得的溪洛渡库区的震源应力降结果，进行动力学数值模拟，在模型中增加孔隙压力，探讨在孔隙压力作用下，不同背景构造应力和不同摩擦参数下的地震破裂情况。

第 9 章：使用第 6 章构建的三维断层模型，运用流固耦合理论及库仑破裂准则，结合水库水位数据及渗透率数据，进行高精度数值模拟，动态、定量分析库区蓄水过程导致的应力变化，阐明水库区地震的成因及机理，分析库区主要断层未来地震危险性。

第 10 章：回顾了水库地震研究的进展，总结前面章节的研究结果，综合分析溪洛渡水库区地震活动成因。

第 11 章：归纳了本书的主要研究成果和创新性，提出了对未来研究的思考和发展方向。

本书各章节部分结果或认识之间存在不完全一致的地方，鉴于每位作者是基于最基本的观测数据开展的计算和分析，并由此得出对两个库区地震活动的认识。同时这些认识和结论并没有原则上的出入，仅仅是采用的方法或认识不同，所以本书没有强行加以统一，仅供读者参考。各章节执笔作者列于当页脚注。限于水平，不妥之处在所难免，敬请批评指正。

项目研究中获得了陈章立研究员、陈晓非院士、陈厚群院士、张超然院士、周仕勇教授、刘杰研究员等专家的指导，对本研究给予了肯定并提出了宝贵的修改意见，在此致谢！

目 录

第1章 概述 ·········· 1
  1.1 金沙江下游水电站开发情况 ·········· 1
  1.2 金沙江下游地质背景和历史强震活动情况 ·········· 2
  1.3 金沙江下游地震监测情况 ·········· 6
  1.4 向家坝、溪洛渡水库蓄水过程 ·········· 7

第2章 溪洛渡和向家坝库区地震精定位和活动性分析 ·········· 9
  2.1 库区地震活动与水位的关系 ·········· 9
    2.1.1 溪洛渡水库区 ·········· 9
    2.1.2 向家坝水库区 ·········· 12
  2.2 地震精定位 ·········· 13
    2.2.1 方法和数据 ·········· 13
    2.2.2 溪洛渡库首区地震精定位及地震时空演化分析 ·········· 15
    2.2.3 向家坝库尾区地震精定位及地震时空演化分析 ·········· 19
  2.3 地震活动性 b 值时空特征 ·········· 21
  2.4 结论 ·········· 24

第3章 金沙江下游水库区三维速度成像 ·········· 25
  3.1 成像方法和参数选取 ·········· 25
  3.2 分辨率测试 ·········· 28
  3.3 结果与讨论 ·········· 30
    3.3.1 重定位结果 ·········· 30
    3.3.2 地壳介质结构及地震活动特征 ·········· 31
  3.4 结论 ·········· 36

第 4 章 利用地震震源机制解刻画溪洛渡水库区断层结构 ··· 38

4.1 震源机制解 ··· 38
4.2 库区应力场 ··· 42
4.3 溪洛渡库首区断层精细结构 ··· 43
4.4 结论 ··· 45

第 5 章 溪洛渡库区小震震源机制解和分区应力场 ··· 46

5.1 方法和参数设置 ··· 47
5.2 小震震源机制解 ··· 47
5.3 库区小区域应力场动态变化 ··· 57
5.4 小结 ··· 61

第 6 章 三维断层和三维综合构造模型 ··· 76

6.1 数据资料的收集与整理 ··· 78
6.2 建立三维工区和数据加载 ··· 78
    6.2.1 三维地震层析成像 ··· 81
    6.2.2 震源机制解的 3D 成像 ··· 83
    6.2.3 主要断层的 3D 模型 ··· 83
6.3 向家坝—溪洛渡库区三维建模结果 ··· 85

第 7 章 溪洛渡库区地震震源谱参数计算和分析 ··· 91

7.1 震源参数意义及计算原理 ··· 91
7.2 震源谱反演结果与分析 ··· 93
7.3 应力降结果与分析 ··· 105
    7.3.1 溪洛渡库区震源参数及其特征 ··· 105
    7.3.2 溪洛渡库区震源参数与其他地区的对比分析 ··· 110
7.4 结论 ··· 112

第 8 章 水库地震发生的动力学模拟 ··· 113

8.1 研究方法和模型设置 ··· 113
    8.1.1 研究方法 ··· 113
    8.1.2 模型设置 ··· 114
    8.1.3 视震源时间函数 ··· 114

8.2　动力学模拟结果 ……………………………………………………………… 115

　　8.3　结论 …………………………………………………………………………… 117

第9章　基于流固耦合理论计算库区应力响应及地震危险性分析 …………… 118

　　9.1　研究方法 ……………………………………………………………………… 118

　　　　9.1.1　流固耦合的有限元方法 ………………………………………………… 118

　　　　9.1.2　库仑破裂应力变化（ΔCFS） …………………………………………… 119

　　　　9.1.3　地震活动性参数 b 值 …………………………………………………… 119

　　　　9.1.4　传染型余震序列模型（ETAS） ………………………………………… 120

　　9.2　流固耦合模型的验证 ………………………………………………………… 120

　　9.3　有限元模型设置 ……………………………………………………………… 124

　　9.4　孔隙压时空演化 ……………………………………………………………… 126

　　9.5　库仑应力演化 ………………………………………………………………… 131

　　9.6　地震活动性分析 ……………………………………………………………… 144

　　9.7　讨论 …………………………………………………………………………… 152

　　9.8　结论 …………………………………………………………………………… 153

第10章　溪洛渡水库区地震活动成因浅析 ………………………………………… 154

　　10.1　已有水库地震的研究结果 …………………………………………………… 154

　　10.2　溪洛渡水库区地震成因分析 ………………………………………………… 156

第11章　结语 ……………………………………………………………………………… 162

参考文献 …………………………………………………………………………………… 165

第1章 概 述*

金沙江是长江上游的河段，因江中含沙金而得名，发源于青海唐古拉山，长江江源水系汇成通天河后，到青海玉树市进入横断山区，开始称为金沙江。金沙江过石鼓（玉龙纳西族自治县石鼓镇）后，流向由原来的东南向，急转成东北向，形成奇特的"U"形大弯道，成为长江流向的一个急剧转折，被称为"万里长江第一湾"。向东北方向一路汇聚了雅砻江、大渡河、岷江及嘉陵江，穿越了多条大型边界断裂带，成了长江的源流。其中规模宏伟的金沙江下游自南往北穿过云南地区中部，且自云南巧家开始沿着四川云南省界向北东方向奔腾而去。中国三峡建工（集团）有限公司在高山峡谷处依次兴建了金沙江下游的乌东德、白鹤滩、溪洛渡、向家坝4座世界级梯级电站，这些大型电站是我国西电东输的重大工程，尤其是白鹤滩水电站，更是被誉为"大国重器"。

1.1 金沙江下游水电站开发情况

金沙江拥有丰富的水能资源，水量丰沛、稳定、落差大，其蕴藏量达1.124亿千瓦，约占全国的16.7%，可开发水能资源达9000万千瓦，其水能资源的富集程度堪称世界之最。金沙江分上、中、下游。其中玉树至石鼓称为金沙江上游（全长958km，落差1677m），石鼓至攀枝花称为金沙江中游（全长1326km，落差1570m），攀枝花至宜宾称为金沙江下游（全长782km，落差729m）。从上游到下游，金沙江的水能资源越来越富集，电站装机规模越来越大。由于雅砻江的加入，金沙江下游流量大增，水能资源富集，河流穿行于高山峡谷之中，具有建设高坝大库的地形地质条件，开发条件最为成熟。

金沙江水电开发序列按照从下游、中游向上游推进的格局进行。金沙江中游河段主要流经云南省内，规划8级，总装机2100多万千瓦，平均每级装机200多万千瓦。计划开发上虎跳峡、两家人、梨园、阿海、金安桥、龙开口、鲁地拉、观音岩等"一库八级"电站，总装机规模超过三峡大坝。金沙江下游河段是云南、四川两省的界河，规划4级，总装机4000多万千瓦，平均每级装机达1000万千瓦。从上至下依次规划有乌东德、白鹤滩、溪洛渡、向家坝4座梯级水电站，总装机规模相当于"两个三峡"。其中溪洛渡与向家坝水电站、白鹤滩与乌东德水电站各构成"一组电源"，主要向华中、华东和华南地区送电。

向家坝水电站是金沙江水电基地下游4级开发中的最下游的梯级电站，距溪洛渡电站坝址157km，距水富城区1.5km、宜宾市区33km。电站整体规模仅次于三峡、白鹤滩、溪洛渡，为我国第四大水电工程。电站设计左、右岸各安装当今世界最大单机容量80万千瓦混流式水轮

---
* 本章由赵翠萍、於三大、雷红富、姚孟迪执笔。

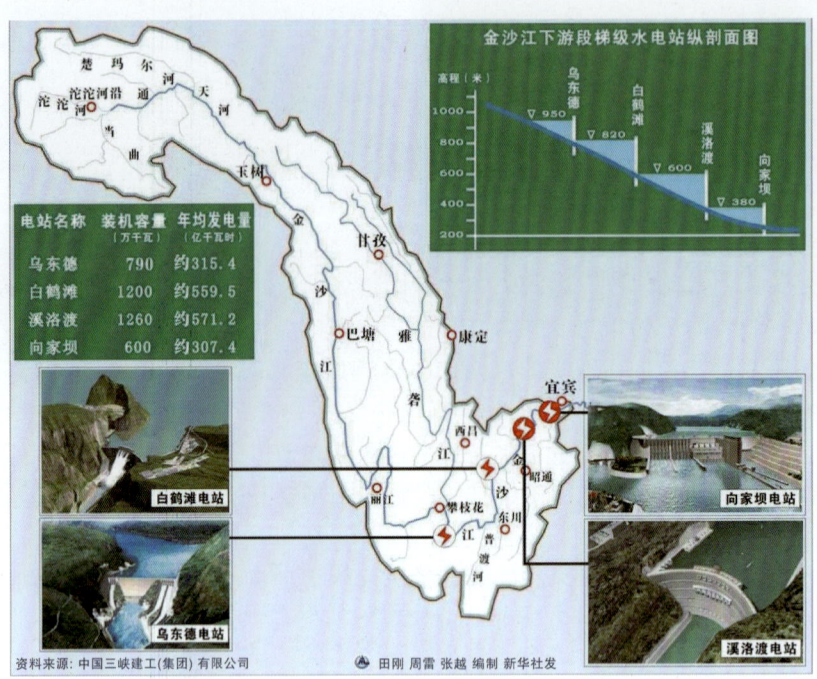

图 1.1 金沙江下游水能资源开发图
（资料来源：中国三峡建工（集团）有限公司）

发电机组 4 台，总库容 51.63 亿立方米，总装机容量 640 万千瓦，多年平均发电量达 307.47 亿千瓦时。2006 年正式开工，2008 年截流，2012 年首批机组发电，2015 年建设完工。

溪洛渡水电站是金沙江下游河段水电开发规划中的第三个梯级电站，电站以发电为主，兼有拦沙、防洪和改善下游航运等综合效益，总装机容量 1386 万千瓦。电站枢纽建筑物主要由拦河大坝、泄洪建筑物、引水发电建筑物及导流建筑物等组成。其中拦河大坝为混凝土双曲拱坝，大坝的坝顶高程 610m，最大坝高 285.5m，正常蓄水位 600m，死水位 540m，总库容 126.7 亿立方米。地下厂房分设在左、右两岸山体内，各装 9 台单机容量为 77 万千瓦的水轮发电机组。工程于 2003 年 8 月开始筹建，2005 年 12 月正式开工，2013 年 7 月首批机组投产发电，2014 年 6 月全部机组投产发电。水库总容量 126.7 亿立方米，调节库容 64.6 亿立方米，可进行不完全年调节。溪洛渡水电站 2005 年底开工，2013 年投产。2015 年溪洛渡水电站工程获得国家科技进步奖二等奖，2016 年荣获"菲迪克 2016 年工程项目杰出奖"。

1.2 金沙江下游地质背景和历史强震活动情况

地质构造单元上，金沙江下游地区是康滇地轴和上杨子台褶带两个二级大地构造单元的过渡地带（张超然等，2009）。向家坝水电站区域大地构造单元西部为松潘印支地槽，东部为扬子准地台。坝址东南侧距华蓥山断裂带约 20km。西距马边—昭通南北向断裂带约

60km。坝址区位于四川内陆盆地盖层褶皱滑脱构造稳定区内的自贡至宜宾构造地震活动基本稳定带，无活动断层通过，区域构造稳定性较好。坝址区外围地震活动主要集中在2个地震带，即西部马边—大关强震活动带和东部宜宾中强震活动带。马边—大关强震带的发震构造是马边—昭通南北向断裂带的组成部分。自1216年雷波马湖发生7级地震以来，至1988年共记载有6级以上地震8次，7级以上地震2次。其中最大地震为1974年5月11日发生在永善县钟家坪的7.1级。宜宾地震带主要受华蓥山断裂带控制，历史上该断裂带上发生的最大地震为公元前26年宜宾5.5级和1610年高县庆符5.5级地震。近代弱震活动也较频繁。坝址区无发生中强地震的地震地质背景，历史上外围地震对坝址区影响烈度为Ⅴ~Ⅵ度。中国地震局对向家坝水电站进行了地震基本烈度复核和地震危险性分析工作，坝址区的地震基本烈度为Ⅶ度，相应的基岩水平峰值加速度为0.12g。100年超越概率0.02设防，相应设计地震加速度为0.222g。

溪洛渡水电站在大地构造上属于扬子准地台西部的二级构造单元扬子台褶带范畴。区域外围受三江和龙门山断裂带控制，均属发震断裂带，但距坝址均在140km以外，地震活动对工程影响不大。区域新构造活动以大面积整体性、间歇性抬升为主，表现为边界断裂带的相对活动和断块内部的相对稳定。溪洛渡大坝位于由金阳—峨边断裂带、华蓥山—莲峰断裂带和盐津—马边隐伏断裂带所围限的雷波—永善三角形块体构造之中南部（图1.2）。深部地球物理场显示雷波—永善块体无深大断裂带反映，块体内地震活动微弱，不具备发生6级以上强震的地震地质背景。溪洛渡电站坝址区位于金沙江下游豆沙溪沟口至溪洛渡沟口，坝区历史上曾发生过大于6级的强震5次，波及坝址的地震烈度为Ⅵ度左右。区域范围内，1216年马湖7级地震离坝址约23km，1936年雷波西宁镇6¾级地震距坝址约28km，附近最大的地震为1974年大关北7.1级地震，震中距坝址约40km。据对该带的未来地震危险性分析，马边地震带为6.75~7级危险区。

雷波—永善块体南北长80km、东西宽40km，地表未见大的断层分布。块体内部以北东向褶皱为主，断裂带不发育，自北向南主要分布有西宁构造盆地、雷波—永善构造盆地。褶皱通常背斜相对紧闭陡窄，两翼不对称，多为古生界地层；向斜开阔，中间为地层产状平缓的中生界地层。雷波—永善构造盆地西起马颈子断层，东至翼子坝断层，北起城墙岩背斜，南抵黄泥坡背斜，四周被背斜与断层所围陷，形成北东长35km，北西宽25km的菱形。在盆地内发育有次一级褶皱，如永盛向斜、马湖向斜、菁口隆起等。由二叠系至下侏罗系地层构成，产状平缓，倾角5°~15°，地表未见大的断层分布。盆地四周由古生界地层构成，两翼不对称，北西翼缓，倾角10°~15°；南东翼陡，倾角20°~35°。

根据闻学则等（2013）的研究，最近700多年来研究区有记载和记录的$M_S \geq 6$级地震的破裂区分别沿大凉山次级块体东、西边界的马边—盐津断裂带的中—南段和安宁河—则木河—小江断裂带展布，而沿大凉山、峨边—烟峰、莲峰以及昭通等4条断裂带均无历史强震或大地震的破裂区。

金沙江下游区域的主要构造和历史地震活动情况（图1.2）如下：

1. 华蓥山断裂带（F1）

华蓥山断裂带为川中台拱与川东陷褶束两个三级构造单元的边界断裂带。断裂带走向N45°E，断面总体倾向南东，倾角30°~70°，具右行逆冲性质，在地表由规模不等的若干条

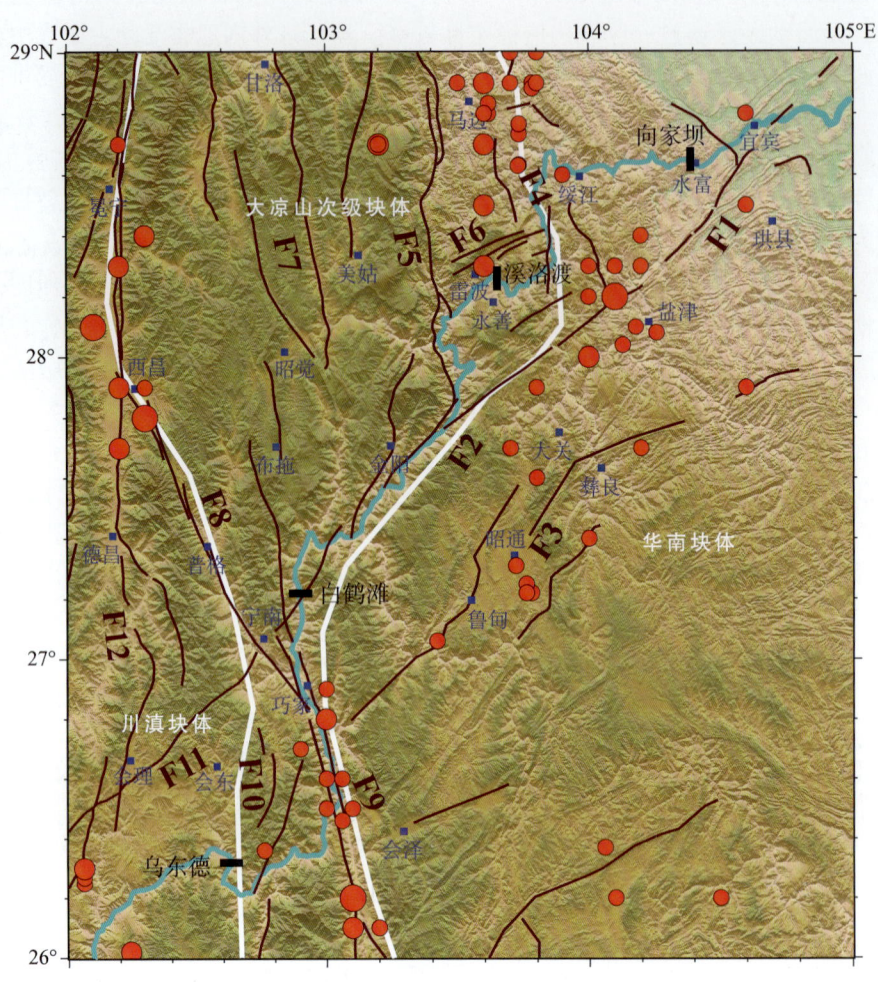

图 1.2 金沙江下游地区历史强震与断层分布

红色圆圈为历史上（2009 年及之前）5 级以上地震；黑色条块为水库大坝；白色线为块体边界；
深红色线为主要断裂带：F1. 华蓥山断裂带，F2. 莲峰断裂带，F3. 昭通—鲁甸断裂带，F4. 盐津—马边断裂带，
F5. 金阳—峨边断裂带，F6. 雷波断裂带，F7. 大凉山断裂带，F8. 则木河断裂带，F9. 小江断裂带，
F10. 普渡河断裂带，F11. 宁会断裂带，F12. 安宁河断裂带

断层组成。该断裂带多隐伏于地下或断续出露，在卫片上线性特征明显。地表主要出露于广安天池—北碚天台寺，全长 73km。断裂带旁侧次级断层、褶皱发育。

2. 莲峰断裂带（F2）

北东向的莲峰断裂带于溪洛渡水库坝址南侧 25km 处通过，沿莲峰背斜轴部发育，主要由莲峰断裂带及数条北东向断层组成，总体走向 N50°~60°E，倾向北西，倾角 60°~80°，切割了从震旦系至中生界的所有地层，推测莲峰断裂带为一条切割较深的基底断裂带，最晚活动年代在中更新世末至晚更新世初，第四纪晚期活动弱。

3. 昭通—鲁甸断裂带（F3）

昭通—鲁甸断裂带全长约 150km，由 3 条右阶斜列的次级断裂带，即昭通—鲁甸、洒渔河和龙树断裂带组成，总体走向 N40°E。洒渔河和龙树断裂带倾向南东，昭通—鲁甸断裂带倾向北西。闻学泽等（2013）结合 GPS 资料和 b 值的空间分布，发现昭通—莲峰断裂带存在不同程度的闭锁。自 2003 年起，该构造带附近中强地震明显增多，分别发生了 2003 年云南鲁甸 $M_S5.0$ 和 $M_S5.1$ 地震，2004 年鲁甸 $M_S5.6$ 地震，2006 年云南盐津两次 $M_S5.1$ 地震以及 2012 年云南彝良 $M_S5.7$ 和 $M_S5.6$ 地震。震源机制解表明 NE 走向的昭通—鲁甸断裂带和莲峰断裂带以右旋走滑兼逆冲，或者以逆冲为主要错动方式。2014 年 8 月 3 日，发生了鲁甸 $M_S6.5$ 地震。鲁甸地震发生后，学者们发现包谷垴—小河断裂带是与昭通—鲁甸断裂带相配的次级断裂带，由数条断续展布的断裂带组成。鲁甸 $M_S6.5$ 地震发生在昭通—鲁甸断裂带和包谷垴—小河断裂带的交会处，震源机制解存在正断型分量，与昭通—鲁甸断裂带的性质有所差别。

4. 盐津—马边断裂带（F4）

盐津—马边断裂带位于四川盆地西南缘，由多条走向不同、规模较小的断裂带组成，包括利店断裂带、中都断裂带、玛瑙断裂带、中村断裂带、关村断裂带等。地震地质调查已发现具有晚第四纪乃至全新世的新活动性（唐荣昌等，1993），表现为逆冲—左旋走滑性。南北向的马边—盐津断裂带在向家坝库尾通过，整个断裂带展布长约 280km，断裂带破碎宽约 50km，是该地区的主要活动断裂带。沿马边—盐津断裂带地震活动存在着显著的分段特征（张世民等，2005；韩竹军等，2009）：马边以南的断裂带是强震与大震集中发生的地段，马边至峨边段以中、强地震活动为主，而峨边以北的分段无 5 级以上的地震活动，但小震活动频繁。1900 年以来，发生 7 级以上地震 1 次，为 1974 年 5 月 11 日大关北 $M_S7.1$ 地震。$6.0 \sim 6.9$ 级地震 3 次，$M \geqslant 5.0$ 级地震 20 次。1970 年以来发生的 14 次 5 级以上地震的震源机制解结果同样揭示了该断裂带存在明显的分段特征。该地震带的地震活动显示震群型和主余型两种形式：1917 年发生大关吉利铺 6.8 级地震，$1935 \sim 1936$ 年发生马边震群，最大震级 6.8 级（2 次）。1948 年发生马边—雷波震群，最大震级为 5.8 级。1971 年马边震群，最大震级 5.9 级。1973 年马边—彝良震群，最大震级为 5.4 级。1974 年云南大关北 $M_S7.1$ 地震为主余型地震。自 1976 年以来，该地震带未发生过 $M \geqslant 5.0$ 级地震。

5. 金阳—峨边断裂带（F5）

金阳—峨边断裂带位于马边地震带的最西侧，是区域性凉山褶断隆起和宜宾—雷波构造带的分界线。金阳断裂带为第四纪早—中期活动断裂带，晚第四纪以来活动弱，为一条深大断裂带，长 150 余千米，走向近南北，倾向东或西，倾角 $60° \sim 70°$，遭受强烈挤压破碎，附近有多期玄武岩浆喷发。该断裂带形成于燕山晚期，主体表现为由西向东逆冲活动，是在区域隔挡式褶皱基础上进一步构造变形形成的逆冲断裂带。该断裂带在 28.7°N 以南现今小震活动并不活跃，b 值在 $0.7 \sim 1.0$，接近研究区平均值至略偏低，显示该断裂带段目前处于中等或偏高的应力水平，并以稀疏的中小地震活动为特征。

6. 雷波断裂带（F6）

通过野外地质地貌调查，结合探槽技术以及年代测试结果，韩竹军等（2009）认为北东东向的雷波断裂带断错的最新地层时代在40ka左右，属晚更新世活动断裂带。雷波断裂带由3条近于平行的北东东向次级断裂带组成，由北向南分别为北支、中支和南支断裂带，构成长约35km、宽约10km的北东东向断裂构造带。雷波断裂带中支、南支断裂距溪洛渡坝址区最近处分别约6.5km、2.5km。1216年3月24日四川省雷波马湖附近发生了一次强烈地震，震级推测为6级至7级，地震发生在雷波断裂带和玛瑙断裂带交会部位。

7. 大凉山断裂带（F7）

大凉山断裂带北接鲜水河断裂带南端，分布在安宁河、则木河东侧，向南经越西、普雄、昭觉、布拖至云南巧家与小江断裂带相接，全长约280km。最新的遥感解译和野外调查结果表明大凉山断裂带是一条新生的断裂带，大凉山断裂带南、北两段的活动性高于中段，小震活动在中段存在明显的空区；大凉山断裂带上地质体反映的总位错和水系的位错基本相同，说明大凉山断裂带开始于该地区水系成型之后。探槽揭示的古地震事件和用断错地貌和GPS观测结果估计的水平滑动速率3~4mm/a，都表明大凉山断裂带与安宁河、则木河断裂带一样也是一条强震构造带。大凉山断裂带的晚第四纪构造变形以左旋走滑为主。

此外，与库区相关的重要断裂带还有翼子坝断层，距溪洛渡坝址区最近处为16km，为挤压逆冲型活动断裂带。据断层旁细砾层中取得的炭屑，用^{14}C法测得年龄为$(2.46±0.08)×10^4 a$，说明该断层在晚更新世到全新世期间有过活动，并导致上覆冲积层发生变动。

1.3 金沙江下游地震监测情况

随着金沙江下游水电站开始建设，2007年中国三峡建工（集团）有限公司建立了金沙江下游水库地震监测台网。该台网由布设在金沙江下游两岸10km范围内的76个短周期台站组成，使用短周期地震计（FSS-3M地震计），配备EDSP-16位数采，采样率100Hz，对溪洛渡库区监测能力可达到0级。该台网以监测水库区地震为主要目的，日常台站运行率达95%以上。水库地震监测网络中心实时汇集记录的地震波资料，对库区及沿江两侧50km内地震进行参数测定和速报。由图1.3的台网布局可见，该台网（绿色三角形代表）对库区及沿江两侧30km内$M_L 0.5$以上地震记录相对较完整。2016年起，中国地震局地震预测研究所在金沙江下游库区先后布设了56个宽频带数字地震台（红色三角形代表），加强了对库区两侧60km范围内地震的监测。库区附近还有中国地震局四川和云南区域台网的部分台站（蓝色三角形代表）。

金沙江下游水库地震台网在水库区的地震监测中发挥了重要的作用。但是，在深入开展库区高精度三维结构层析成像、精确定位以及矩张量反演等地震学研究时还存在一些局限，上述研究需要有覆盖研究区的台网布局和宽频带地震波形数据。在本项目研究中，我们首先收集整理了布设在库区不同来源的地震观测数据，包括金沙江下游水库台网（2010~2019年）、中国地震局四川和云南区域台网（2010~2019年）、中国地震局地震预测研究所科研项目布设的密集流动台网（2016~2019年）的观测数据，对这些不同来源、不同格式的地震观测数据进行梳理、整合和相关处理，合并成本次研究需要的基础数据库，包括完整的仪器参数、地震目录、观测报告和事件波形数据。由图1.3可见，三峡水库地震台网和地震预测研究所布设的台站，对溪洛渡大坝及其库区形成了较好的高密度平面布局，数据整合后可极大地提高定位精度,为获得库区高分辨率速度结构及开展地震活动特征的研究奠定了数据基础。本书后面章节研究中使用的向家坝和溪洛渡水库地震目录中,除 2 次 5 级以上地震为 M_S 震级外,其他小于 5 级的地震均为 M_L 震级,为表达简便,全书统一为 M。

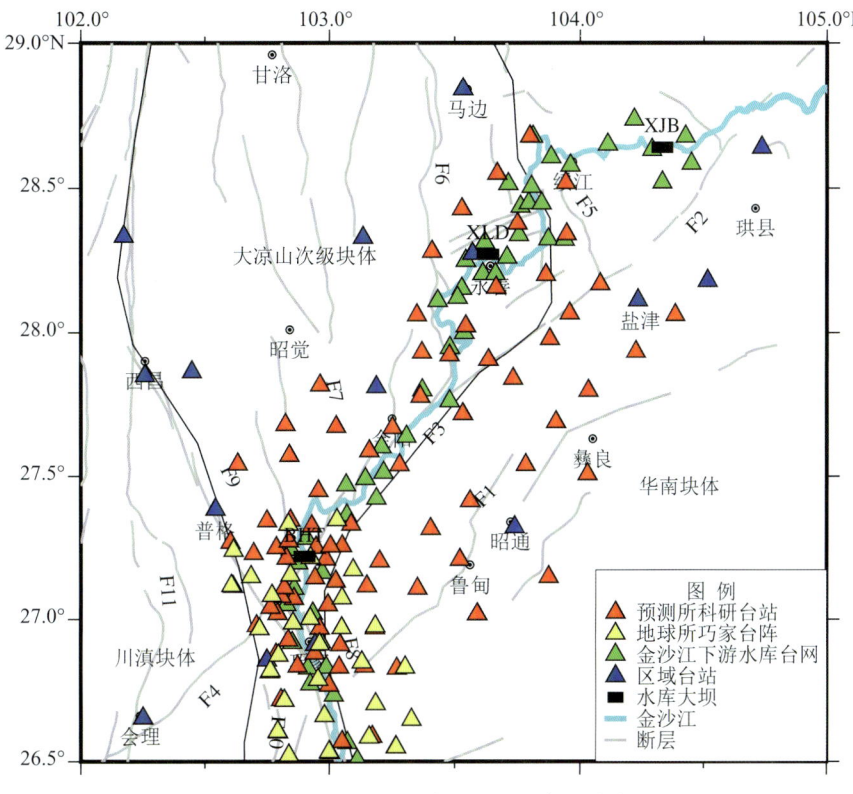

图 1.3 金沙江下游地震监测台站分布

1.4 向家坝、溪洛渡水库蓄水过程

图 1.4 给出了向家坝和溪洛渡大坝蓄水前后的日水位值。向家坝蓄水第一阶段,2012 年 10 月 10 日至 10 月 16 日,水位由 280m 抬升到 354m,升幅 74m,蓄水量约 28 亿立方米;蓄水第二阶段,2013 年 6 月 26 日至 7 月 5 日,水位由 354m 抬升到了 370m,升幅 16m,历

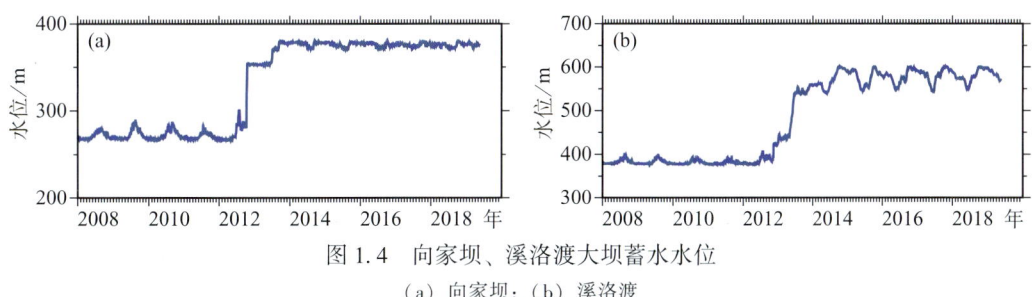

图 1.4 向家坝、溪洛渡大坝蓄水水位
(a)向家坝;(b)溪洛渡

时9天,增加蓄水量约10.95亿立方米,此后水位又缓慢抬升至372m左右;蓄水第三阶段,2013年9月7日至9月12日,水位由372m抬升到正常蓄水位380m,升幅8m,自2013年7月5日以后,增加蓄水量约10.82亿立方米。之后水库水位基本稳定,只随季节有略微变化。二阶段蓄水后库尾出现地震活动(图1.5)。

溪洛渡水电站2012年11月16日封导流洞,围堰开始挡水。2013年5月4日,溪洛渡水电站开始第一阶段下闸蓄水,坝前水位从440m开始,到6月23日涨至540m高程。2014年8月21日至9月底蓄水至工程设计的600m正常蓄水位。2015年以后溪洛渡水库以在汛期最高水位和旱季最低水位之间平均变化幅度50m呈周期性变化。从蓄水开始,库区出现地震活动(图1.5)。

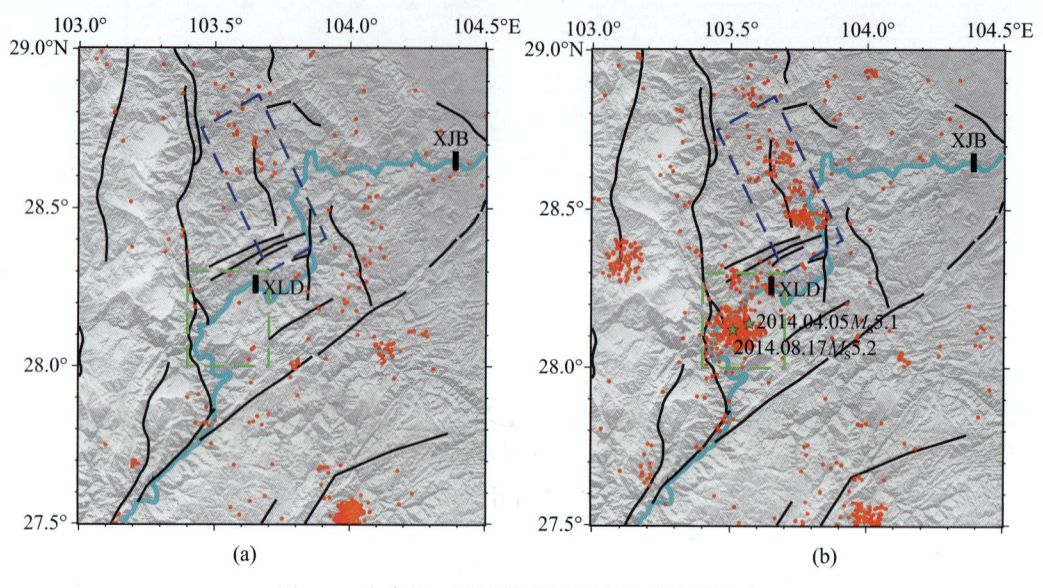

图1.5 向家坝、溪洛渡库区蓄水前后地震活动
(a)向家坝、溪洛渡库区2008~2012年1级以上地震分布;
(b)向家坝、溪洛渡库区2013~2019年1级以上地震分布,其中两个绿色五角星为2014年两次5级地震

图1.5为基于四川区域台网地震目录的地震活动分布图,为排除不同时期台站监测能力不同所带来的影响,我们仅使用了1级以上的地震。由图1.5a可见,蓄水之前2008年至2012年10月,区域内地震活动较少,溪洛渡库区几乎没有地震活动,向家坝库区上游盐津—马边断裂带的西北、东南两端有一些地震活动,而断裂带中段与金沙江交汇处地震活动较少。在蓄水之后(图1.5b),向家坝、溪洛渡库区都出现了大量的地震活动,其中溪洛渡库区的地震活动主要集中在坝首位置和永善库段东岸,向家坝库区的地震活动则主要集中在之前地震活动较少的盐津—马边断裂与金沙江交汇处,库区下游靠近大坝的位置反而地震活动较少。2014年4月5日和8月17日,溪洛渡库区分别发生了永善M_S5.1和M_S5.2地震。高烈度区梯级电站的向家坝、溪洛渡库区蓄水前后的地震活动性研究,为研究构造地震活跃区的水库地震活动特征和成因机理积累了样本,对于我们认识和识别水库地震有着重要意义。

第 2 章 溪洛渡和向家坝库区地震精定位和活动性分析[*]

向家坝、溪洛渡两座水库蓄水后，向家坝库尾和溪洛渡库首区微震活动显著增多。为研究库区地震的时空演化与水位的关系及蓄水前后库区应力变化，本章使用结合波形互相关的双差定位和 b 值分析方法，以期对溪洛渡和向家坝水库的地震活动特征有更深入的认识。

2.1 库区地震活动与水位的关系

2.1.1 溪洛渡水库区

2010 年 1 月 1 日至 2019 年 12 月 31 日，金沙江下游台网中心记录 29236 次地震。因水库地震台网沿河流呈窄带分布，远离河流的地震定位准确度较差，所以我们选择溪洛渡水库附近台站覆盖较好的区域进行地震活动性分析，共选出地震 14161 次（图 2.1）。溪洛渡水库 2013 年 5 月 4 日开始蓄水，水库蓄水前地震活动微弱，蓄水后地震活动显著增强。蓄水前 2010 年 1 月 1 日至 2013 年 5 月 3 日共发生地震 463 多次，最大地震 $M2.5$。蓄水后至 2019 年 12 月 31 日共发生地震 13698 次，其中 $M \geq 5.0$ 级地震两次，分别是 2014 年 4 月 5 日的 $M_S 5.1$ 和 2014 年 8 月 17 日的 $M_S 5.2$ 地震（中国地震台网正式目录），$4.0 \leq M \leq 4.9$ 级地震 11 次，$3.0 \leq M \leq 3.9$ 级地震 76 次，$2.0 \leq M \leq 2.9$ 级地震 564 次，$1.0 \leq M \leq 1.9$ 级地震 3098 次，$0 \leq M \leq 0.9$ 级地震地震共 9368 次，0 级以下地震 582 次。库区地震以微震为主，1 级以上地震仅占 26.48%。

溪洛渡水库蓄水后地震活动主要集中在大坝至上游约 40km 范围内的库首区。库首区地震成丛分布，有 3 个非常明显的地震丛集区，即大坝附近地震丛集区（A 区）、2014 年 4 月 5 日 $M_S 5.1$ 地震所在地震丛集区（B 区）和 2014 年 8 月 17 日 $M_S 5.2$ 地震所在的地震丛集区（C 区），我们分别对不同区域地震活动时间进程进行分析，以研究地震活动与水位的关系。

溪洛渡水库蓄水分为 3 个阶段。第一个阶段为首次蓄水时间，自 2013 年 5 月 4 日至 2014 年 5 月 20 日水位由 443m 升高到 562m，水位上升 119m。第二个蓄水阶段由 2014 年 5 月 20 日至 2015 年 6 月 14 日，水位由 540m 上升到 600m，水位上升 60m。第三个阶段由 2015 年 6 月 14 日至 2019 年底，水库水位在汛期最高水位和旱季最低水位之间存在周期性变化，溪洛渡水库在 2013 年 5 月至 2019 年 12 月期间经历了 6 次注、排水过程（图 2.2a）。蓄水前库首区地震活动频度低、强度很弱（图 2.2a）。蓄水第一阶段，2013 年 5 月 4~14 日的 10 天内水位由 443m 上升到 526m，水位快速上升了 83m，小震活动显著增强，在小震活动

---
[*] 本章由赵策、赵翠萍、王勤彩执笔。

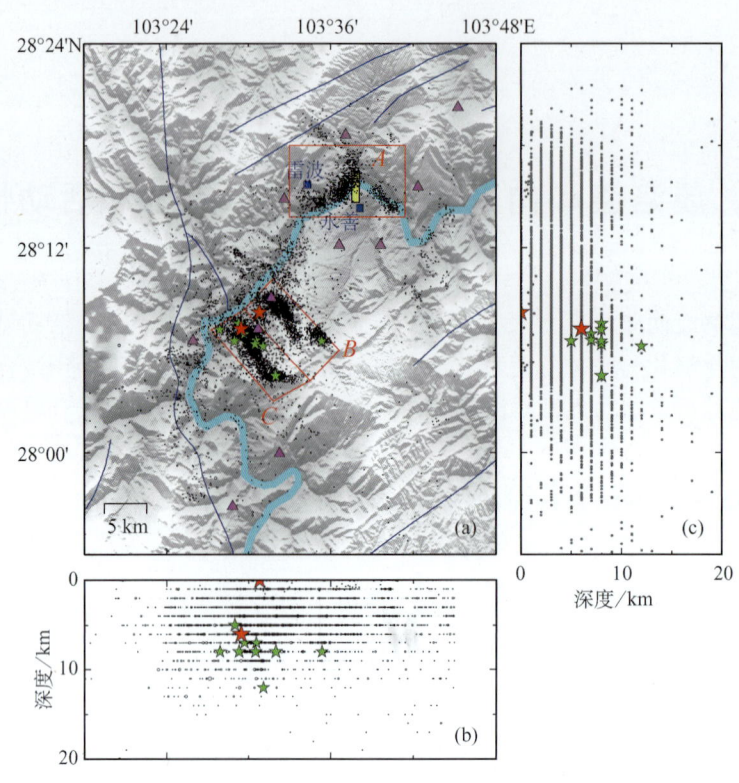

图 2.1 溪洛渡库首区地震震中分布和深度剖面

(a) 溪洛渡库首区精定位前地震震中分布；(b) 和 (c) 沿纬度和经度的地震深度剖面图；
A、B、C 分别为大坝附近、2014 年 4 月 5 日 M_S5.1 地震所在区域和 2014 年 8 月 17 日 M_S5.2 地震
所在区域的地震丛集区；紫色三角为台站

持续活动 11 个月后，水位升至第一阶段的最高水位 562m 然后开始下降，发生了 2014 年 4 月 5 日的 M_S5.1 地震及随后的 $M\geqslant$3.5 级地震，这些地震均发生在水位由第一阶段最高水位快速下降的过程中。

蓄水第二阶段，水位由 2014 年 6 月 14 日的 540m 上升到 9 月 20 日 598m，水位升高 58m，在水位快速上升过程中，发生了 8 月 17 日的 M_S5.2 地震及一系列 $M\geqslant$3.5 级地震，第二蓄水阶段结束，水位快速下降过程中也发生了几次 $M\geqslant$3.5 级地震。2015 年至 2017 年上半年地震活动强度和频度虽有起伏，但整体呈逐渐减弱趋势，2017 年下半年至 2019 年强度和频度有所回升（图 2.2a）。总体来看，水库开始蓄水至 2018 年上半年 5 年时间内，$M\geqslant$3.5 级地震发生在水位快速上升或下降的时间段，在水位缓变或平稳时地震活动强度和频度相对降低，2018 年下半年至 2019 年，较大地震发生与水位快速变化相关性变差。这种情况与塔吉克斯坦努列克水库（Simpson 和 Negmatullaev，1981）和印度柯伊纳水库（Gupta，1983）有些类似，柯伊纳库区发生 $M\geqslant$5.0 级地震的必要条件是水库荷载变化周速率大于或等于 40 英尺。

库首区 3 个地震丛集区的地震活动特征存在显著差异，A 区蓄水前有零星地震活动，蓄水后地震频度迅速增加，震级大小没有显著变化，2015 年后活动强度迅速减弱，目前地震

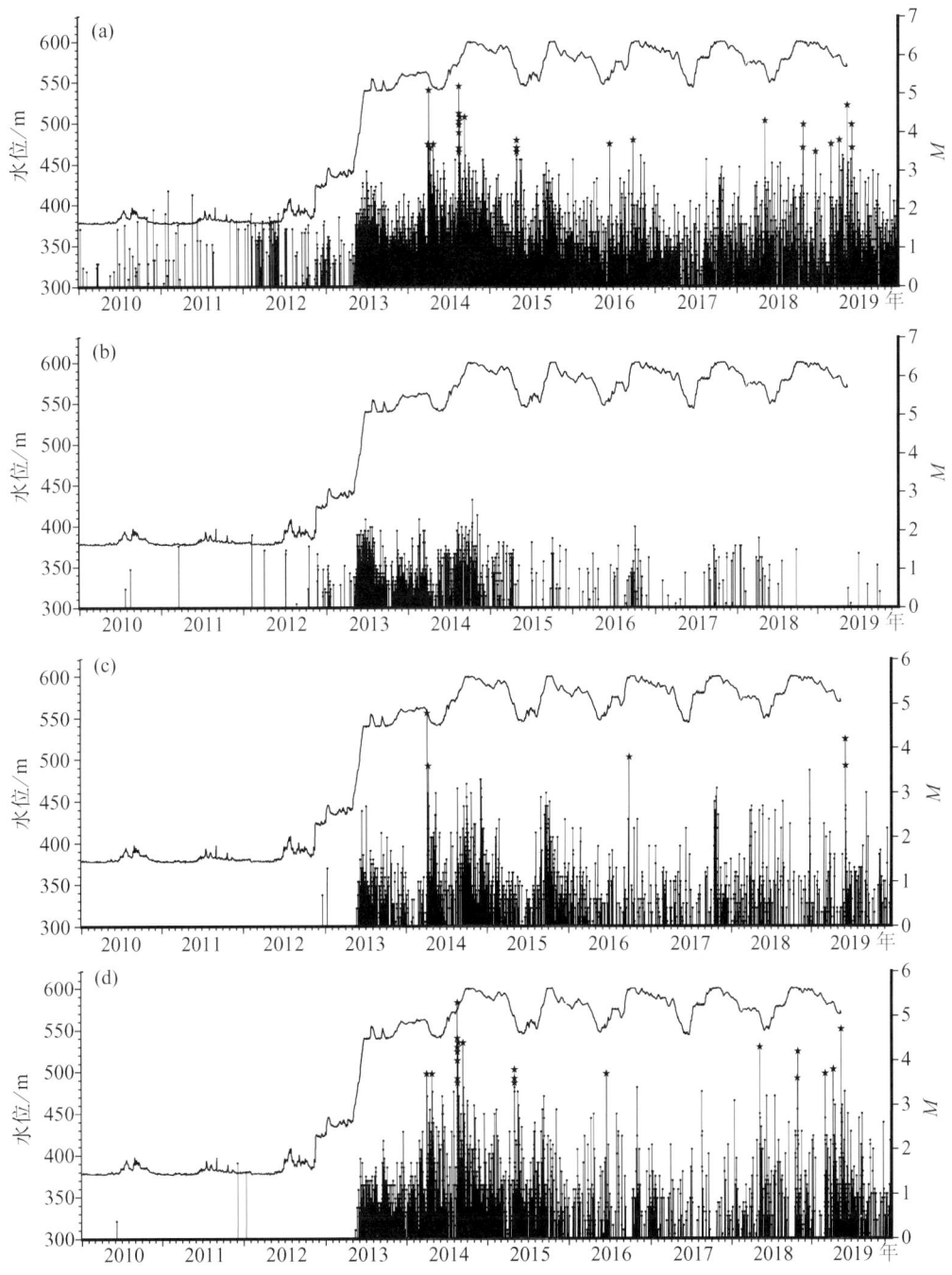

图 2.2 溪洛渡水库库首区不同区域地震活动 M-T 图和水位图

(a) 库首区；(b) 水库大坝附近地震丛集区（A 区）；(c) 2014 年 5 月 4 日 M_S5.1 地震所在的地震丛集区（B 区）；(d) 2014 年 8 月 17 日 M_S5.2 地震所在的地震丛集区（C 区）

五角星是 $M \geqslant 3.5$ 级地震，黑线为大坝附近水位

活动处于平稳状态,活动水平稍高于蓄水前。A区的地震活动可能与蓄水导致的载荷增加有关,属于蓄水后快速响应型地震活动,随着地壳应力达到新的平衡,2年后地震活动显著减弱且趋于平稳(图2.2b)。B区蓄水前仅在2012年11月16日溪洛渡水电站大坝挡水,库区水位升高的过程中发生了2次小震,其他时间非常平静。2013年5月4日蓄水后地震活动频度显著增加,但直至2014年4月4日前没有超过3级以上的地震发生,蓄水约11个月后的2014年4月5日发生了$M_S5.1$地震,地震高频活动持续到2015年,然后序列频度降低,强度未明显减弱。该区2019年6月5日发生B区第二大地震,即位于序列最南端的$M4.2$地震(图2.2c)。C区蓄水前地震活动微弱,蓄水后小震活动显著增强,而且随时间流逝震级也逐渐增大,于蓄水15个月后发生$M_S5.2$地震,随后地震活动水平逐渐降低。自2018年开始,序列中北段地震活动显著减弱,地震活动集中在序列南端,且于2019年5月16日在南端发生了$M4.7$地震,震级大小仅次于该区$M_S5.2$地震(图2.2d)。由于这一时期的地震远离河流,地震活动与水位变化的相关性不太显著。

综上所述,溪洛渡水库库首区蓄水前地震活动微弱,蓄水后活动水平显著增强,蓄水后前5年$M≥3.5$级地震的发生与水位的快速升降有关,后期因地震远离河流,较大地震的活动与水位变化的相关性减弱。

2.1.2 向家坝水库区

2010~2019年期间,在向家坝库区记录到地震3750次,最大为2013年11月1日$M_L3.7$地震。向家坝2012年11月开始蓄水,蓄水后库区地震活动没有明显增强,2013年6月底7月初第二阶段蓄水后,库尾区马边—盐津地震带地震活动显著增强(图2.3)。选出

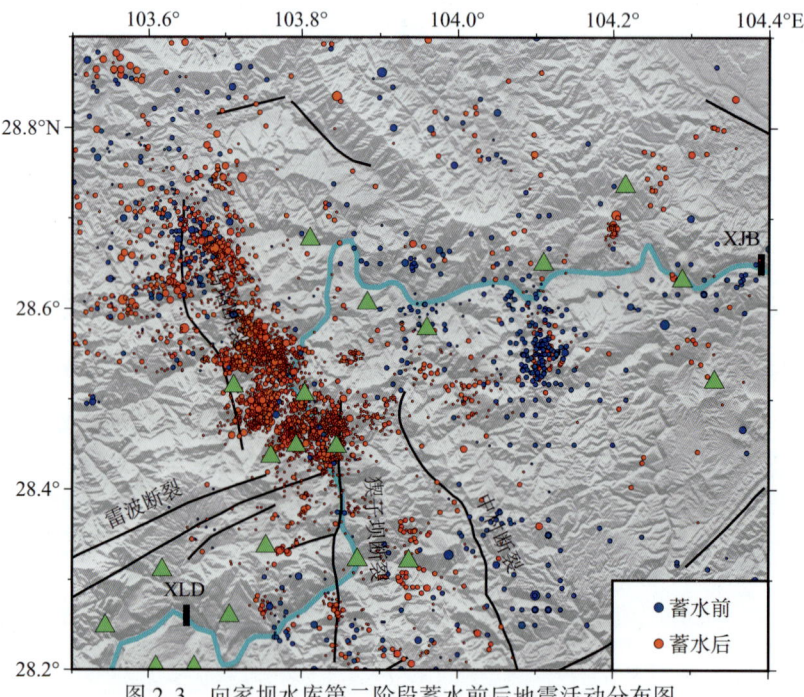

图2.3 向家坝水库第二阶段蓄水前后地震活动分布图

马边—盐津地震带南段地震做 M-T 图和月频度图（图 2.4），可以看出，该区蓄水前地震比较活跃，第一阶段蓄水后，水位在 7 天内上升 70m，对该区地震活动影响不大，第二阶段蓄水后，地震活动频度显著增强，持续时间自 2013 年 7 月至 2014 年 7 月，最大地震是 2013 年 11 月 1 日的 M3.7 地震。2015 年 1 月又有一次活动高潮，最大地震 M3.4，随后地震活动频度降低，但仍高于第二阶段蓄水前。图中可以看出，自第二阶段蓄水后，水位高程波动很小，随后高于蓄水前的地震活动水平且向北延伸近 30km 的地震条带，可能与蓄水导致的活动断层进一步活化有关，到 2019 年底，马边—盐津地震带南段的地震活动水平仍高于向家坝第二阶段蓄水前。

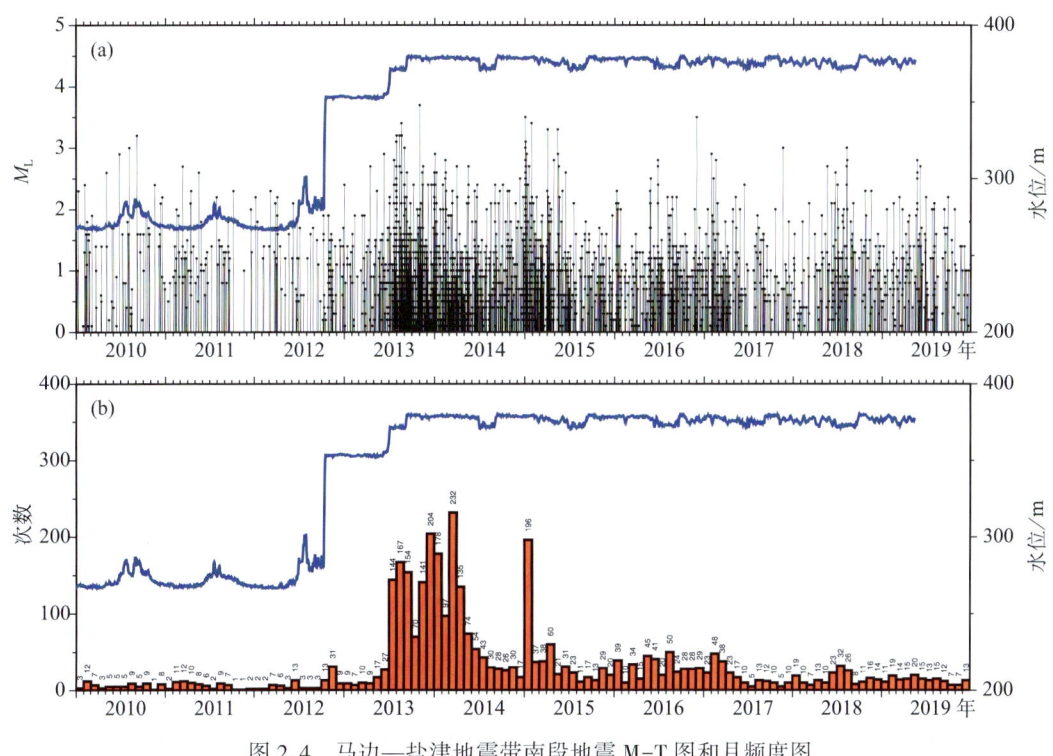

图 2.4 马边—盐津地震带南段地震 M-T 图和月频度图

2.2 地震精定位

2.2.1 方法和数据

我们采用地震双差重定位方法进行地震精定位，该定位方法是由 Waldhauser 和 Ellsworth（2000）提出，是使用一对地震的同一震相的走时差进行定位，所以很大程度上减小了速度模型对定位结果的影响，因此已被广泛应用，尤其适用于小范围内密集分布的地震，将对地震间的相对位置做出较好改善。双差地震定位方法基本原理为：如果两次相邻地震，其震源之间的距离远小于事件到台站的距离，那么这两个震源到这个台站之间的整个射线路径几乎相同，则在这个台站观测到的这两个地震事件的走时差完全来自事件之间的高精度空间偏移。Hauksson（2006）使用"时间域波形互相关技术的双差定位算法"对 1984~2002 年大量地震波形数据进行互相关分析，极大地提高了双差定位的精度。陈翰林等（2009）利用结合了波形互相关技术的双差定位法对龙滩库区 2006~2007 年发生的地震进行了精确定位，并进行定位结果比较分析，证明利用该技术提取的地震对的 P、S 波走时差数据及双差定位法显著地提高了定位的精度和质量。

我们使用由金沙江下游水库台网于 2010~2019 年期间记录和分析产出的地震目录、震相报告和波形数据。研究区内地震数量较多，且地震明显分布在两个丛集区域中，即溪洛渡库首区和向家坝水库上游的盐津—马边断裂附近，所以我们分别对两个区域的地震进行双差定位。为改善双差定位结果，我们首先进行了波形互相关计算，以得到更精确的走时差信息。我们将震中位置 5km 以内且具有 4 个以上共同台站的地震配成一个地震对，并分别计算其 P 波和 S 波的互相关。其中，使用垂直道的数据，将 P 波到时前 0.5s 后 1.0s 作为时间窗，计算 P 波互相关；使用东西道数据，将 S 波到时前 0.5s 后 1.5s 作为时间窗，计算 S 波互相关。最终，我们对 500 余万对震相进行了互相关计算，并保留了其中互相关系数在 0.6 以上的 160 余万对，将其用于双差定位中。图 2.5 给出了几个台站互相关校正到时差后的地震对波形。

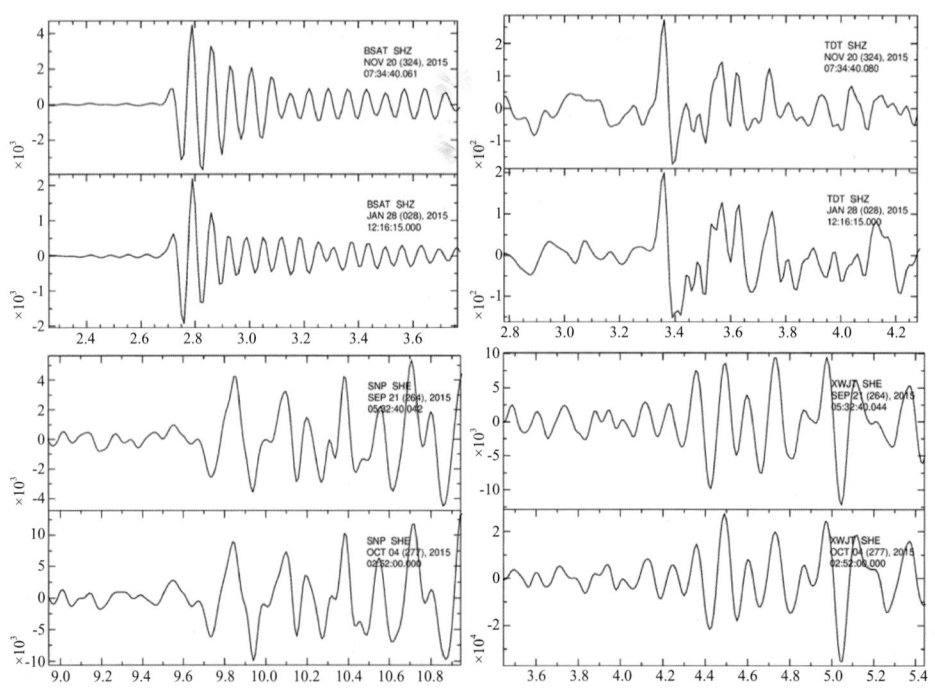

图 2.5　部分台站互相关校正到时差后的地震对波形

2.2.2 溪洛渡库首区地震精定位及地震时空演化分析

2010~2019 期间在溪洛渡水库库首区大坝至永善库段的大部分地震发生在 2013 年蓄水初期和 2014 年两次 5 级地震前后。溪洛渡库区内的绝大多数的地震都能被重定位，重定位后的地震较之前分布更为收敛，未被定位的地震主要在溪洛渡库区以外未被台网包围的区域，不影响我们对溪洛渡库区地震活动性的分析。重定位后水平方向的定位误差大部分在 100m 以内，深度方向大部分在 100~200m，定位后震相数据和互相关数据的走时残差平方和（RMSCT、RMSCC）较定位前分别从 193.9ms 和 249.3ms 下降到 87.0ms 和 98.1ms。

重定位后的溪洛渡库区地震深度分布如图 2.6 所示，颜色深浅代表地震深度。库区内地震深度较浅，基本在 10km 以上，大部分在 5km 以上。地震主要沿金沙江河道分布，由坝首位置延伸至上游金阳—峨边断裂。在库区东岸，由于两次 5 级地震的发生，还形成了两条垂直于江岸平行分布的地震条带。另外地震表现出了东浅西深的趋势，地震越接近库区西侧的金阳—峨边断裂深度越深。

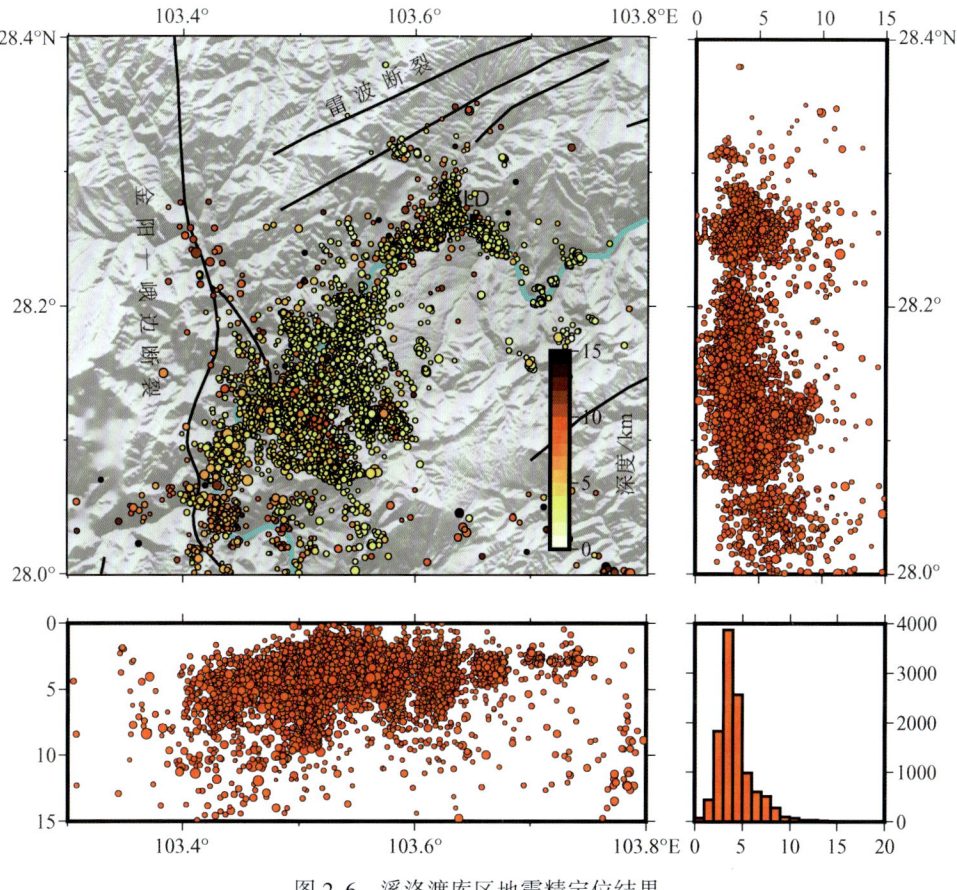

图 2.6 溪洛渡库区地震精定位结果

溪洛渡库区不同时间段内的地震分布如图 2.7 所示。图 2.7a 是 2010 年到 2013 年 4 月溪洛渡水库蓄水前的地震分布情况，这一时期内库区内地震活动较少，且没有明显的丛集。图 2.7b 是 2013 年 5 月水库开始蓄水后，至 2014 年 4 月第一次 5 级地震发生前的地震分布情况，在水库蓄水后，区域内地震活动显著增强。在大坝区地震呈"人"字形分布，在大坝东西两侧沿着金沙江河道分布，另外向北沿着上游支流又延伸出一个短的分支。库区上游金沙江东侧有多个地震丛集呈条带状分布，其中一个地震条带在白胜村附近，走向北东平行于江岸，位置上没有与 2014 年 4 月 5 日 M_S5.1 地震相连；更上游的一个地震条带在务基镇附近，长约 5km，优势走向沿北西垂直于江岸，2014 年 8 月 17 日的 M_S5.2 地震完全位于该条带上。图 2.7c 是 2014 年 4 月 5 日 M_S5.1 地震发生后至 8 月第二次 5 级地震发生前的地震分布情况，坝首地震活动仍集中在河边，但有所减弱；库区中段白胜村附近发生了 M_S5.1 地震，其余震形成了 2 条分别走向近东西和北西向条带；务基镇附近的北西走向的条带仍然活跃。图 2.7d 是 2014 年 8 月 17 日 M_S5.2 地震后至 2014 年底的地震分布情况，库区白胜村附近的 M_S5.1 地震的余震条带呈现为北西走向；务基镇附近的北西走向的条带上发生了 8 月 17 日 M_S5.2 地震后，其余震活动仍然沿之前的北西条带活动。图 2.7e 是 2015 年 1 月至 2017 年 7 月的地震分布情况，地震活动主要集中于之前两次 M_S5 地震形成的两条平行的北西走向条带。图 2.7f 是 2017 年 8 月至 2019 年 12 月的地震分布情况，地震活动仍集中于之前的两个条带，但较之前分布更远离江岸，坝首区地震活动几乎停止。从 2019 年 4 月开始，在 M_S5.2 地震条带的东南侧出现了一条尺度较小的东西走向的地震活动条带。30 天之后，在条带东端发生了 5 月 16 日 M4.7 地震。M4.7 地震发生之后，其余震继续沿东西向条带向东侧扩展，整体来看溪洛渡库区的地震活动水平在半年内也都有所增强，尤其是在 M_S5.2 地震的位置及再次出现大量地震活动，而 M_S5.1 地震震中位置的地震活动没有显著增多（图 2.8）。

图 2.9a 中给出了几个剖面以分析地震在深度上的分布特征。其中 AA'、BB' 剖面分别沿金沙江和平行金沙江，CC'、DD'、EE' 分别纵切了坝首地震丛集和两条 M_S5 地震序列。从剖面可以看出，8 月 17 日 M_S5.2 序列表现出了明显的北东倾向，倾角较大，且地震深度较深，达到了 10km 左右，M_S5.2 地震发生在序列中段；而 4 月 5 日 M_S5.1 地震所在条带地震近垂直向分布，大部分地震深度较浅在 5km 以上，M_S5.1 震源深度 3km。沿大坝附近的"人"字形河道分布的地震丛集在倾向上垂直分布，且深度较浅，大部分在 5km 以上。

图 2.10 给出了两条 5 级地震所在地震条带的地震深度随时间和水位的变化情况。可以看到，溪洛渡水库蓄水后在两次 5 级地震的位置都有大量微震发生，并且这些前震的深度一直在加深，直至 5 级地震的发生。其中 8 月 17 日 5.2 级地震序列的地震深度下限在 5 级地震发生后就不再加深，稳定维持在 2~9km 范围。而 4 月 5 日 M_S5.1 地震震中附近的地震深度在 5 级地震发生后继续加深，在 2015 年左右才稳定在 2~7km 范围。

第 2 章 溪洛渡和向家坝库区地震精定位和活动性分析

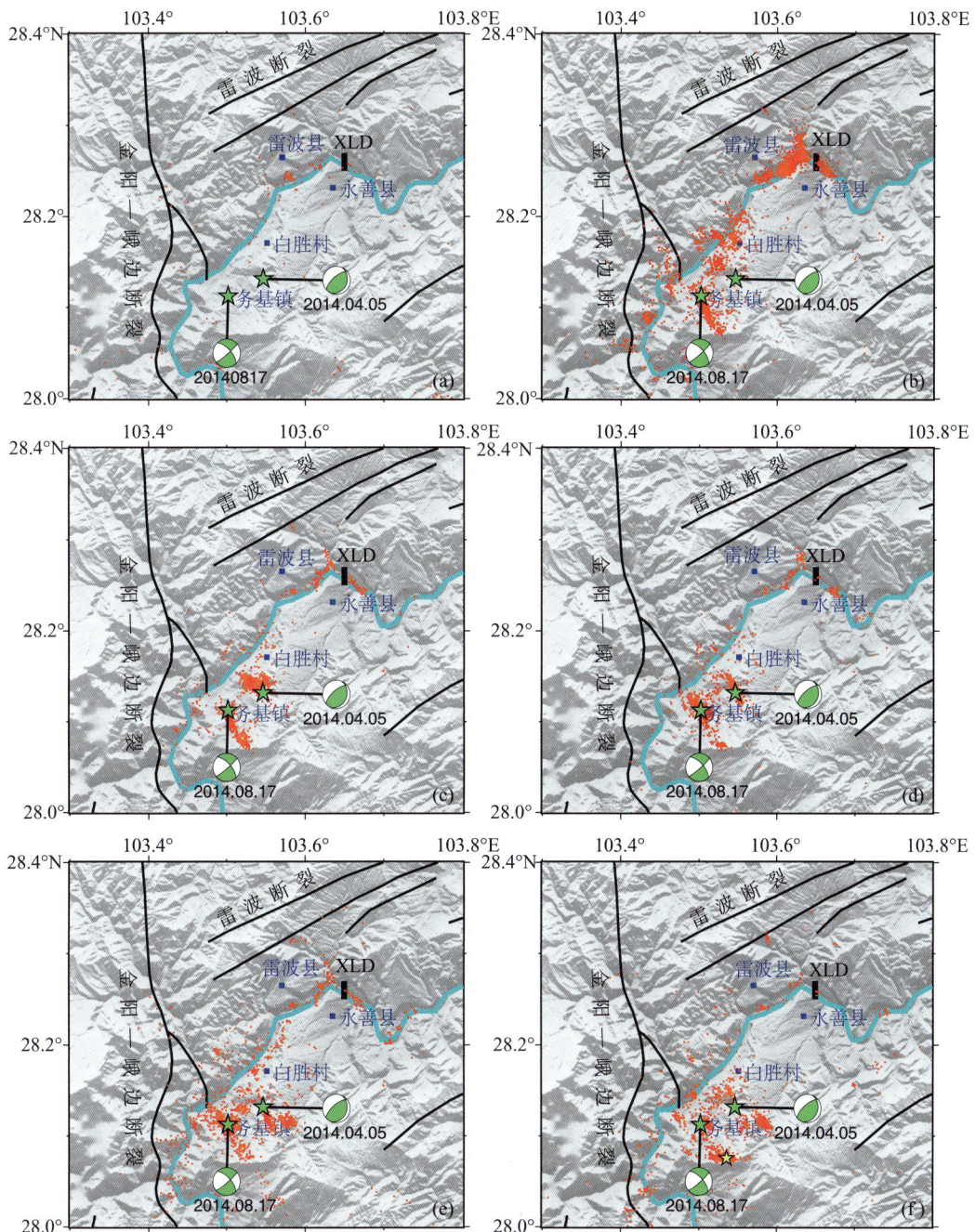

图 2.7 溪洛渡库区不同时期地震分布

(a) 2010.01.01~2013.04.30；(b) 2013.05.01~2014.04.04；(c) 2014.04.05~2014.08.16；
(d) 2014.08.17~2014.12.31；(e) 2015.01.01~2017.07.30；(f) 2017.08.01~2019.12.31

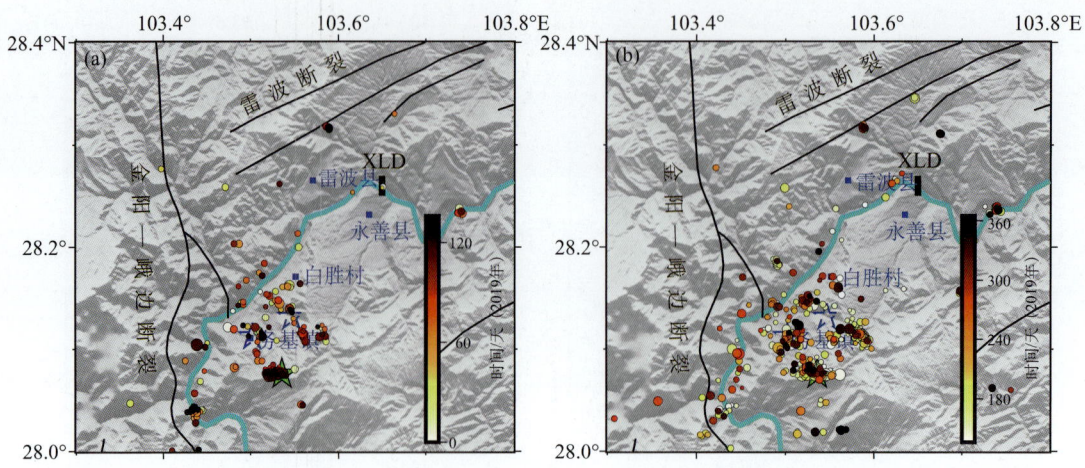

图 2.8 2019 年 5 月 16 日 M4.7 地震前后地震活动

(a) 2019 年 1 月 1 日到 5 月 16 日 M4.7 地震前；(b) M4.7 地震到 2019 年 12 月 31 日
绿色五角星为 M4.7 地震位置；蓝色虚线五角星为 2014 年两次 5 级地震位置

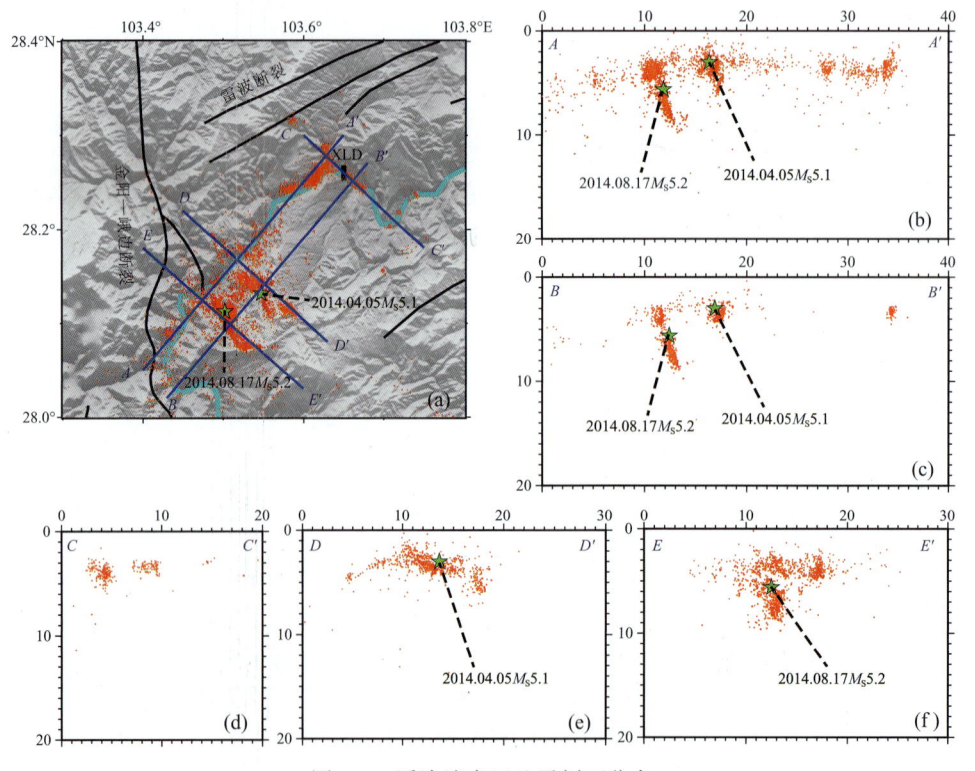

图 2.9 溪洛渡库区地震剖面分布

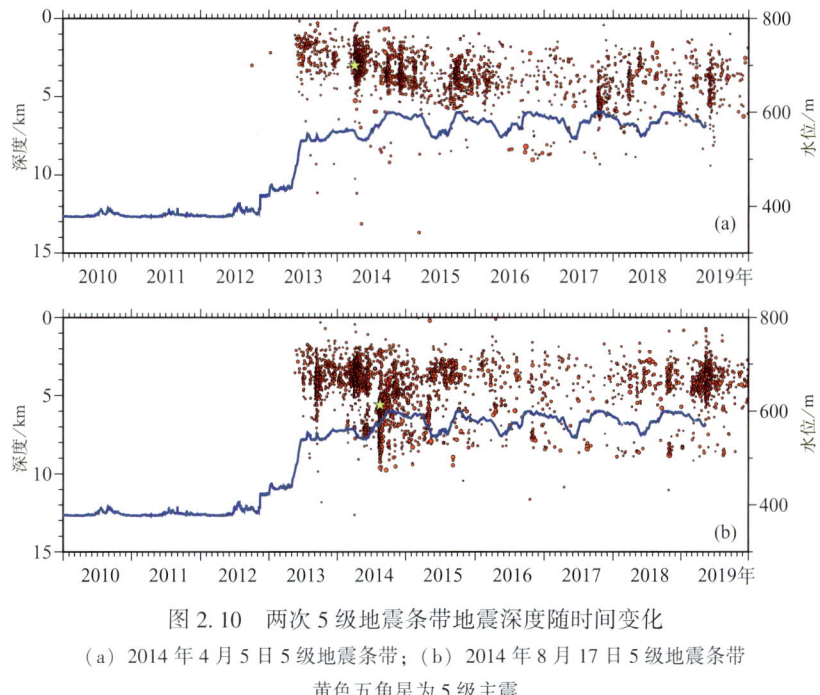

图 2.10 两次 5 级地震条带地震深度随时间变化
（a）2014 年 4 月 5 日 5 级地震条带；（b）2014 年 8 月 17 日 5 级地震条带
黄色五角星为 5 级主震

2.2.3 向家坝库尾区地震精定位及地震时空演化分析

2010~2019 年期间，在向家坝库区记录到地震 3750 次，最大为 2013 年 11 月 1 日 M3.7 地震。重定位后的地震如图 2.11 所示。地震较之前分布较为收敛，但该区域大部分地震位于台网包围以外，重定位改善较为有限。水平方向的定位误差大部分在 200m 以内，垂直方向大部分在 100~200m，定位后震相数据和互相关数据的走时残差平方和（RMSCT、RMSCC）较定位前分别从 274.5ms 和 324.4ms 下降到 96.1ms 和 94.0ms。定位后的向家坝库区地震深度大部分在 10km 以上，盐津—马边断裂与金沙江交汇处的地震明显较浅，在 5km 左右。地震在断裂西北、东南两侧不断加深可能与没有台站覆盖有关，两端的深度定位精度不高。

图 2.12 给出了不同时段地震活动图像。向家坝水库 2012 年 11 月开始蓄水，图 2.12a 是 2012 年 10 月向家坝水库蓄水前的地震分布情况，可见蓄水前向家坝库区地震活动主要在盐津—马边断裂带中位于金沙江东西两侧的中村断裂和玛瑙断裂附近分布，而沿金沙江两侧没有地震活动。图 2.12b 是 2012 年 10 月向家坝水库一阶段蓄水后至 2013 年 6 月二阶段蓄水前的地震分布情况，此时地震活动图像仍然没有变化。图 2.12c 是 2013 年 6 月向家坝水库二阶段蓄水后至 2014 年 12 月的地震分布情况，此时在金沙江与盐津—马边断裂带交汇部位开始有大量地震活动，在玛瑙断裂东侧形成一条主体北西向的地震条带，在此条带的西南侧，出现多个地震丛集。其中 2013 年 11 月 1 日，在图中的绿色五角星处发生了一次 M3.7 地震，是向家坝水库蓄水以后该区域震级最大的地震。图 2.12d 是 2015 年 1 月至 2019 年 12 月的地震分布情况，蓄水后期地震活动图像不变，但较之前更为分散，另外在 2015 年 1 月 28 日图中的绿色五角星处发生了一次 M3.4 地震，是向家坝水库蓄水以后该区域震级第二大的地震。迄今为止，穿过金沙江的楔子坝和雷波断裂尚没有明显的地震活动。

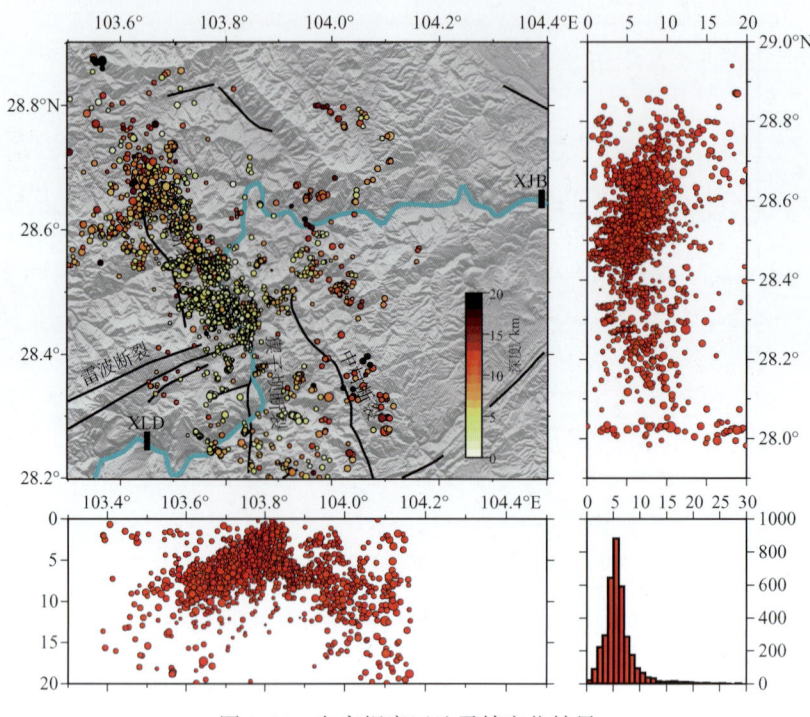

图 2.11 向家坝库区地震精定位结果

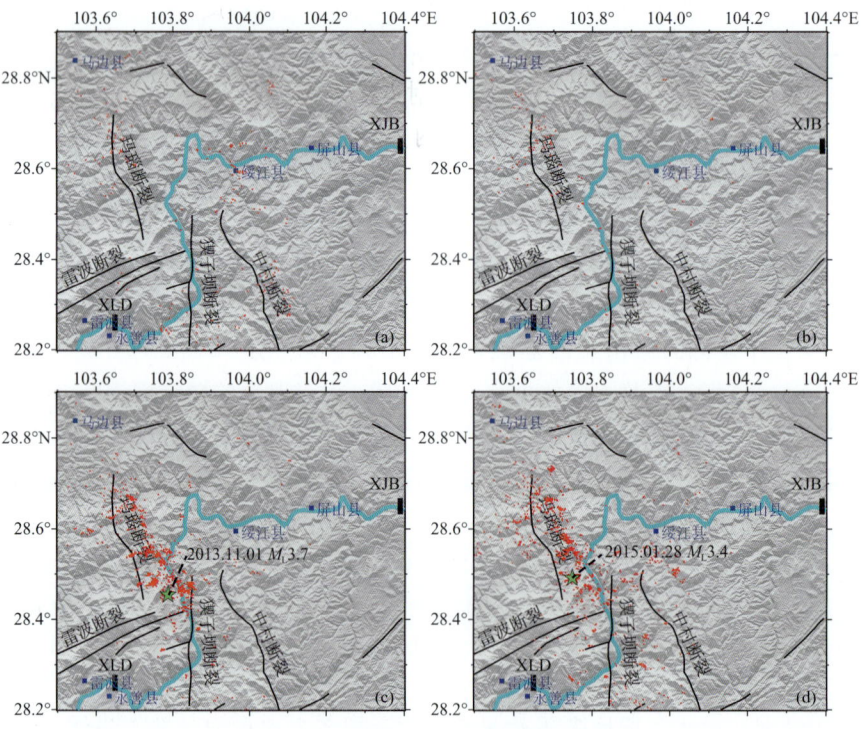

图 2.12 向家坝库区不同时期地震分布

(a) 2010.01~2012.09；(b) 2012.10~2013.06；(c) 2013.07~2014.12；(d) 2015.01~2019.12

2.3 地震活动性 b 值时空特征

地震活动性参数 b 值反映了大小地震之间的比例关系。大量基于 G-R 关系的 b 值研究证明，b 值的变化不仅代表了区域内大小地震之间的比例关系，也一定程度上反映了地下介质的应力变化情况，b 值变化通常与研究区域的应力水平变化成反比，低 b 值对应着高应力（Narteau 等，2009）。一般 b 值会在较强地震孕育过程中降低，在地震发生后回升，所以 b 值也可被应用于地震危险性判定和地震预测研究中（李全林等，1978）。而在一些诱发地震的研究中发现，水库蓄水或储层注水诱发地震的 b 值大于 1，或者高于背景值，对应着低应力，因此地震序列的 b 值与背景 b 值的对比也是确定诱发地震的重要依据（马文涛等，2013）。

为了进一步研究向家坝、溪洛渡库区地震活动特征，我们计算了区域内的 b 值空间分布情况。我们以 0.01°为网格，计算以每个网格为中心 0.1°范围内的地震，先用最大曲率法确定最小完备震级，再用最大似然法计算 b 值，作为该网格的结果。为了保证结果的可靠性，我们要求每个网格计算范围内至少有 50 次地震且震级跨度大于 1.5 级。

我们具体分析了不同时间段内的 b 值空间分布，如图 2.13 所示。2.13a 图代表的是 2010 年至 2013 年 5 月溪洛渡水库蓄水之前，这时期内地震较少，除右下方昭通—彝良地区以外没有足够的地震计算 b 值。2.13b 图是 2013 年 5 月向家坝、溪洛渡水库蓄水后至 2014 年 4 月 5 级地震发生前，水库蓄水后，向家坝库尾段盐津—马边断裂和溪洛渡库区内的地震活动都显著增多，但两处的 b 值表现出了显著的不同。向家坝库尾段盐津—马边断裂上的 b 值较低在 0.7 左右，表现出了构造地震的特征；而溪洛渡库区内的 b 值达到 1.1 左右，表现出了诱发地震的特征，但是金阳—峨边断裂附近的 b 值也较低。2.13c 图是 2014 年 4~12 月，期间发生了两次 5 级地震，溪洛渡库区内的 b 值降低到 0.75 左右。2.13d 图是 2015~2019 年，向家坝库尾段和溪洛渡永善库段的 b 值维持在 0.75 左右，显示出在蓄水后期水位变化幅度不大、水位维持年变的状态下，两个库区的地震活动频次也出现显著减少，库区的 b 值与背景地震活动水平持平。

下面分别计算溪洛渡大坝附近、2014 年 4 月 5 日 M_S5.1 地震条带、8 月 17 日 M_S5.2 地震条带的 b 值随时间变化情况。计算时以 10 个地震为步长，每次计算 100 个地震。大坝位置的结果如图 2.14a 所示。在蓄水初期，大坝附近的 b 值明显较高，在 1.0 至 1.2 之间波动，之后快速下降并于 2014 年 9 月开始稳定在 0.75 左右，地震数量也明显减少。在 2013 年 5~7 月水位抬升 150m 过程地震月频次显著较高，此后逐渐降至 100 次以下并基本停止活动。

2014 年 4 月 5 日永善白胜村附近 M_S5.1 地震所在条带的 b 值活动如图 2.14b 所示。在 M_S5.1 地震发生之前震中位置地震比较少，M_S5.1 地震发生在 b 值由 1.2 下降及水位第一次大幅度抬升 200m 至高水位后下降的过程中。b 值在 2015 年 12 月之前大幅波动，之后恢复并稳定在 0.8 左右。

2014 年 8 月 17 日永善务基乡 M_S5.2 地震所在条带的 b 值时间进程如图 2.14c 所示。蓄水初期沿该条带有大量的前震发生，b 值较高达 1.4，之后大幅度下降，至 2014 年 8 月 17 日 M_S5.2 地震发生时降至 0.6。M_S5.2 地震发生在水位抬升的第二个阶段即冲击最高水位的

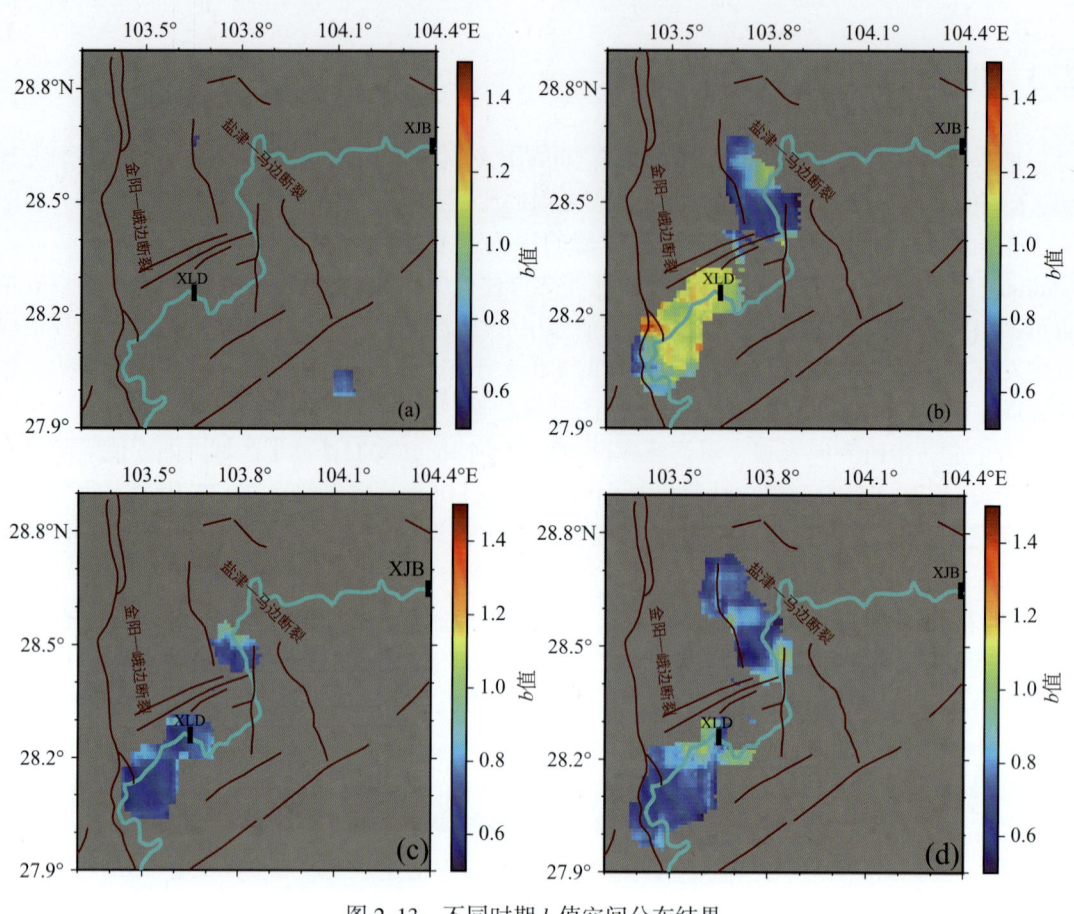

图 2.13 不同时期 b 值空间分布结果

(a) 2010.01~2013.04; (b) 2013.05~2014.03; (c) 2014.04~2014.12; (d) 2015.01~2019.01

过程。此后随着进入年变状态的蓄放水过程，b 值稳定在 0.8 左右。自 2018 年 6 月开始，b 值逐渐降低，至 2019 年 5 月 16 日 M4.7 地震前，降至了 0.5 左右，M4.7 地震及其余震发生后恢复至 0.8 左右。

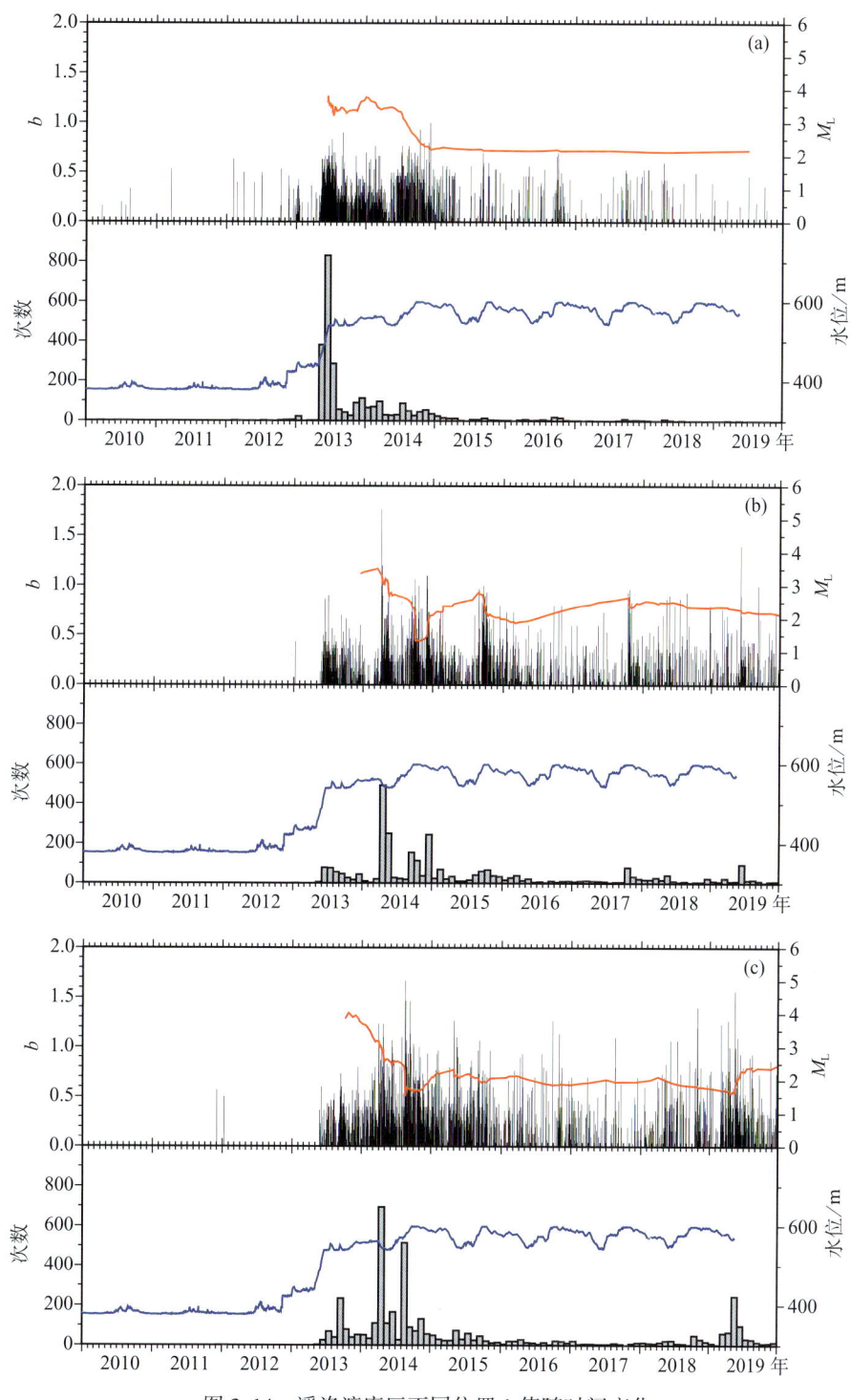

图 2.14 溪洛渡库区不同位置 b 值随时间变化

(a) 溪洛渡大坝位置；(b) 2014 年 4 月 5 日 M_S5.1 地震序列；(c) 2014 年 8 月 17 日 M_S5.2 地震序列

2.4 结论

采用基于波形互相关的双差地震定位技术，对金沙江下游水库台网记录的 2010~2019 年观测数据开展了精确定位，水平方向的定位误差大部分在 100m 以内，垂直方向大部分在 100~200m，定位后震相数据和互相关数据的走时残差平方和小于 0.1s。我们在此高精度定位结果的基础上，系统分析了金沙江下游向家坝、溪洛渡库区蓄水前后的地震活动时空过程及其与水位变化的关系。结果显示蓄水改变了区域地震活动状态，蓄水后在长期以来地震活动性较弱的水库区出现了地震活动和丛集。蓄水后溪洛渡库区的地震在空间上位于河道两侧 10km 范围内，时间上对于水位大幅度提升呈现快速响应特征，两次 $M_S 5$ 地震发生在高水位后水位快速变化过程中。而向家坝库区的地震发生在库尾段，空间上更接近于溪洛渡大坝，时间上也呈现延迟响应特征。这两个水库蓄水后的地震活动深度在 10km 以内，绝大多数地震深度小于 5km。

溪洛渡大坝处的地震活动，时间上随着水位升高快速响应又快速衰减，空间上集中分布于沿着金沙江河道两岸的石灰岩层中，同时深度较浅，大部分在 5km 以上，具有 1.2 左右的高 b 值，这些都接近岩溶型水库地震的特征。

永善库段东侧的地震活动在库岸 10km 范围形成两个北西向展布的地震条带。其中 2014 年 4 月 5 日 $M_S 5.1$ 地震发生在溪洛渡库区永善库段东侧雷波—永善盆地内部的白胜村附近。此次地震发生前没有出现明显的前震活动，地震后短期内的余震活动仅形成尺度较小的北东向小条带。集中出现于 2014 年 9 月之后的小震形成了一条穿过此次 $M_S 5.1$ 地震且非常集中的北西走向的条带，与 8 月 17 日 $M_S 5.2$ 地震条带平行。但此次 $M_S 5.1$ 地震的波形拟合震源机制结果（参见本书第 4 章）的两个破裂面都是沿北东向的逆冲机制，并不沿北西向。

2014 年 8 月 5 日发生在溪洛渡库区永善库段东侧务基镇附近的 $M_S 5.2$ 地震，有明显的前震和余震活动，并沿一条清晰的北西走向约 10km 的条带展布，垂直于江岸，具有 0.7 左右的低 b 值，接近构造型水库地震的特征。结合此次 5 级地震是走滑震源机制且其中的一个破裂面同样沿北西向（参见本书第 4 章），我们推测在此处存在一条走向北西、倾向东南的隐伏断裂，本次地震序列可能是这条断裂被溪洛渡水库蓄水激活之后所发生的一次前—主—余型地震序列。迄今为止，库区的金阳—峨边断裂带地震附近的地震深度较深，但该断裂带的地震活动不明显。

向家坝水库 2012 年 10 月开始蓄水，水位在一个月内提升了 70m 并维持至 2013 年 6 月，之后开始了第二阶段的蓄水，水位抬升 30m。在 2013 年 7 月向家坝下游库尾段距离大坝 60km 左右出现自金沙江向北西方向为主发展的地震活动条带，且在其西侧同时存在多个与其相交的近东西向地震丛集，地震活动形成沿北西向成段、西侧地震成丛的离散图像，深度定位结果显示这些地震深度大多在 5km 以内，我们认为这里大多数微震是由于大坝蓄水淹没至峡谷区域后在软弱地层或裂隙调整形成的。

迄今为止，穿过金沙江的楔子坝和雷波断裂尚没有观测到明显的地震活动。

第3章 金沙江下游水库区三维速度成像*

地壳的速度结构是反映地壳介质属性的重要参数,速度、波速比结构是介质结构和性质的综合体现。地震层析成像技术的快速发展和在全球各种尺度广泛开展的三维速度结构成像研究,极大地推进了人们对地球结构、地球动力学及其演化问题的认识,已成为研究地球内部结构、强震孕育发生构造环境的一种有效的技术途径。与构造运动密切相关的地壳三维速度结构图像,特别是横向不均匀的结构图像,可以提供与震源介质有关的重要信息,为认识地震发生的构造环境及机理提供重要的依据。高分辨率的地壳速度结构是探测隐伏断层、查清发震构造的重要参考,也是地震精确定位等地震学研究的重要基础。研究地震活动图像与速度结构的关系、断裂带速度结构的差异等,将为解释库区地震发生的机理、库区蓄水流体影响范围、未来强地震发生的位置、发震断层的性质等提供重要信息。

Haggag 等(2009)对埃及阿斯旺水库区的地震活动和三维速度结构进行研究,发现深度<5km 的浅层地壳内地震活动主要受流体饱和的非均匀岩体的影响,表现为低 V_P 和较高的 V_P/V_S,而更深的地震活动则多是由构造引起的。Dixit 等(2014)对印度科伊纳水库区的地震活动和三维速度结构研究发现地震主要位于高 V_P 低 V_S 区,很可能是高孔隙压力下断层的流体饱和带,地震活动与速度结构的相关性表明许多地震是由于高孔隙压力而在主断层带附近的裂缝中成核。新丰江水库三维速度结构研究表明库区地震多发生在高速体内部、高低速过渡带或低速的渗水通道两侧(叶秀薇等,2017)。本章将对金沙江下游及周围地区高分辨率的 V_P、V_S 和 V_P/V_S 结构进行研究,并分析其与地震活动之间的关系。

3.1 成像方法和参数选取

地震层析成像是利用观测的地震波的运动学特征(走时、射线路径)或动力学特征(波形、振幅、频率、相位)来反演射线路径上介质的性质。根据所用的走时震相资料有全球及近震层析成像。根据震相的不同,又可分为体波及面波成像等。Aki 等(1976,1977)首先利用远震走时数据反演了南 Scandinavia 半岛的三维速度结构。20 世纪 80 年代以来,随着迭代矩阵求解方法的产生,解决了反演过程中解稀疏矩阵的问题,从而很快涌现出了大量全球层析成像的成果。近年来,基于背景噪声的面波层析成像法得到了快速的发展,该技术将台站对记录到的杂乱无章的信号进行互相关叠加计算,提取两站之间的面波经验格林函数,再应用地震面波层析成像的方法反演不同周期的面波速度图像。该方法将以往地震学研究中被认为无用的背景噪声加以充分利用,并且由于该技术不依赖于地震的分布,只要有分

---

* 本章由左可桢、赵翠萍执笔。

布较好的台站就可以反演高分辨率的面波图像，为利用面波究地下介质结构提供了一种新的技术手段，弥补了天然地震源分布不均匀，射线覆盖不够密集的缺点。然而由于水库区的地震背景噪声源中叠加了更为复杂的大坝蓄放水的影响，噪声源复杂且存在人为干扰，该方法在水库区并不适用。

地方震层析成像技术使用地震波的近震震相，频率较高，入射角的范围较大，台站间距较密集，因此能以更高的分辨率揭示地壳的速度结构及介质的横向不均匀性。随着观测技术的进步和观测能力的提高，用更小尺度、更高分辨率的层析成像，来解释（强）地震发生的构造环境、地震成核等方面的研究越来越活跃。Zhang 和 Thurber（2003，2006）在双差定位法（Waldhauser 和 Ellsworth，2000）的基础上考虑了速度结构变化的影响提出了双差层析成像方法。该方法对震源参数与速度结构同时反演，有效地处理了二者的耦合问题（Thurber，1992），结合相对走时数据的使用可以进一步提高反演结果的精度。Guo 等（2018 年）最新优化的 TomoDDMC 方法添加了对 S-P 数据和 V_P、V_S 模型得到的两种 V_P/V_S 模型的一致性约束，从而更好地确定波速和 V_P/V_S 结果。

根据研究区的台站分布和地震发生情况，本研究中我们使用近震体波层析成像方法，联合使用金江下游水库地震监测台网和地震预测研究所加密台网获取的大量震相到时数据，并考虑在震相数据中增加采用波形互相关技术提取的到时差数据，极大地提高反演使用的数据质量，反演白鹤滩大坝以北至向家坝范围的 V_P、V_S、V_P/V_S 模型和震源位置。成像结果的横向分辨率达到 10km，深度方向 3~5km。

射线路径分布（图 3.1）显示地震射线在研究区的主要区域具有密集的交叉分布，保证了速度结构结果的可靠性。本文所使用的 P 波初始速度模型（表 3.1）来自 Xin 等（2018）的层析成像结果，S 波速度模型通过波速比（V_P/V_S）给出，利用和达法求得研究区内波速比约为 1.70。

表 3.1　研究区 P 波初始速度模型

深度/km	0.00	3.00	6.00	9.00	12.00	15.00	20.00	30.00
速度/（km/s）	5.50	5.68	5.73	5.77	5.80	5.92	5.95	6.21

TomoDDMC 在反演时采用含有阻尼和光滑约束的 LSQR 算法（Paige 和 Saunders，1982）来求解线性方程组，合适的阻尼因子（同时约束震源位置和速度模型）和光滑因子（约束速度模型）对反演结果至关重要。本文通过 L 曲线方法（Eberhart-Phillips，1986）选择其拐点处的参数值作为最佳的阻尼因子和光滑因子，以平衡数据方差和模型方差的大小。利用 L 曲线确定的本研究中的最佳阻尼因子为 1200、最佳光滑因子为 30（图 3.2）。

第 3 章 金沙江下游水库区三维速度成像

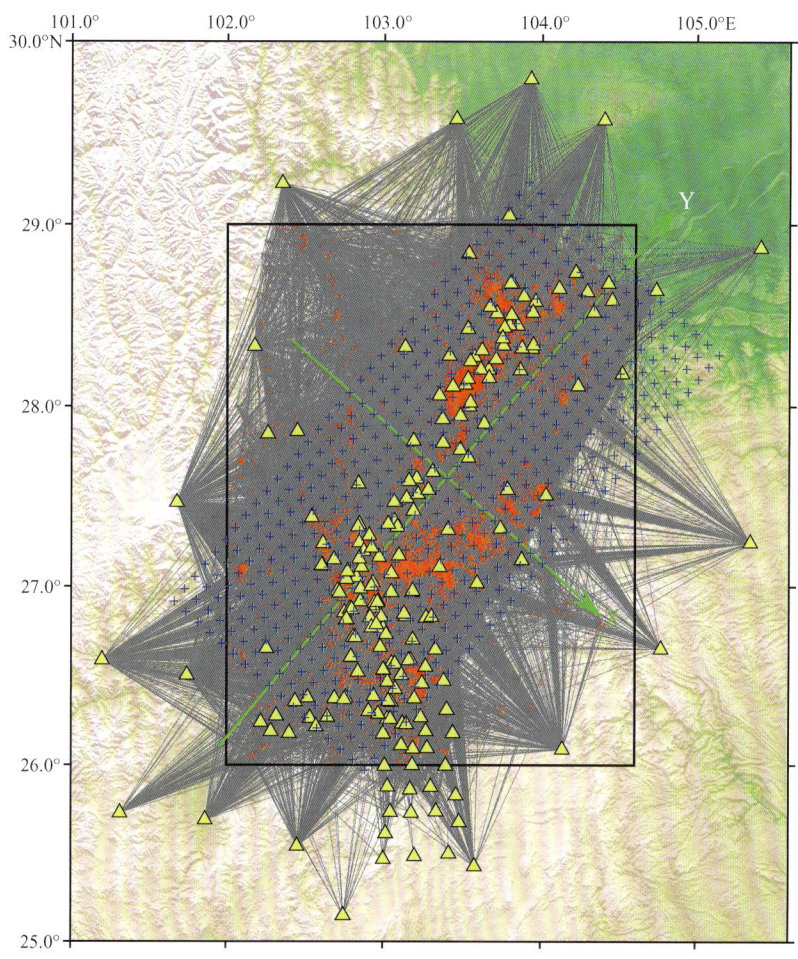

图 3.1 研究区内射线路径和反演节点分布

黄色三角形为台站；红点为地震；蓝色叉形符号为反演节点；黑线为射线路径

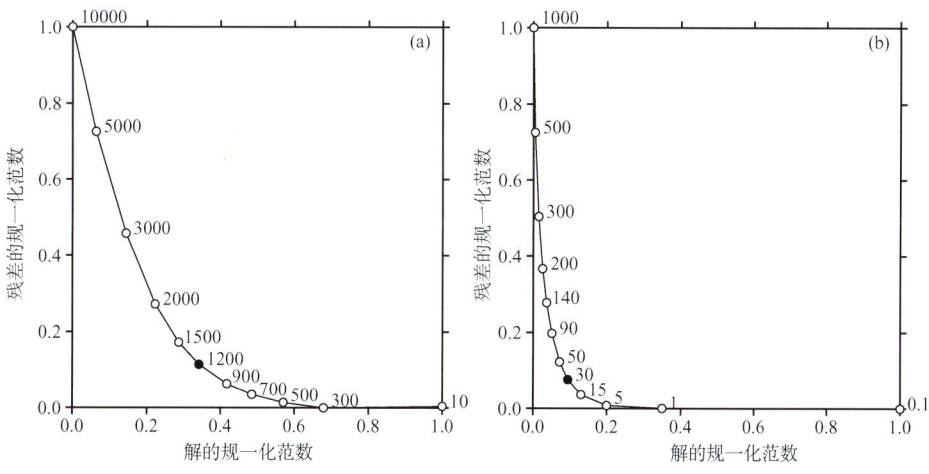

图 3.2 选取阻尼因子（a）和光滑因子（b）的 L 曲线

3.2 分辨率测试

我们通过对 V_P 初始模型添加±3%速度扰动、对 V_P/V_S 模型添加±6%的扰动来构建检测板（Humphreys 和 Clayton，1988；Zhao 等，1992）以评价速度模型的分辨率和可靠性。V_S 模型由 V_P 模型和 V_P/V_S 得到，其扰动约为−2.8%和+3.2%相间分布。然后按照实际反演时所用的地震、台站及震相数据通过正演计算生成理论走时数据。最后以一维初始速度模型作为参考模型，使用理论走时数据和与实际反演相同的方法进行反演计算。图 3.3 为 V_P、V_S 和 V_P/V_S 模型的检测板测试结果。由于在地表附近地震分布少，且地震射线主要汇聚到台站下方，导致除台站密集的中心区域外其他地区分辨能力较低。在 3~15km 深度处，大部分地区的分辨率都比较好。而在 20km 以下深度，地震分布减少，分辨率明显降低。研究区内 V_P、V_S 和 V_P/V_S 模型可分辨的区域范围基本一致。

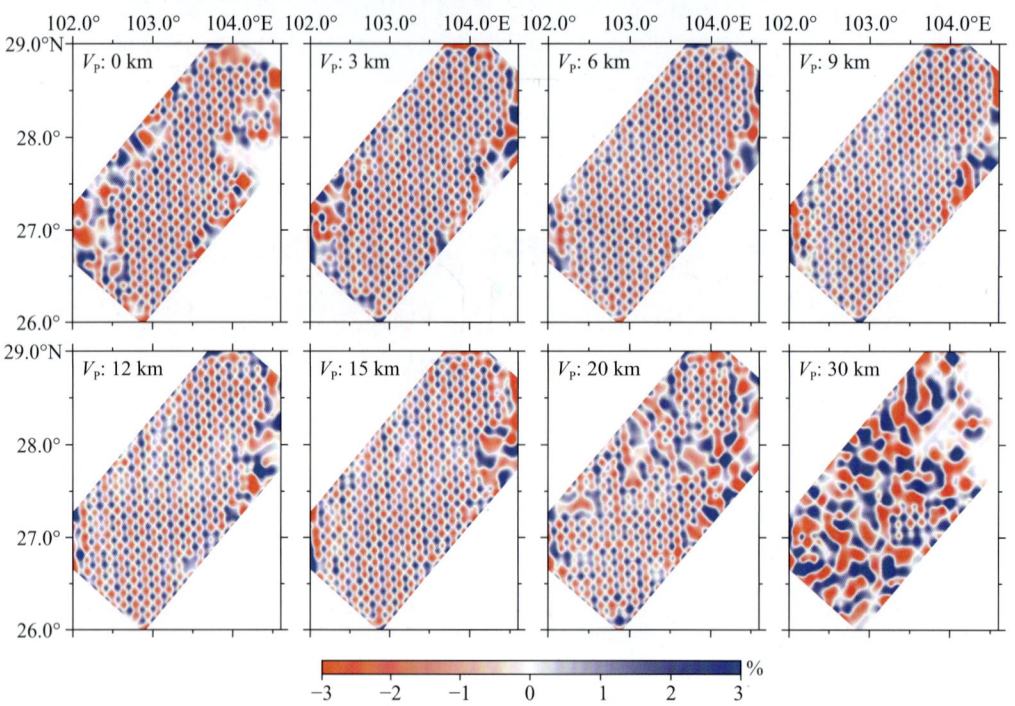

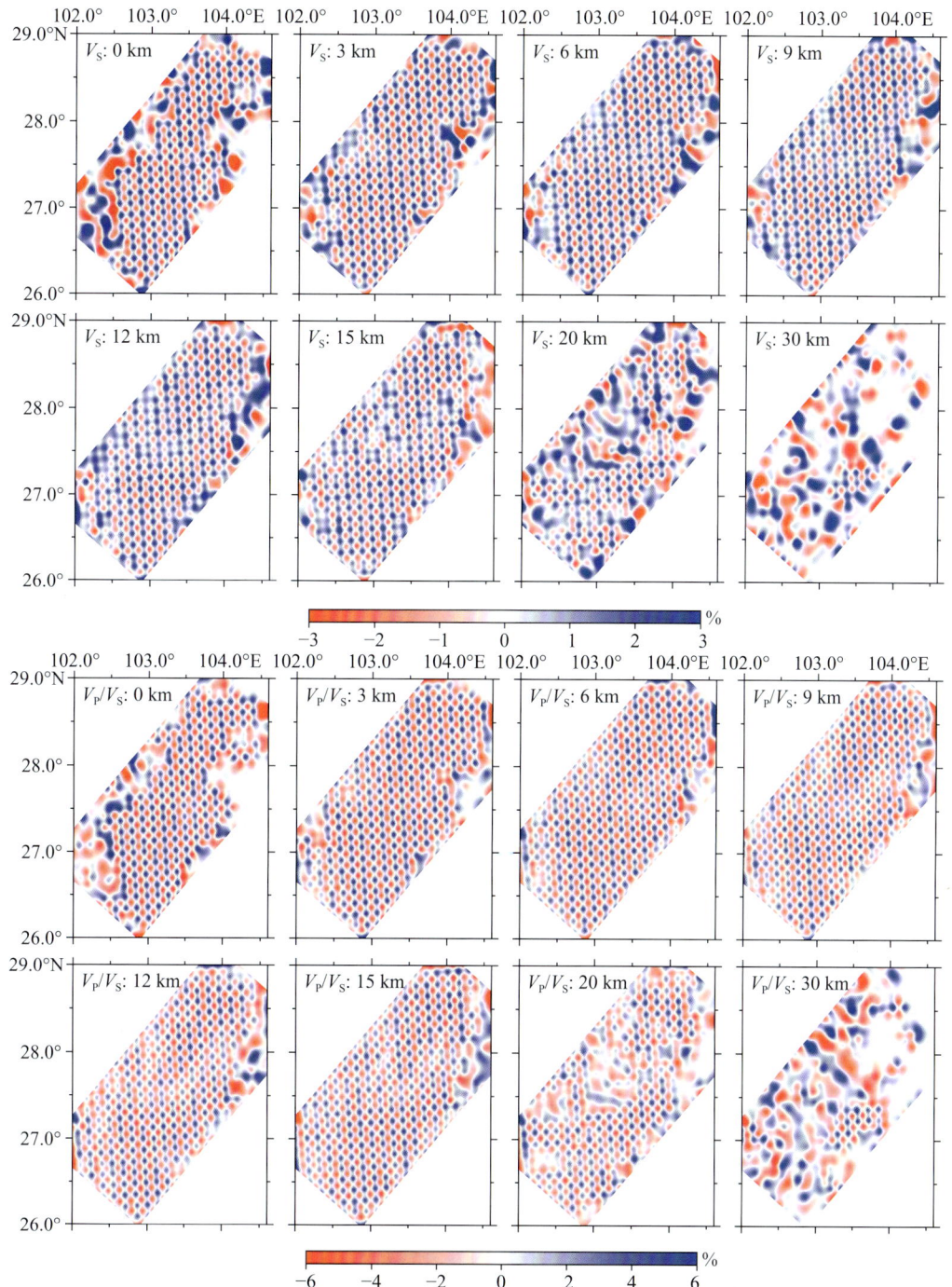

图 3.3 不同深度处的 V_P、V_S 和 V_P/V_S 检测板测试结果

3.3 结果与讨论

3.3.1 重定位结果

采用 TomoDDMC 方法对研究区内的地震数据进行联合反演之后,得到了 24434 次地震的重定位结果,其震中分布如图 3.4 所示。反演之后的震源位置在 X、Y、Z 方向上的平均误差分别为 219m、196m 和 323m,其走时残差均方根(RMS)的平均值为 0.02s(图 3.5)。与反演前的地震分布相比,反演之后地震在水平方向上明显收敛,震源深度基本分布在小于 15km 的范围内,主要集中 2~6km 深度处(图 3.6),且在深度剖面上(图 3.8)可以清晰地刻画出断层的展布特征,地震定位精度得到了显著提高。

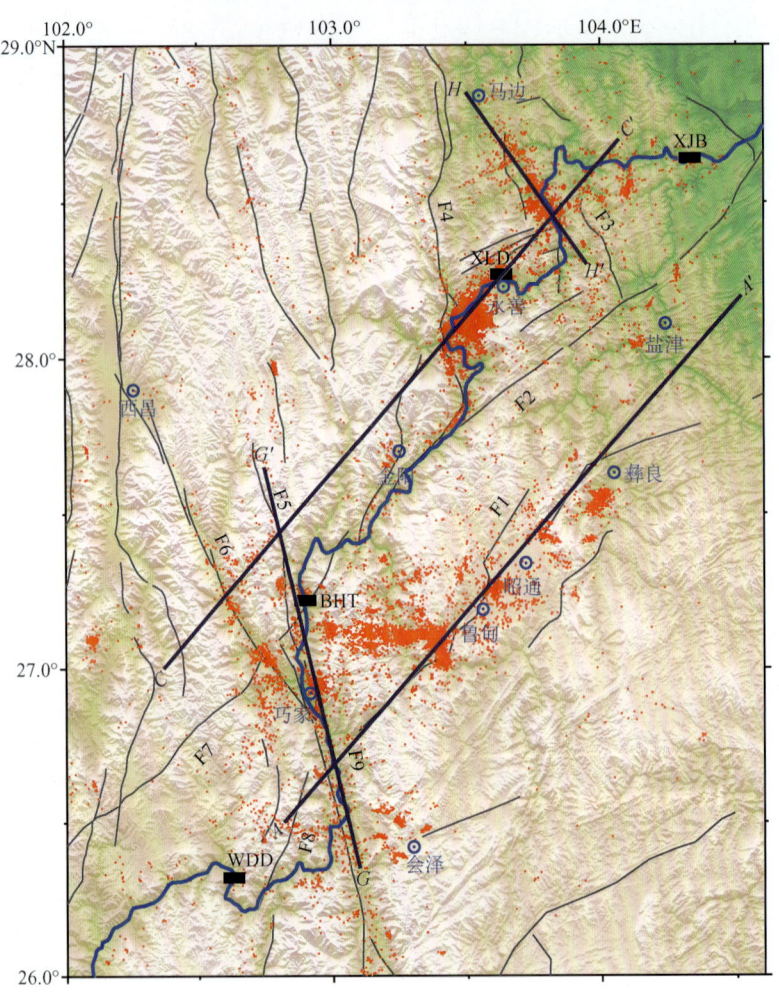

图 3.4 重定位后地震震中分布图

红点为重定位后的地震位置;黑色长方形为水库大坝;蓝色线条为金沙江;
深蓝色直线为剖面位置;黑线为主要活动断裂

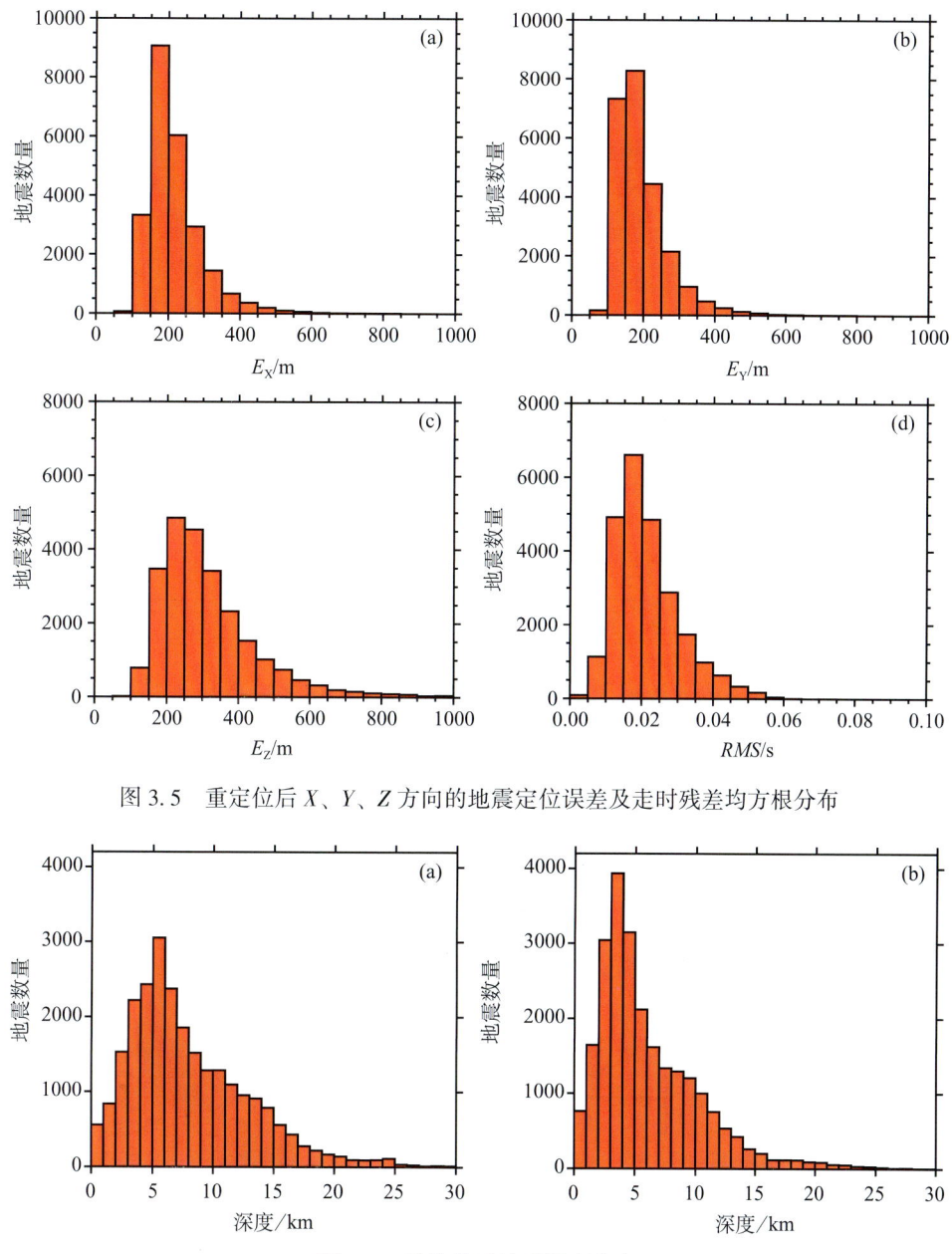

图 3.5 重定位后 X、Y、Z 方向的地震定位误差及走时残差均方根分布

图 3.6 反演前后地震深度分布
(a) 反演前；(b) 反演后

3.3.2 地壳介质结构及地震活动特征

图 3.7 为不同深度处 V_P、V_S 和 V_P/V_S 结构的反演结果，同时为了便于分析地震活动与地下介质速度结构的关系，我们在图中各层的图像上分别投影了距离该层面 1.5km 范围之内的地震。反演结果显示金沙江下游及周围地区浅层的速度结构呈现出与地表地形和构造有

关的分布特征。在 0~3km 深度处，研究区内 P 波和 S 波高低速异常体的展布方向与该地区所对应的断裂发育方向基本一致。沿着小江断裂带北段表现为明显的 S 波低速异常，同时具有较高的波速比，该区域也是金沙江所穿过的区域，其反映了该区域地下介质受到了流体渗透的影响。小江断裂带东侧区域具有相对较高的 P 波和 S 波速度，这可能与该地区出露大面积的峨眉山玄武岩有关。

整体来看，研究区内中上地壳高速异常主要分布于鲁甸—昭通—彝良一带和永善西南地区。鲁甸—昭通断裂两侧的介质波速及波速比具有明显的差异，表明该断裂的发育受到了地下介质结构的控制。绥江—盐津以北的四川盆地边缘地区因为具有较厚的沉积层而呈现低速异常，S 波速度结构的低速异常特征尤为显著。而在 15km 深度处，沿着马边—盐津带也出现了 P 波和 S 波高速异常，在 15km 以上深度，其介质结构则较为复杂，高低速异常均有出现。

从图 3.7 中可以看出，研究区内地震主要集中分布于 P 波和 S 波高速区或高低速过渡带等速度结构变化剧烈的地区，这些地区通常对应着较低的波速比。地震精定位后可以清晰地看出鲁甸 $M_S6.5$ 地震的余震序列有两支，分别沿近北北西向和东西向展布。鲁甸 $M_S6.5$ 主震及其余震序列处于高低速异常过渡区，在 15km 深度处，震源区东北侧呈现出低速异常，鲁甸 $M_S6.5$ 地震的余震序列的展布方向与此低速异常体的边界具有非常好的一致性，波速比结构显示鲁甸 $M_S6.5$ 主震位于被高波速比区包围的低波速比区域。研究区内速度结构为显著高速异常的永善西南地区地震活动同样非常频繁，2014 年该地区连续发生两次 5 级以上的中强地震。此外，在马边—盐津断裂带、鲁甸—昭通断裂带和巧家盆地及会泽地区附近的高速异常体内或高低速过渡区也有大量地震集中分布。

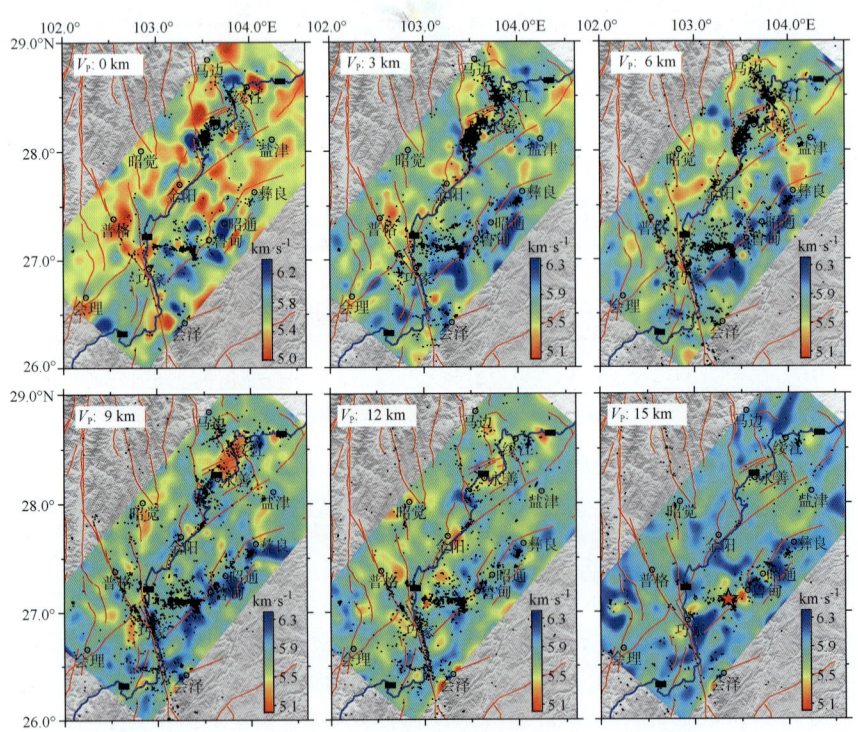

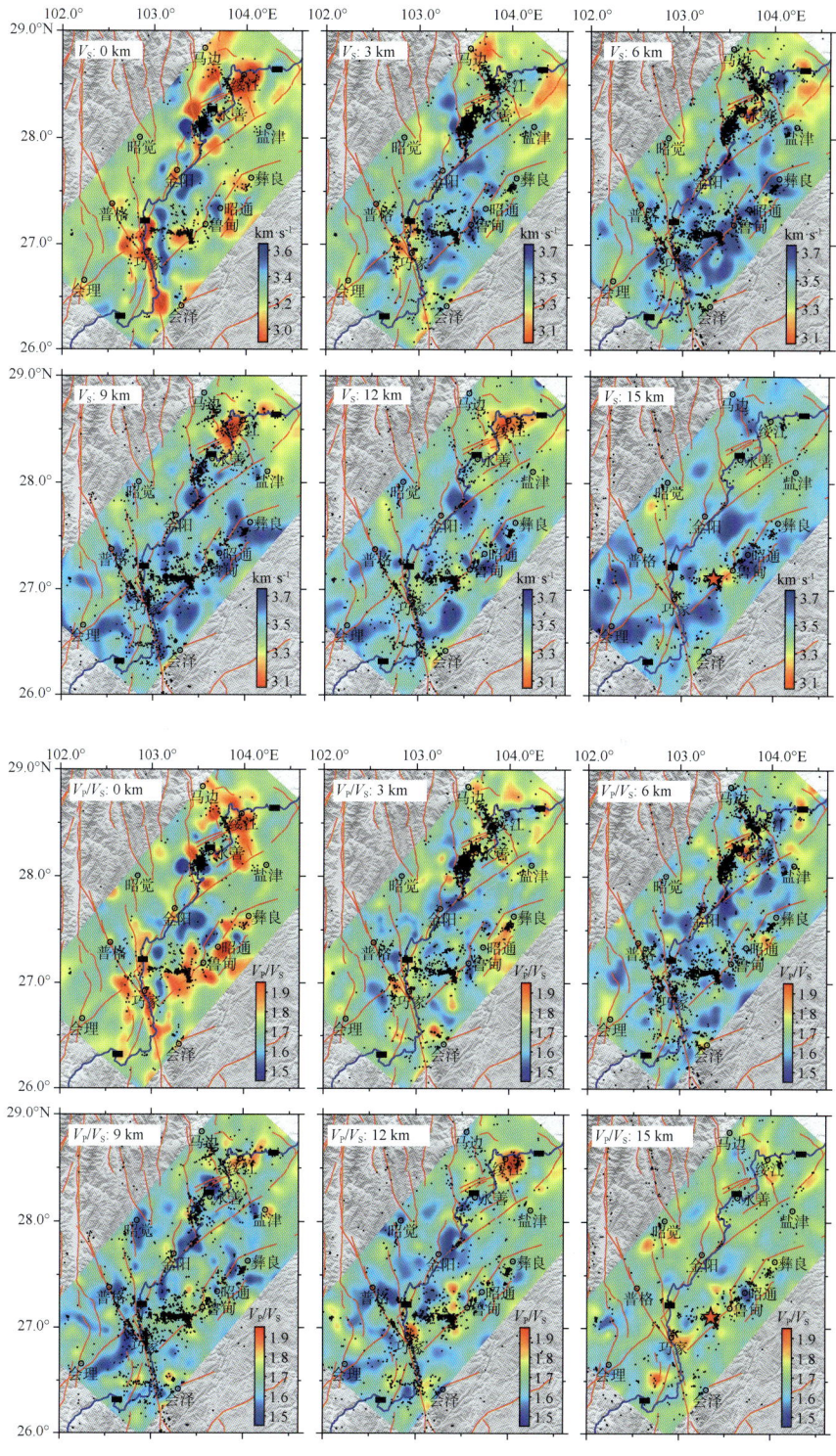

图 3.7 不同深度 V_P、V_S 和 V_P/V_S 层析成像结果

黑点为该层面两侧距离 1.5km 以内的地震；黑色长方形为水库大坝；蓝线为金沙江；红线为主要活动断裂

根据研究区内地震分布、断裂走向以及水库位置，我们构建了 4 条深度剖面（剖面位置见图 3.4）来进一步分析水库周围和地震活动区等典型区域的深部介质结构及地震活动特征，4 条深度剖面结果如图 3.8 所示。

AA'剖面大致平行于鲁甸—昭通断裂并穿过了鲁甸 M_S6.5 地震震源区。鲁甸 M_S6.5 地震及其余震序列分布于波速相对较高的区域，波速比结构显示其位于相对较低的波速比区域，震源区右下方存在一个显著的低速、高波速比异常区。前人研究发现，大震震源区下方普遍存在低速层，可能与地下流体有关，低速异常的存在有利于地震的孕育与发生（Huang 和 Zhao, 2004; Lei 和 Zhao, 2009; 李大虎等，2015; 左可桢和陈继锋，2018）。昭通、彝良附近的地震震源区也表现为高速、低波速比特征。彝良地区东北侧逐渐进入四川盆地，中上地壳波速整体较低，波速比相对较高，地震活动性和介质横向不均匀性也比较小，属于相对稳定地区。

CC'剖面显示溪洛渡水库大坝所在位置其地表附近波速较低，异常深度约为 0~5km。溪洛渡水库下方介质的波速比高于周围地区。溪洛渡大坝附近的地震主要位于该低速高波速比异常体内，震源深度较浅，在水平方向上呈现出沿河流分布的特征，且震级较小，可能与蓄水导致的地下溶洞塌陷有关。在距离溪洛渡水库大坝不远的永善西南地区存在一个显著的 P 波和 S 波高速异常体，表现为明显的低波速比区。航磁总强度图像显示该区域为显著的强磁异常（李大虎等，2019）。强磁异常主要与基性、超基性岩浆岩的侵入有关。因此，我们认为雷波—永善块体西南地区的高波速与岩浆岩侵入体有关。该异常体内呈现出两条地震条带，其深度相对较深，底部达到了 7km，可能与蓄水导致的已有断层的活化有关，重定位后的地震分布较好地反映了次级断裂的位置及地下展布形态，高速异常体左侧与低速体交界处也有地震活动。该区域自 2013 年溪洛渡水库蓄水以来，先后于 2014 年 4 月 5 日和 2014 年 8 月 17 日相继发生了 M_S5.1 和 M_S5.2 两次 5 级以上地震。速度结构表现为高速低波速比异常，说明其地下介质的强度较高，可以积累足够高的应变能，从而导致高强度地震的连续发生（Shito 等，2017）。因此该区域中强地震的频繁活动与这种存在高速、低波速比异常体的构造背景密切相关。

GG'剖面穿过白鹤滩水库，大致沿着小江断裂带和金沙江的走向分布。结果显示白鹤滩水库浅层的 P 波和 S 波速度结构均也相对较低，同时具有较高的波速比。在白鹤滩水库南侧，沿着小江断裂和金沙江分布区域，剖面显示浅层速度结构为明显的低速、高波速比异常，可能与流体的渗透有关，3km 以下深度则为高速低波速比区域。而在巧家盆地的地下 10km 深度处，高速、低波速比异常下方再次出现低速、高波速比区域。在巧家盆地下方的高速、低波速比区域同样有频繁的地震活动。

HH'剖面沿着马边—盐津断裂带的走向分布。剖面结果显示该区域的地震活动主要集中在高速、低波速比的异常体内，地震的展布形态与异常体的形态吻合得较好，与 Zuo 等（2020）对长宁背斜地区地震分布与速度结构关系的研究结果一致，反映了地下介质结构对地震活动起着控制作用。

研究区的地震活动性与地下介质结构和构造背景之间具有较强的相关性。在 6km 以下深度，向家坝地区也能得到较好的分辨率，成像结果显示该地区 P 波和 S 波速度结构为相对低速区，速度结构及波速比横向不均匀性不明显。自 2012 年底向家坝水库开始蓄水之后该地区的地震活动相对较弱,其震级最大的地震为2013年11月1日发生的M3.7地震(冯向东等,2015)。溪洛渡水库地下速度结构则比较复杂,尤其是永善西南地区存在一个显著的高速异常体,近几年来该地区多次发生中强地震。白鹤滩水库区地下介质结构同样比较复杂,地震波速差异较大,尤其是巧家地区。库区周围断裂结构复杂,有多条不同走向的断层在此交会,地震活动比较频繁,因此该地区未来的地震活动需要重点关注。

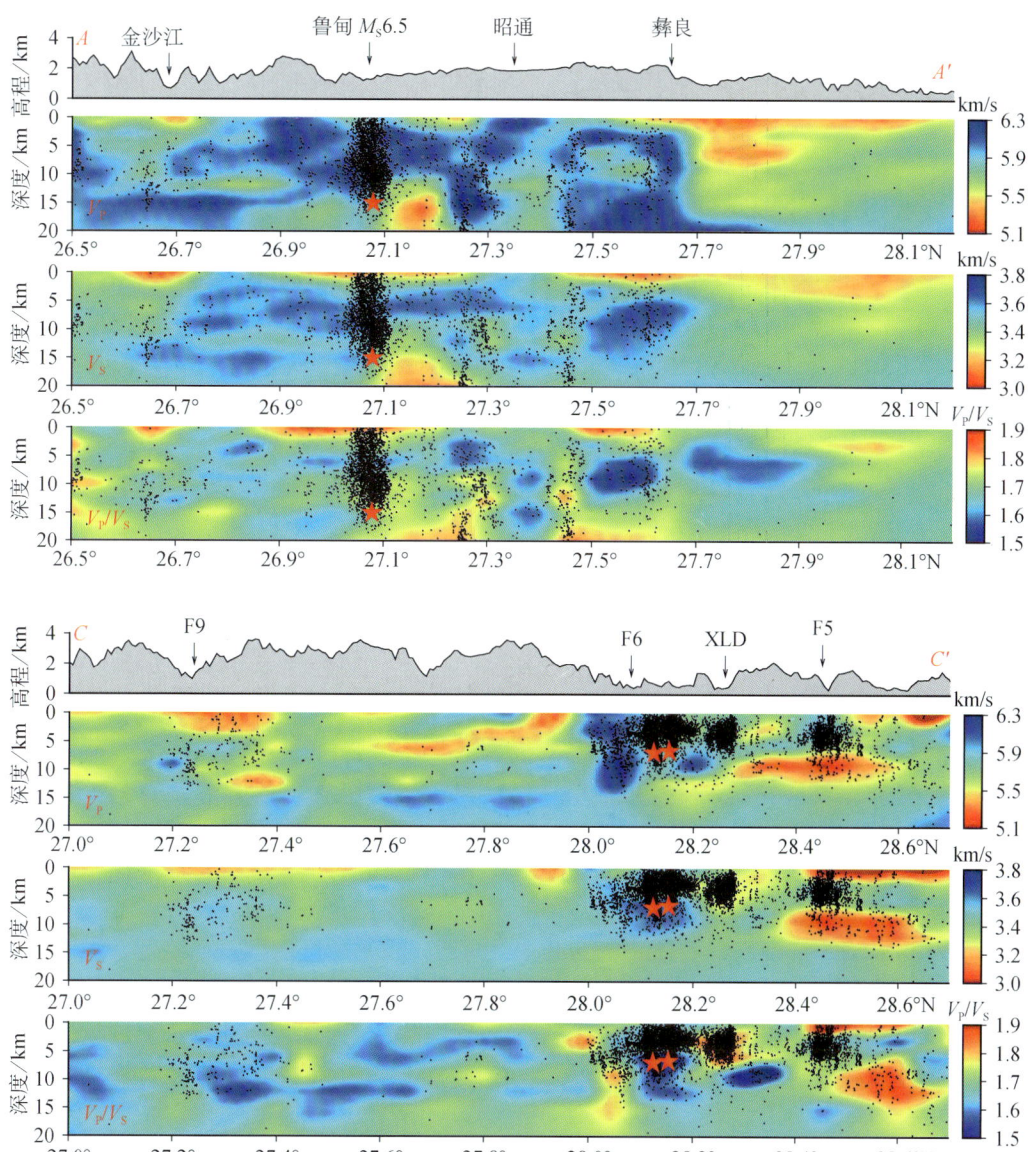

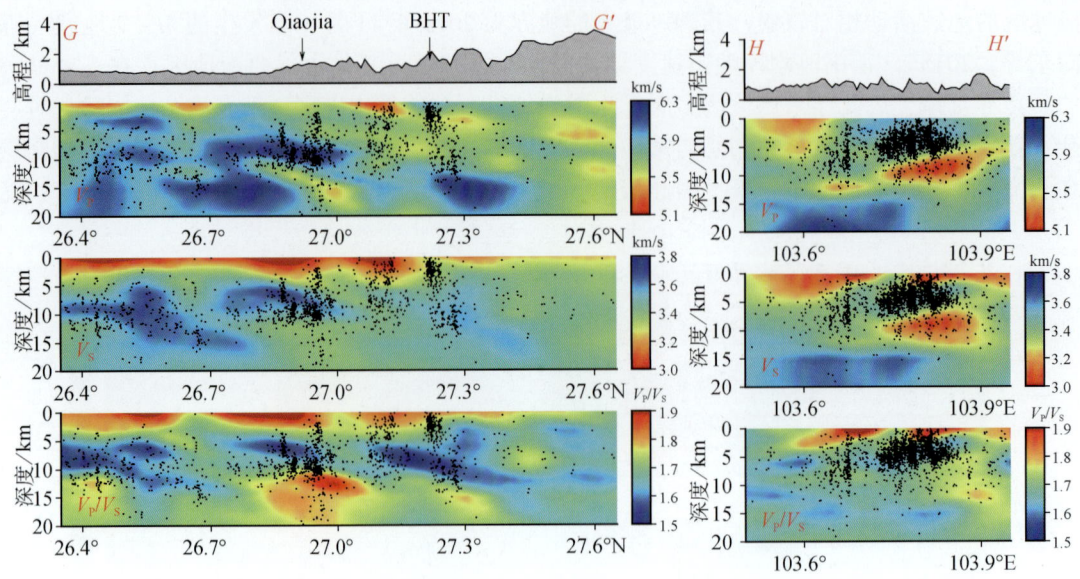

图 3.8 不同深度剖面上 P 波和 S 波层析成像结果

黑点是剖面两侧距离 10km 以内的地震；AA' 剖面上红色五角星代表鲁甸 $M_S6.5$ 地震；
CC' 剖面上左右两颗红色五角星为永善 $M_S5.0$ 和 $M_S5.3$ 地震

3.4 结论

地壳的速度结构是反映地壳介质属性的重要参数，与构造运动密切相关的地壳三维速度结构图像，特别是横向不均匀的结构图像，可以提供与地震发生位置及震源介质有关的重要信息，将其与地震活动的空间分布相结合，可为认识地震发生的环境及机理提供重要的依据。梅世蓉等（1999）对唐山及邢台地震序列构造环境的研究，发现这两次强震群序列发生地区的地壳具有高速、低速块体相间分布的特殊性。他们指出在速度结构不均匀，且存在规模较大的高速体与低速体相间分布的地区，发生强震群的可能性较大；而速度结构较均匀的地区发生强震群的可能性较小。显然，对水库区的速度结构进行精细研究，获得较高分辨率的地壳结构模型，特别是中上地壳精细结构，对于认识水库区的孕震环境及其成因机理是很重要的。

本章使用双差层析成像方法和金沙江下游水库区地震台网记录的地震资料，反演得到了金沙江下游及周围地区高分辨率的 V_P、V_S 和 V_P/V_S 模型以及高精度的地震精定位结果。主要结论如下：

（1）依靠研究区内密集的台站覆盖，反演得到的三维 V_P、V_S 和 V_P/V_S 结构的横向分辨率达 10km，中上地壳垂直方向上的分辨率达 3km。联合反演之后得到的震源位置其分布明显收敛，地震定位精度得到了显著提高。

（2）成像结果显示，研究区内 P 波速度结构与 S 波速度结构虽然细节方面存在差异，但总体较为一致。金沙江下游地区浅层的速度结构及波速比呈现出与地表地形和构造有关的分布特征，中上地壳的高速、低波速比异常区主要分布在鲁甸—昭通—彝良一带和雷波—永善块体西南区域。四川盆地边缘地区为低速、高波速比区。

（3）研究区内断裂位置与地下介质结构具有明显的对应关系，大型断裂基本位于地下介质结构复杂、高低速异常过渡带处。地震活动主要集中于 P 波和 S 波高速区或高低速过渡带等速度结构变化剧烈的地区，总体表现为相对低的波速比区域。其中，鲁甸 M_S6.5 地震及其余震序列分布于波速相对较高的区域，且震源区右下方区域存在一个显著的低速、高波速比异常体。永善地区金沙江边呈丛集分布的地震活动，包括近几年来发生的两次 5 级以上地震均位于高速、低波速比异常体的边缘。

（4）白鹤滩和溪洛渡水库大坝所在位置的浅层均表现为局部低速异常和较高的波速比。

第4章 利用地震震源机制解刻画溪洛渡水库区断层结构[*]

本章在库区地震精定位的基础上，利用金沙江下游水库地震台网记录的地震震相资料和区域固定台网的波形资料，对库首区 $M3.0$ 以上地震开展震源机制解反演，分析溪洛渡水库库首区的地震时空分布和断层结构，进而推测中强地震的发震构造和孕震机制。

4.1 震源机制解

使用中国地震局地球物理研究所"测震台网数据备份中心"提供的波形资料，采用CAP（Cut and Paste）方法反演库首区 $M3.0$ 以上地震的震源机制解。CAP方法由Zhao和Helmberger（1994）提出，Zhu和Helmberger（1996）对其进行了改进。该方法将区域范围观测波形分解成Pnl波和面波并赋予不同的权重分别进行拟合，移动每个部分的波形，使其吻合最好。因在反演中引入距离影响因子和使用绝对振幅误差，不但避免了反演结果受近台记录影响过大的弊端，还避免了振幅归一化带来的其他局部最小值解，获得的震源机制解更为准确可靠。

本研究使用云南、四川、贵州地震台网的固定台站波形资料反演溪洛渡库区的震源机制解，考虑到波形的信噪比和台站分布密度，使用250km范围内的台站，共37个台站进行震源机制解反演（图4.1a）。速度模型与地震精定位使用的速度模型一致。震源机制解反演时， $M<4.0$ 级地震的滤波频带为体波 $0.02\sim0.25Hz$，面波 $0.02\sim0.15Hz$； $M\geqslant4.0$ 级地震的滤波频带为体波 $0.02\sim0.2Hz$，面波 $0.02\sim0.10Hz$。挑选出台站数大于6个，得到波形拟合度大于60%的地震的反演结果，共得到34个地震的震源机制解（表4.1）。

表4.1 溪洛渡库首区地震震源机制解参数

序号	日期	时间	北纬 (°)	东经 (°)	深度 (km)	震级 M	节面Ⅰ			节面Ⅱ		
							走向 (°)	倾角 (°)	滑动角 (°)	走向 (°)	倾角 (°)	滑动角 (°)
1	2014.03.31	19:07:27.0	28.086	103.502	6	3.7	62	80	−168	330	78	−10
2	2014.04.02	23:32:36.0	28.087	103.511	5	3.3	59	79	−174	328	84	−11
3	2014.04.05	06:40:33.0	28.137	103.513	6	5.1	21	25	64	229	68	102

[*] 本章由王勤彩、雷红富、赵策、李君执笔。

续表

序号	日期	时间	北纬(°)	东经(°)	深度(km)	震级 M	节面Ⅰ			节面Ⅱ		
							走向(°)	倾角(°)	滑动角(°)	走向(°)	倾角(°)	滑动角(°)
4	2014.04.09	23∶12∶46.0	28.138	103.53	5	3.4	256	81	160	349	70	10
5	2014.04.24	01∶19∶39.0	28.098	103.496	5	3.6	70	86	-161	339	71	-4
6	2014.04.26	11∶17∶52.0	28.106	103.496	5	3.3	69	66	-176	337	86	-24
7	2014.06.09	05∶33∶44.0	28.078	103.521	3	3.1	54	79	-174	323	84	-11
8	2014.06.11	21∶54∶56.0	28.078	103.52	5	2.9	230	80	171	322	81	10
9	2014.08.17	06∶07∶59.0	28.121	103.491	6	5.2	50	83	-155	317	65	-8
10	2014.08.17	06∶08∶59.0	28.116	103.495	6	4.1	50	89	-170	320	80	-1
11	2014.08.17	06∶18∶36.0	28.11	103.509	5	4	76	85	-166	345	76	-5
12	2014.08.17	06∶26∶27.0	28.111	103.497	5	3.3	58	89	-162	328	72	-1
13	2014.08.17	06∶33∶02.0	28.114	103.497	5	3.1	63	85	-159	331	69	-5
14	2014.08.17	08∶36∶14.0	28.114	103.508	6	2.9	49	82	-166	317	76	-8
15	2014.08.17	09∶24∶55.0	28.121	103.493	5	3.8	49	90	-170	319	80	0
16	2014.08.17	12∶23∶36.0	28.118	103.506	6	3.4	241	87	159	332	69	3
17	2014.08.17	15∶36∶49.0	28.113	103.502	7	3.3	74	90	-159	344	69	0
18	2014.08.17	16∶45∶53.0	28.111	103.503	5	4.2	74	84	-157	341	67	-7
19	2014.08.17	17∶51∶18.0	28.106	103.529	6	3.1	49	86	-160	318	70	-4
20	2014.08.17	22∶48∶00.0	28.114	103.499	7	3.4	71	84	-159	339	69	-6
21	2014.08.20	18∶20∶52.0	28.106	103.508	6	4.5	80	65	-162	342	74	-26
22	2014.09.12	00∶29∶34.0	28.126	103.488	10	4.5	54	90	-168	324	78	0
23	2014.09.14	09∶40∶58.0	28.12	103.493	6	3.4	66	81	-164	333	74	-9
24	2014.09.29	12∶32∶44.0	28.144	103.542	5	3.1	64	88	176	154	86	2
25	2014.10.13	19∶23∶00.0	28.293	103.636	5	3	81	86	-177	351	87	-4
26	2015.05.01	14∶11∶00.0	28.122	103.496	9	3.4	52	75	-161	317	72	-16
27	2015.05.01	17∶12∶00.0	28.126	103.489	9	3.4	56	72	-168	322	79	-18
28	2015.05.01	18∶13∶58.0	28.117	103.498	13	3.7	48	84	-165	316	75	-6
29	2015.05.02	05∶32∶49.0	28.121	103.489	12	3.2	49	90	-172	319	82	0
30	2015.09.20	21∶06∶11.0	28.115	103.56	5	3	66	84	173	157	83	6
31	2016.01.05	13∶08∶31.0	28.053	103.415	9	3.1	71	86	169	162	79	4
32	2018.05.08	11∶32.9	28.12	103.465	8	4.3	77	70	-172	344	83	-20

续表

序号	日期	时间	北纬(°)	东经(°)	深度(km)	震级 M	节面Ⅰ			节面Ⅱ		
							走向(°)	倾角(°)	滑动角(°)	走向(°)	倾角(°)	滑动角(°)
33	2019.05.16	33:32.1	28.075	103.533	8	4.7	168	70	-26	267	66	-158
34	2019.06.05	26:55.4	28.109	103.589	8	4.2	249	64	-164	152	76	-27

注：表中5级以上地震为 M_S，其他为 M_L。

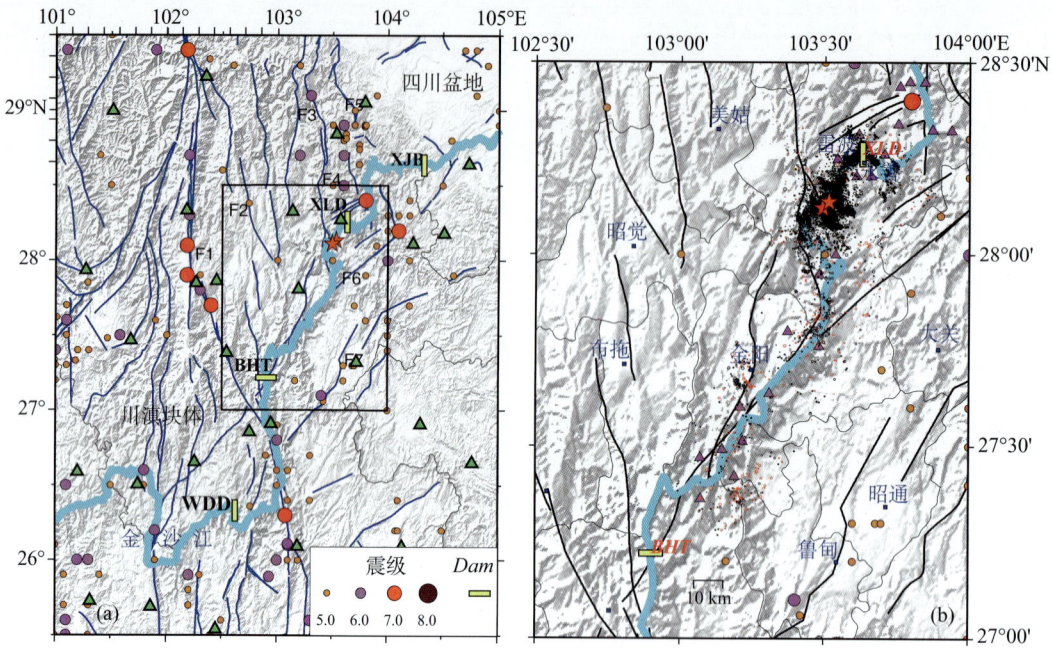

图4.1 研究中使用的台站（a）及水库蓄水前后地震分布（b）

图4.1a左上角插图中黑色矩形是金沙江下游梯级水库位置。图4.1a中雪青色粗线是金沙江，黄色细棒是水库大坝位置，由上游至下游分别为乌东德（WDD）、白鹤滩（BHT）、溪洛渡（XLD）和向家坝（XJB）4个水库。不同颜色的实心圆为该区有记录以来的历史地震（公元前780年至公元2019，地震目录来自中国地震台网中心），红色五角星是水库蓄水后2014年4月5日和8月17日发生的两次5级地震。绿色三角为区域固定台站。蓝色实线是断层：F1. 安宁河—则木河—小江断裂带，F2. 大凉山断裂，F3. 美姑断裂，F4. 峨边—金阳断裂，F5. 马边—盐津断裂带，F6. 莲峰断裂带。图4.1b是图4.1a中黑色方框的范围，也是溪洛渡水库的范围，图中黑点是蓄水后的地震，红色点是蓄水前的地震，紫色三角为金沙江台网中心的台站，黑色细实线为县界，红色五角星与图4.1a同

由图4.2可见，2014年4月5日的 $M_S5.1$ 地震是仅有的一个逆冲型地震，波形拟合最佳解的震源矩心深度仅为2km。8月17日 $M_S5.2$ 地震为走滑型机制解，波形拟合最佳解的震源矩心深度为6km。水库蓄水多触发（诱发）走滑和正断型地震，逆冲地震相对较少，但若库区存在逆冲断层，蓄水引起的介质强度降低有利于逆断层活动时，也会发生逆冲断层活化，如卡洛罗莱纳的蒙蒂塞洛水库（Takwani和Acree，1987）和金沙江中游的梨园水库

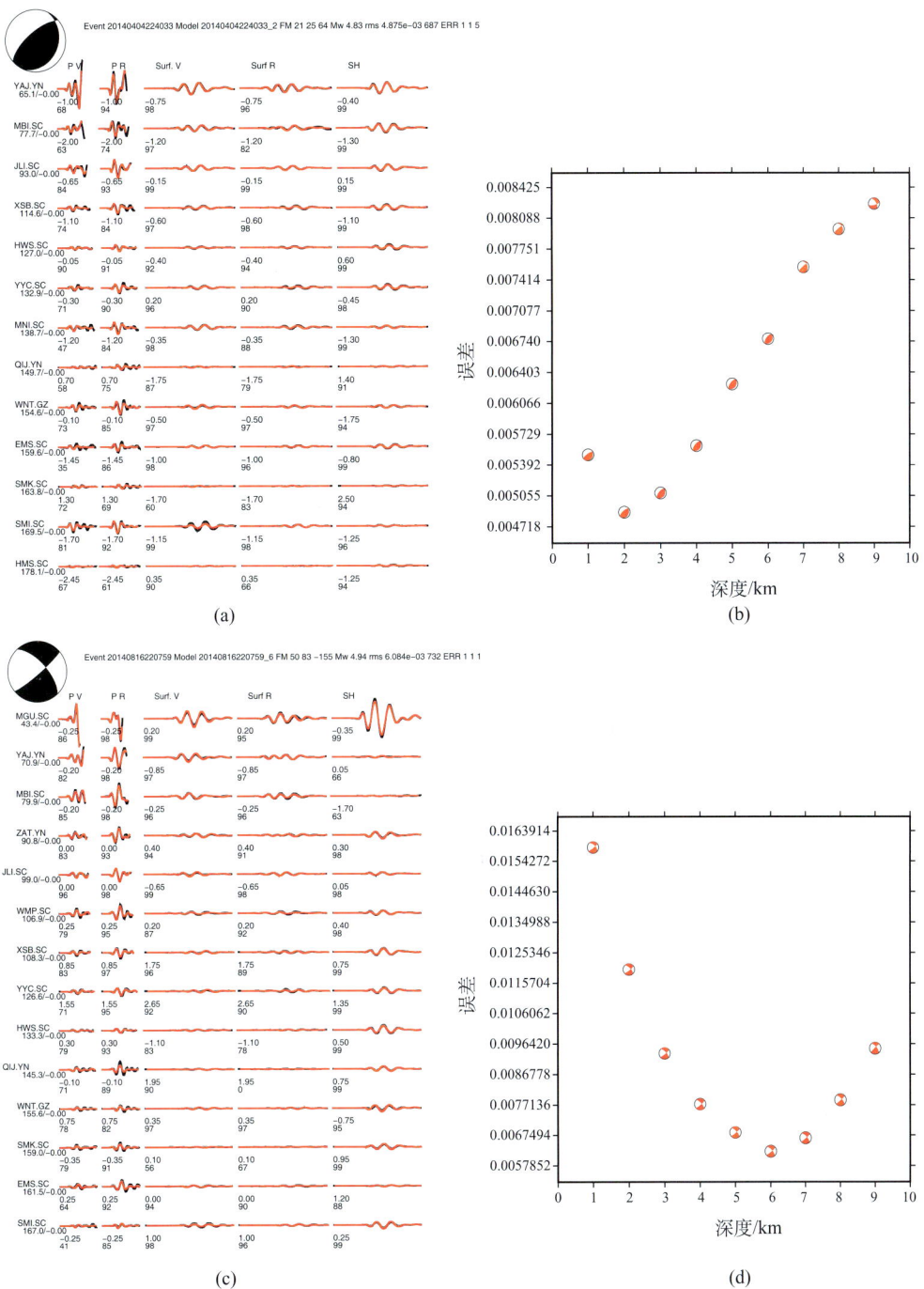

图 4.2 2 个 5 级地震震源机制解反演理论与观测波形拟合情况

(a) 2014 年 4 月 5 日 M_S5.1 地震波形拟合图，黑色线为观测波形，红色线为理论波形，最左侧标注为台站、台网名和震源距，波形下面为平移时间和理论与观测波形拟合度；
(b) 不同深度归一化拟合残差；(c) 2014 年 8 月 17 日 M_S5.2 地震波形拟合图；
(d) 不同深度归一化拟合残差

（王勤彩，2016）蓄水后均发生了逆冲型地震。图 4.3 为溪洛渡库首区震源机制解分布图，由图可见，除 2014 年 4 月 5 日 M_S5.1 地震为逆冲型外，其他地震均为走滑型。不同地震间节面倾角稍有差异，2014 年 8 月 17 日 M_S5.2 地震前的地震震源机制解节面更为直立。由表 4.1，除 3 次地震外，多数地震的震源矩心深度小于 8km。

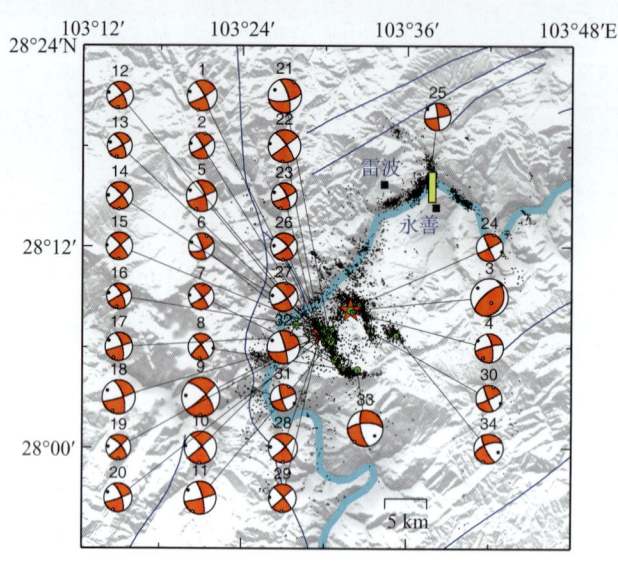

图 4.3　溪洛渡水库库首区地震震源机制解

震源机制解序号按发震时间顺序排列，与表 4.1 中地震序号相同，
3 号为 2014 年 4 月 5 日 M_S5.1 地震，9 号为 2014 年 8 月 17 日 M_S5.2 地震

4.2　库区应力场

我们使用库首区的 34 个地震的震源机制解参数，采用 FMSI（Gephart 等，1984；Gephart，1990）应力场反演方法反演整个溪洛渡水库库首区的应力场。该方法假设断层面上的剪切应力方向与断层的滑动方向一致，利用网格搜索方法寻找一组地震的最佳拟合应力张量。应力场反演平均残差反映研究区域内的应力张量的非均匀程度，平均残差小于 6°代表研究区域较均匀的应力条件，而大于 9°代表应力场有较高的非均匀性。反演结果溪洛渡水库库首区最大主压应力轴方位 305°，倾伏角 14°，中等主应力方位 83°，倾伏角 71°，最小主压应力方位 212°，倾伏角 12°，拟合残差为 2.575，$R=0.6$。图 4.4 给出了溪洛渡水库库首区地震震源机制解 P、T 轴的分布和反演得到的最大主压应力、最大主张应力方向。库首区应力场均匀，最大主压应力水平方向为北西向，与该区 S 波分裂快波偏振方向一致（石玉涛等，2013），也与已有研究结果一致（Tian 等，2019）。

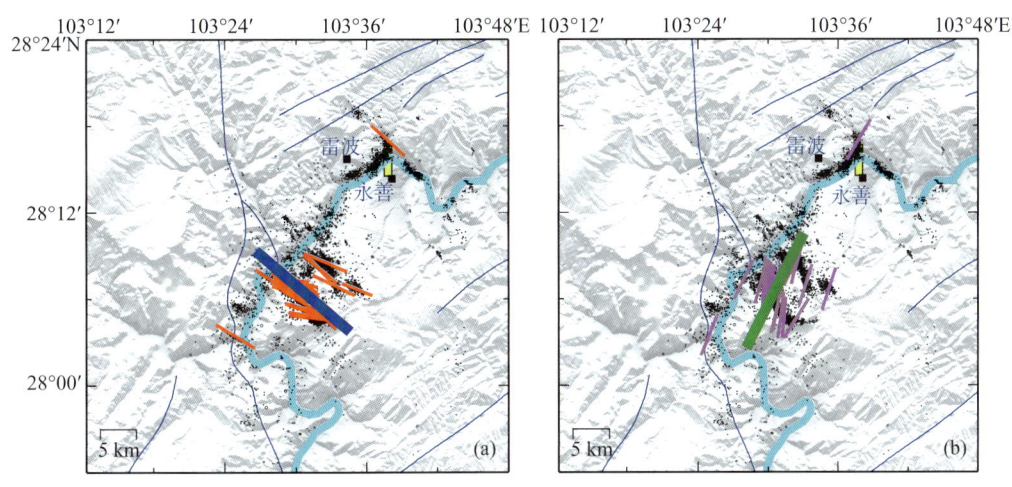

图 4.4 溪洛渡水库库首区地震震源机制解 P、T 轴和应力场
(a) 震源机制解 P 轴分布（红色细线）和库首区最大主压应力方向（蓝色粗线）；
(b) 震源机制解 T 轴分布（粉色细线）和库首区最小主压应力方向（绿色粗线）

4.3 溪洛渡库首区断层精细结构

我们利用震源机制解和地震精定位结果分析库首区的断层结构。如图 4.5，根据地震活动我们将库首区分为 3 个区，分别为大坝附近地震丛集区（A 区）、2014 年 4 月 5 日 M_S5.1 地震所在地震丛集区（B 区）和 2014 年 8 月 17 日 M_S5.2 地震所在的地震丛集区（C 区）。A 区最大地震为 2014 年 10 月 13 日的 M2.8，该地震位于坝址附近，为走滑型震源机制解，两节面走向分别为北东东和北北西，接近直立（图 4.3 中 25 号地震）。结合地震精定位震中分布和深度剖面分析（图 2.9），坝址上游存在不连续的北东向断层及与之相交的北北西小断层，两条断层均接近直立，坝址下游为一条北西向近直立的小断层。

B 区断层结构非常复杂，整个地震丛集区由北向南形成 5 条斜列的地震小条带和一条北东向小断层组成（图 4.5）。B 区震源机制解除 M_S5.1 地震为逆冲外，其他均为走滑型地震。走滑型地震震源机制解两节面分别为北西和北东向，接近直立。综合精定位和震源机制结果，B 区 5 条北西向断层均为近直立左旋走滑断层。M_S5.1 地震质心深度 2km（图 4.2），两个节面走向均为北东向，与 B 区地震条带的延伸方向接近垂直。推测由于 M_S5.1 地震断层走向与库区延伸方向一致，水库蓄水抑制倾向库区的逆冲断层的滑动，因为上盘库水荷载增加拟制上盘向上的运动，所以，M_S5.1 地震的震源断层应为走向北东、倾向南东的低角度逆掩断层。随着时间的推移，持续的地震活动触发了远离库区的 B 区最南端 M4.2 地震小序列的活动。由第 2 章地震精定位的深度分布可以看出，除 M4.2 地震小序列外，B 区震源深度不超过 6km，大多集中在 1~5km，几次较大地震的质心深度在 1~3km，与石灰岩埋深基本一致，为基底以上浅层构造活动（杨磊，2019）。M4.2 地震小序列震源较深，主要集中在 2~8km。综合以上分析可知，B 区具有复杂的断层结构，由 5 条北西向左旋走滑小断层和一条北东向逆冲断层组成。

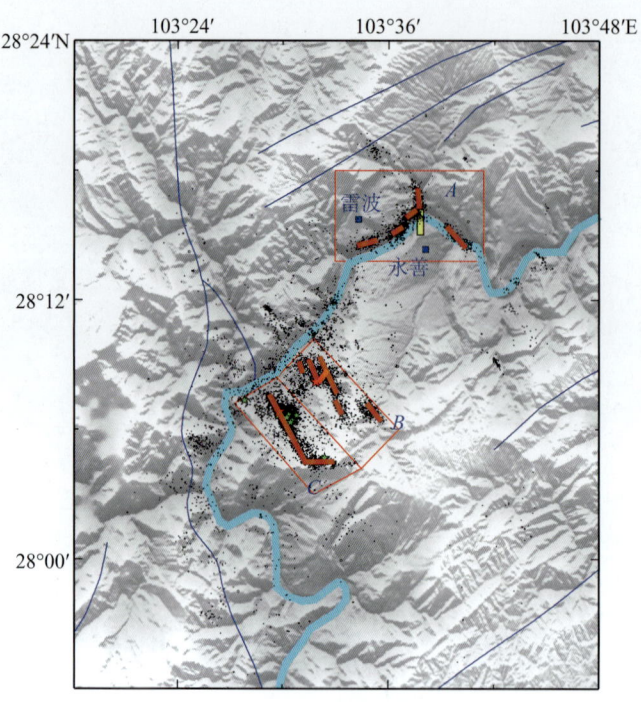

图 4.5 溪洛渡库首区断层结构示意图

蓝色实线是已有断裂；红色实线是本研究新增断裂，其他符号与图 4.2 同

C 区地震主条带为北西向，震源机制均为走滑型，$M_S5.2$ 地震前震源机制解北西向节面更接近直立，平均倾角 82.6°（图 4.3 中 1、2、5~8 号地震），$M_S5.2$ 地震震源机制解北西向节面倾向东北，倾角 65°（图 4.3 中 9 号地震），紧随其后 12 个地震平均倾角为 71.8°，倾角较 $M_S5.2$ 地震前变小。库首区地震剖面图显示（图 2.9），北西向断层浅层近直立，深层向东北倾，倾角约 70°，与震源机制解结果相近。$M_S5.2$ 地震前地震均发生在浅层，深度基本不超过 6km，$M_S5.2$ 地震发生在深浅构造交会处，约 6.3km，其后 7 个多月内 $M≥4.0$ 级余震均发生在深部断层上，深部断层只在丛集区中北段破裂。随着时间推移，北西向断层在空间上未再向南明显延伸，可能是受到了南端近东西向小断层的阻挡。近东西向地震条带最大地震为 2019 年 5 月 16 日 $M4.7$ 地震，走滑型，断层走向 267°，倾向 65.7°，滑动角 −158°，断层走向与精定位地震小条带一致。综合分析 C 区震源机制解和地震精定位结果可以看出，C 区由北西向主断层和南端近东西向小断层组成，北西向断层为左旋走滑，近东西向小断层为右旋走滑。北西向断层深浅部几何形态存在差异。C 区北西向断裂与峨边—金阳断裂东侧分支走向近似。

综上所述，溪洛渡库首区断层结构复杂，由一系列北西向左旋走滑断层、近东西向右旋走滑断层和北东向逆冲断层组成，在北西向区域主压应力作用下，库首区处于临界应力状态的断层受水库蓄水应力扰动的影响发生错动，库首区地震活动与周边已知断层没有明显的关系。

4.4 结论

通过对溪洛渡水库永善库段地震活动、精定位、震源机制和孕震机制的综合分析，我们得到如下结论：

(1) 溪洛渡水库库首区蓄水前地震活动微弱，蓄水后活动水平显著增强。其中永善库段雷波—永善盆地内部蓄水5年内$M \geq 3.0$级地震的发生与水位的快速升降密切相关，5年后因地震远离库区相关性减弱。空间上地震成丛分布，并呈现随时间流逝向远离库区扩散的特征。

(2) 库首区地震断层几何结构复杂，大坝附近小断层沿河流断续展布，2014年4月5日$M_S5.1$地震丛集区由多条北西向左旋走滑断层和一条逆冲断层组成，2014年8月17日$M_S5.2$地震丛集区由北西向左旋走滑主断层和近东西向右旋走滑小断层组成，主断层中北段深浅部几何形态存在差异，6km以上近直立，6km以上向东北倾，深部断层仅在地震丛集区中北段破裂。

(3) 库首区由一系列北西向左旋走滑断层和北东向逆冲断层组成，在北西向背景主压应力作用下，处于临界应力状态的断层受水库蓄水应力扰动的影响发生错动。

第 5 章 溪洛渡库区小震震源机制解和分区应力场*

　　溪洛渡大坝蓄水后出现了以微震为主的地震活动增强过程，震中密集分布区均在库水的影响范围内。水库区地震的成因复杂，与库区背景应力场的增强、断层和裂隙分布、库区岩性、水库蓄水过程等因素关系密切。对水库区蓄水前后地震震源机制和构造应力场的研究可以使我们更好地认识水库区地震类型和应力状态的变化特征，为探究水库地震的机理和诱发地震危险性预测提供依据。前人对中国大陆典型水库区发生的地震震源机制解开展了研究，如王妙月等（1976）发现 1962 年 3 月 19 日新丰江水库 $M_S6.1$ 主震及前后 18 个月内小震断层面解机制解以走滑为主。He 等（2018）通过计算新丰江水库 2012~2015 年 1.5 级以上地震的震源机制解，发现蓄水 58 年后水库区的地震震源机制已以正断倾滑为主，主应力的方向与构造主应力的方向一致。而库区外仍然是以走滑机制为主，多年以来的扩散作用增加了孔隙压力，使地震迁移到更深的深度，并改变了地震类型。Yao 等（2017）讨论了三峡水库不同蓄水时期地震活动以及震源机制的变化特征，认为地震活动与水位变化有很大关系。在 135m、156m 和早期 175m 水位的蓄水期间，大多数地震震源机制以走滑和正断型为主，且 P、T 轴分布较为离散，与区域构造应力场的特征不符。在 175m 水位的蓄水后期，发生多次震级更大的地震，P、T 轴分布与区域构造应力场的特征较为一致。分析认为，库区小震可能是水库诱发地震，而大的地震受控于区域的断层结构和构造应力场。对广西龙滩水库（陈翰林等，2009；阎春恒等，2015）的地震活动和震源机制解研究表明，蓄水初期，库区地震类型呈现多样性，蓄水约 4 年 3 个月后，地震主要发生在浅部地层中，并大多为逆断型地震。蓄水初期引起了库区应力场的非均匀变化。库区深、浅部地震活动水平和地震性质之所以会随蓄水过程发生变化，可能与深、浅部构造应力环境、岩体力学性质和渗透性能的差异有关。对于本章讨论的溪洛渡库区，刁桂苓等（2014）反演了 2007 年至 2013 年 10 月溪洛渡水库蓄水前后共计 700 多次地震的震源机制，发现溪洛渡蓄水后库区的小震震源机制空间取向复杂、破裂类型多样、应力状态不均匀、不稳定；段梦乔（2019）进一步计算了 2016~2018 年溪洛渡库区的小震震源机制解，发现截至 2018 年溪洛渡库区的应力场已基本恢复到蓄水前的状态。

　　本章使用溪洛渡库区的近场波形数据，开展库区不同库段的小震震源机制解反演，研究不同位置和震源深度的小震震源机制特征；开展库区构造应力场分析，研究蓄水对库区应力场的影响；探讨溪洛渡库区水库地震的物理机理和成因，为根据近场区断层的空间展布、规模、性状、活动性及伴生地震活动规律，认识地震的成因奠定基础。

---

* 本章由郭伟、赵翠萍执笔。

5.1 方法和参数设置

溪洛渡库区发生的地震以小震为主。由于小地震的能量位于高频波形部分，我们采用高频波形匹配方法反演小震震源机制解。该方法包括计算一系列地震矩张量对应的理论地震图，并且寻找使观测与理论波形最匹配的震源机制解，对于确定诱发地震的震源机制解尤为有效。匹配高频地震波形和 P 波初动极性的方法已被应用于确定矿井诱发地震的震源机制解（Julia 等，2009）。Li 等（2011）对该方法进行了测试，结果具有稳健性和有效性，并将其应用于确定多个诱发地震事件的震源机制解，观测和理论地震波形之间匹配度很好。该方法同时使观测波形与理论波形的震相和振幅的匹配度最大，此外还利用了 P 波初动和 S/P 振幅比来约束波形匹配度，构建了包含四种约束的目标函数，并利用优化的网格搜索法寻找最优解。利用离散波数法（DWN）（Bouchon 1981，2003）计算格林函数。目标函数如下：

$$\text{maximize}[J(x, y, z, dip, rake, ts)]$$
$$= \sum_{n=1}^{N} \sum_{j=1}^{3} \left\{ \alpha_1 \max(\tilde{d}_j^n \otimes \tilde{v}_j^n) - \alpha_2 \|\tilde{d}_j^n - \tilde{v}_j^n\| + \alpha_3 f\left[pol(\tilde{d}_j^n), pol(\tilde{v}_j^n)\right] \right.$$
$$\left. + \alpha_4 h\left[rat\left(\frac{S(d_j^n)}{P(d_j^n)}\right), rat\left(\frac{S(v_j^n)}{P(v_j^n)}\right)\right]\right\}$$

式中，$\tilde{d}_j^n$ 是归一化数据；$\tilde{v}_j^n$ 是归一化理论波形。$\alpha_1 \sim \alpha_4$ 是各项的权重，以任何一项取值都不能在目标函数中占据优势地位的考量取最优值。第一项计算了归一化数据和归一化理论波形之间的最大互相关系数，第二项的负号是使振幅差异最小，前两项不是相互独立的，它们的组合更好的约束波形的相似性。第三项计算观测数据的 P 波初动极性是否与理论波形一致，第四项是计算观测波形和理论波形 S/P 振幅比的一致性。本书中波形权重取值为 4，P 波初动的权重取值为 2，振幅比的权重取值为 0.5，拟合频段为 2~4Hz。

5.2 小震震源机制解

我们利用布设在金沙江下游地震监测网记录的波形数据，反演得到了 2013~2015 年期间 374 次 $M \geq 2.0$ 级小震的震源机制解（表 5.1）（**注**：见本章末）。图 5.1 给出了其中 9 次发生在雷波和永善的 $M \geq 2$ 级地震的波形拟合和深度拟合情况。可见 2 级地震的多个近台三分量 P、S 波数据都能得到较好地拟合，深度拟合图还给出了地震震源的最佳深度。

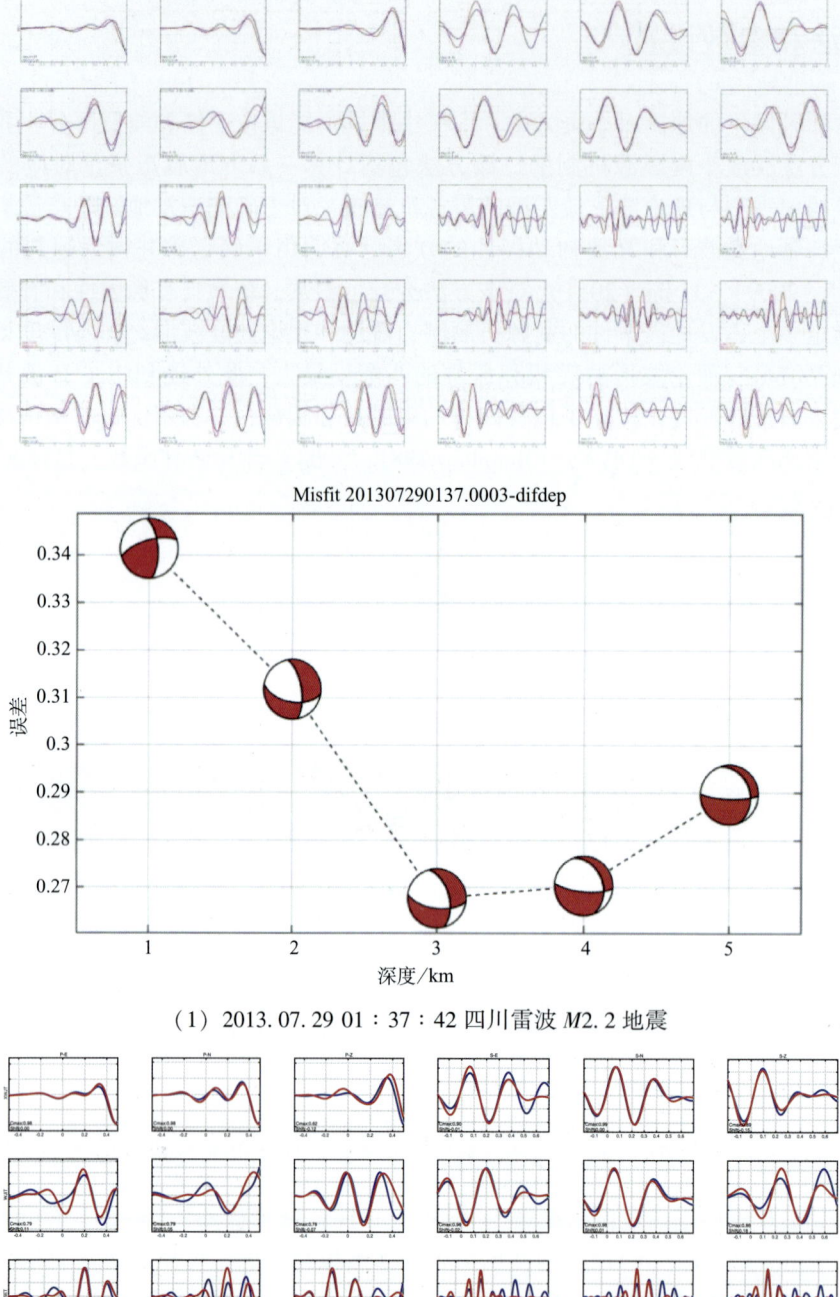

（1）2013.07.29 01:37:42 四川雷波 $M2.2$ 地震

第 5 章 溪洛渡库区小震震源机制解和分区应力场 · 49 ·

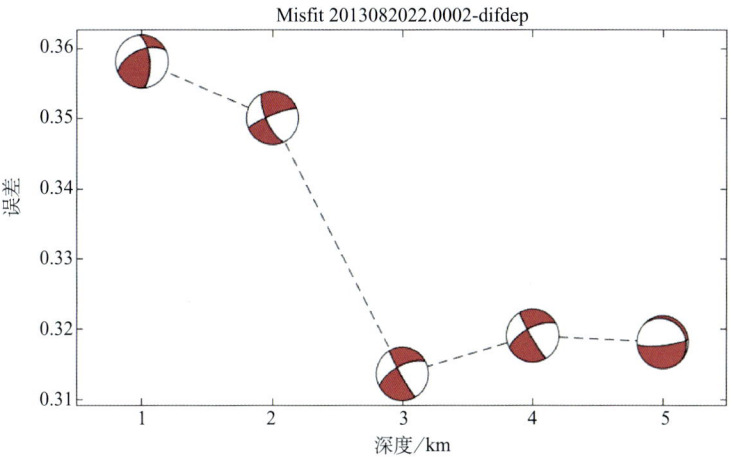

（2） 2013.08.02 21：02.48 四川雷波 $M2.4$ 地震

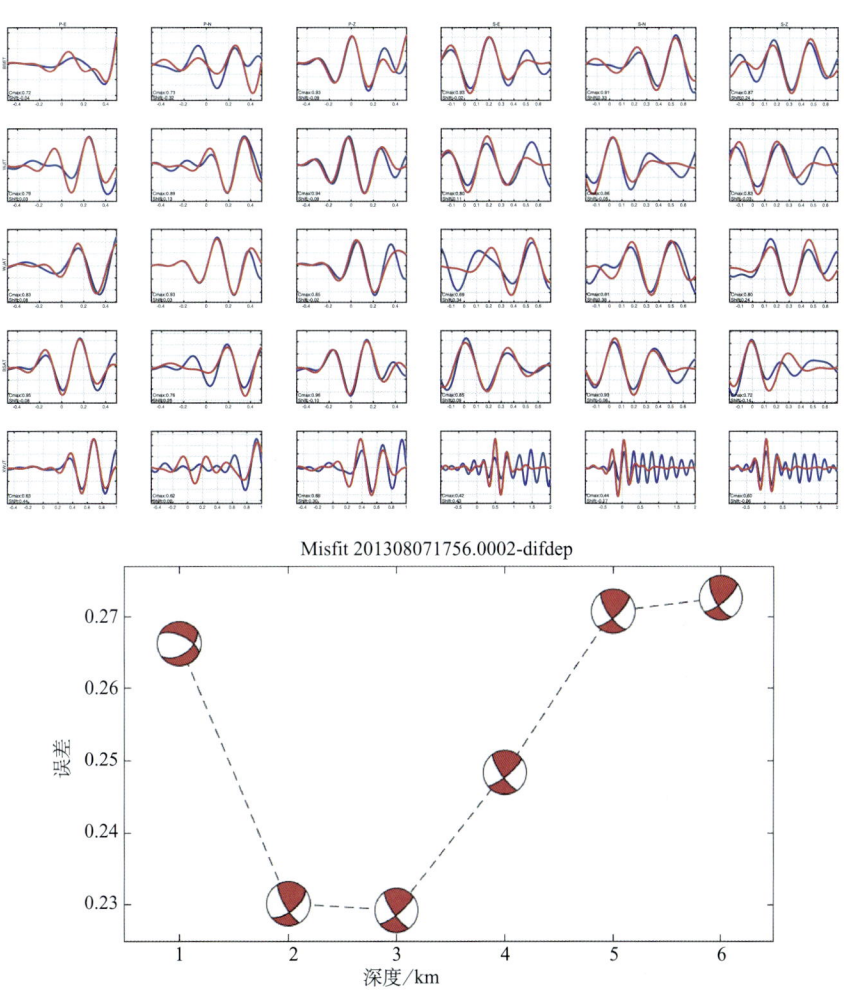

（3） 2013.08.07 17：56.19 四川雷波 $M2.1$ 地震

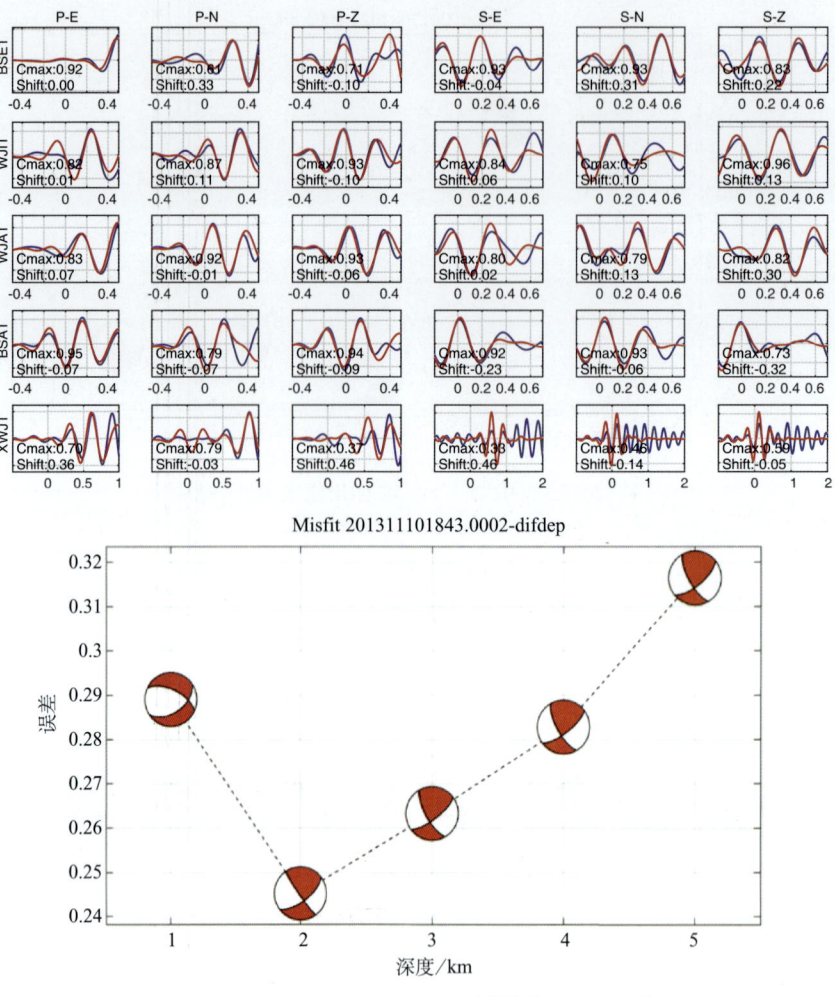

(4) 2013.11.10 18:43.32 四川雷波 $M2.0$ 地震

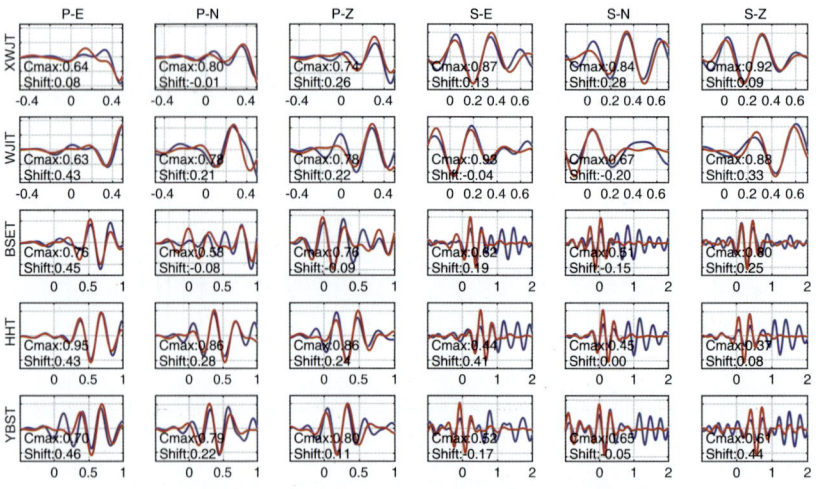

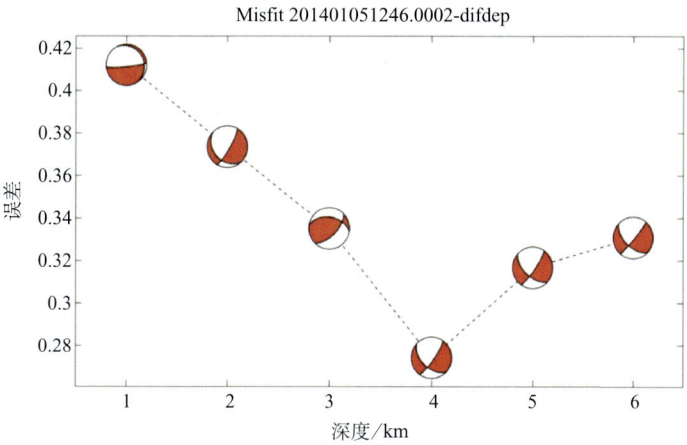

(5) 2014.01.05 12:46.40 四川雷波 $M2.2$ 地震

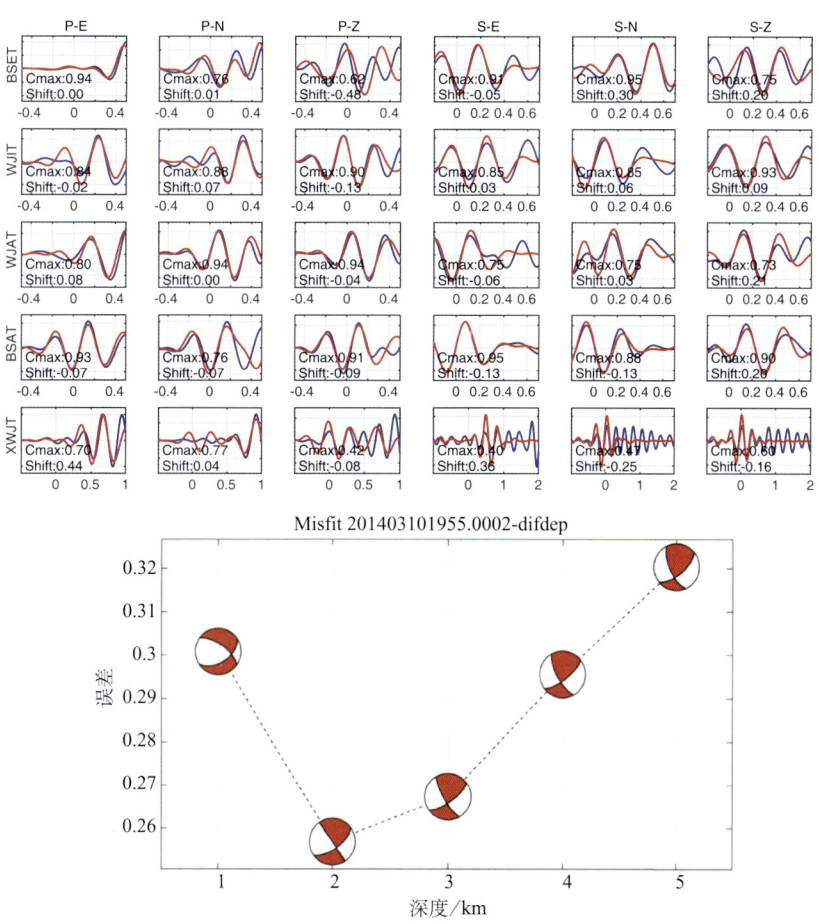

(6) 2014.03.10 19:55.18 四川雷波 $M2.1$ 地震

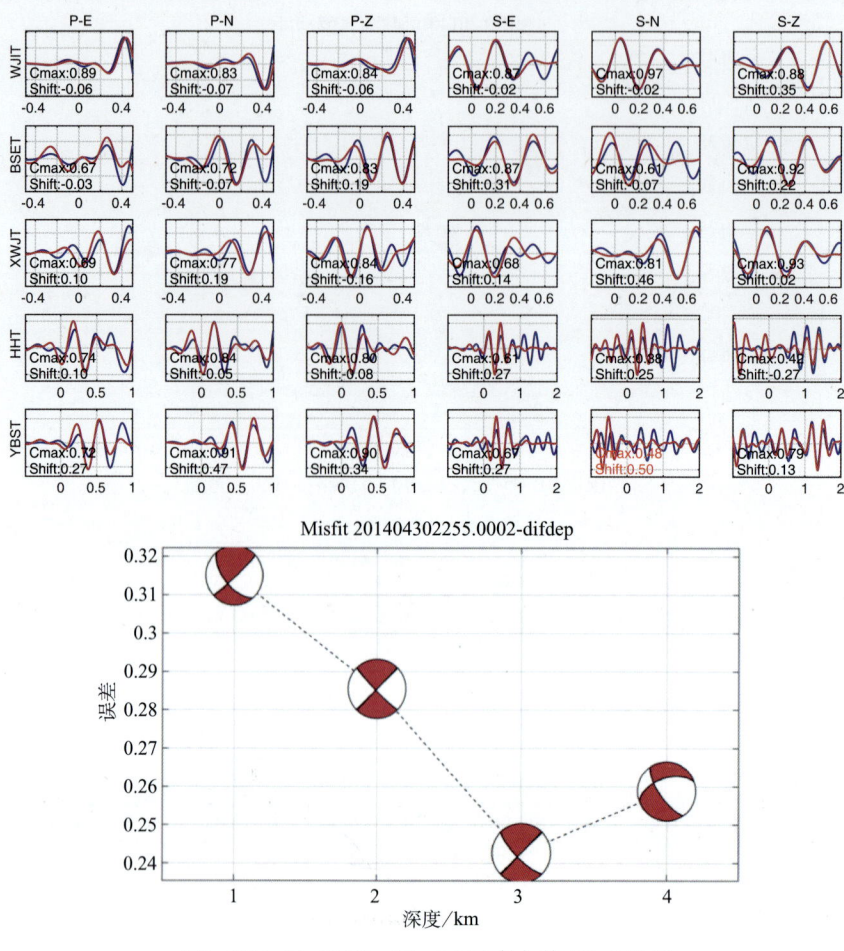

(7) 2014.04.30 22:55:26 云南永善 $M2.6$ 地震

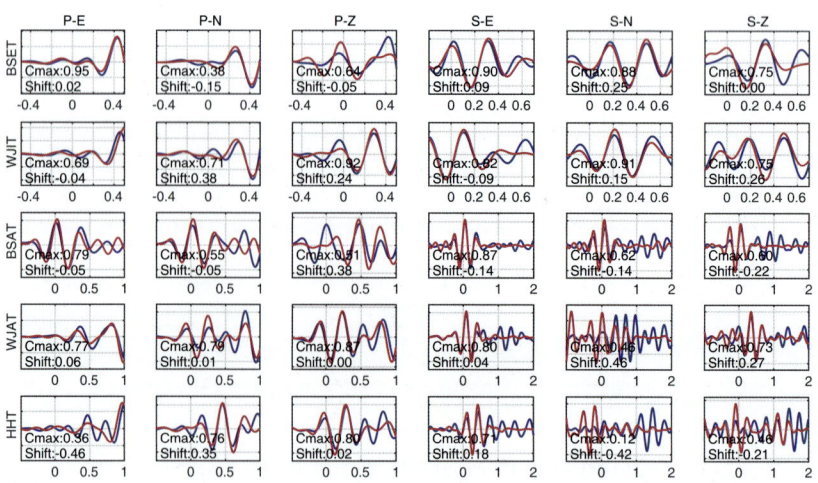

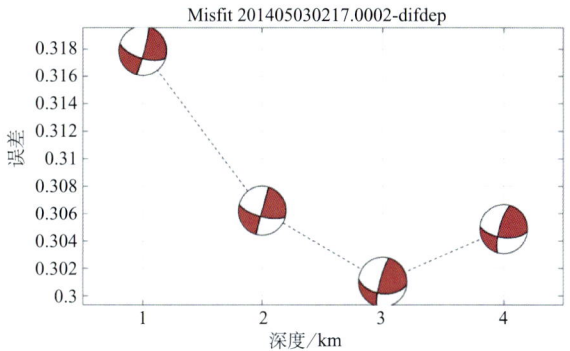

(8) 2014.05.03 02:17:29 云南永善 M2.1 地震

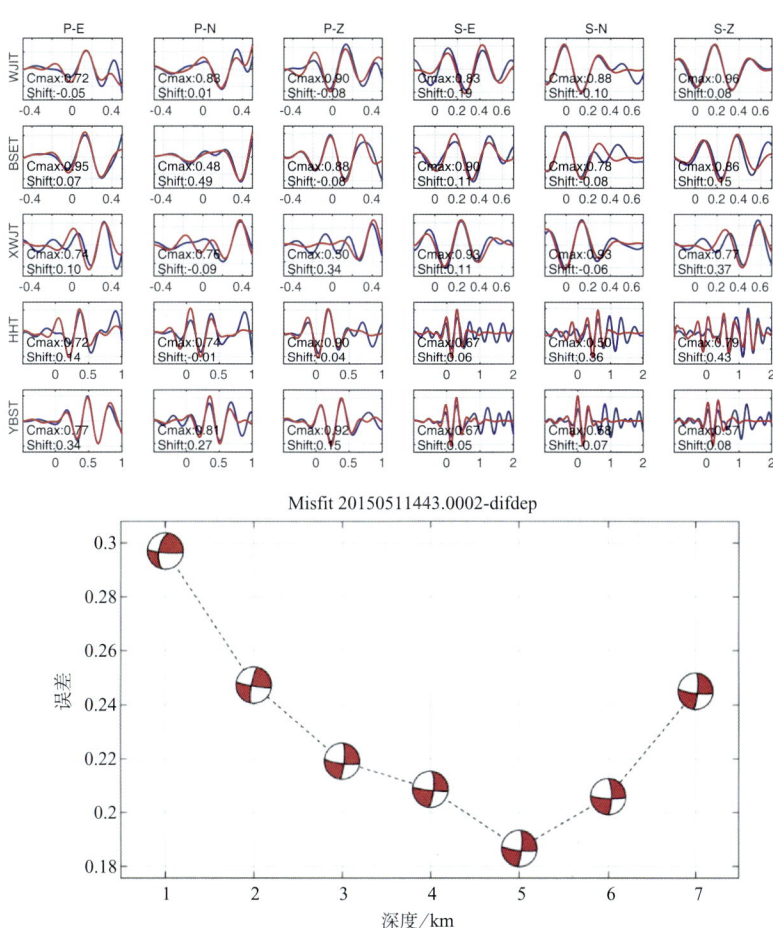

(9) 2015.05.01 14:43:52 云南永善 M2.4 地震

图 5.1 部分地震震源机制解波形和深度拟合情况

上图为波形拟合图，每一行为一个台站记录的观测波形（蓝色）和理论波形的拟合情况（红色），从左向右 6 段波形分别是 P 波 EW 分量、P 波 NS 分量、P 波 Z 分量、S 波 EW 分量、S 波 NS 分量、S 波 Z 分量，左上角给出了观测波形和理论波形初动极性和拟合频段，左下角给出了最大互相关系数 Cmax 和时移 Shift；下图为波形拟合失配值随震源深度的变化

我们进一步采用 Zoback（1992）的分类方法（表 5.2），根据震源机制解的 P 轴、B 轴和 T 轴仰角对获取的溪洛渡库区的机制解进行了分类统计。

表 5.2 震源机制解分类标准（据 Zoback 等（1992））

类型	P 轴仰角 σ_P（°）	B 轴仰角 σ_B（°）	T 轴仰角 σ_T（°）
正断型	≥52		≤35
正走滑型	40≤σ_P<52		≤20
走滑型	<40	≥45	≤20
逆走滑型	≤20		40≤σ_P<52
逆断型	≤35		≥52
不确定型	20<σ_P, σ_B, σ_T<45 或者 40≤σ_P, σ_T≤50		

图 5.2 给出了溪洛渡库区蓄水后不同类型的地震位置和机制解分布情况。蓄水后溪洛渡库区的地震主要分布在三个区域：A 区（大坝附近的人字形区域）、大坝上游永善白胜村和务基镇附近的两个北西向地震条带（B 区和 C 区），这两个条带分别发生了 2014 年 4 月 5 日 M_S5.1 地震和 2014 年 8 月 17 日 M_S5.2 地震。

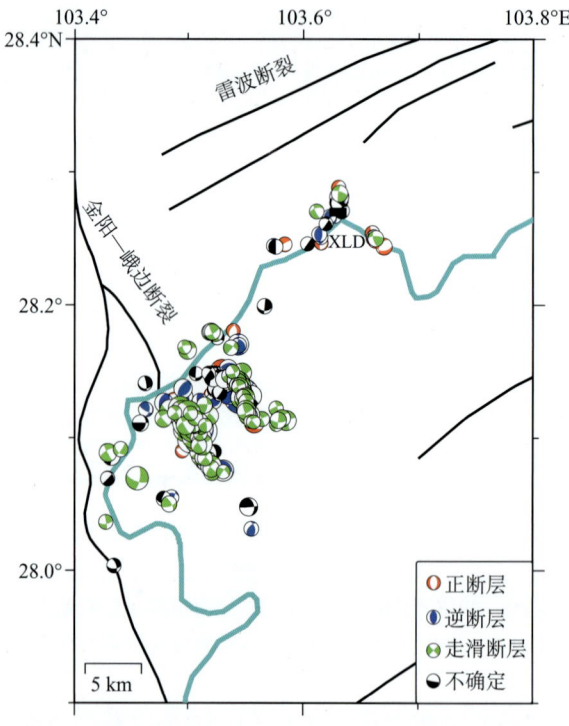

图 5.2 溪洛渡库区蓄水后的地震位置和相应的机制解

我们得到的 374 次 $M \geq 2$ 级机制解中，正断型、逆断型、走滑型、其他类型地震事件所占比例分别为 23.9%、15%、47.2%、13.9%。蓄水后的小震震源机制解以走滑类型为主，符合区域应力场特征。

为了更加清晰地展现每种类型的机制解的空间分布情况，我们绘制了图 5.3。可见，大坝处的震源机制解以正断层类型占优势。永善库段右岸的地震，包括 2 次 5 级地震条带上的

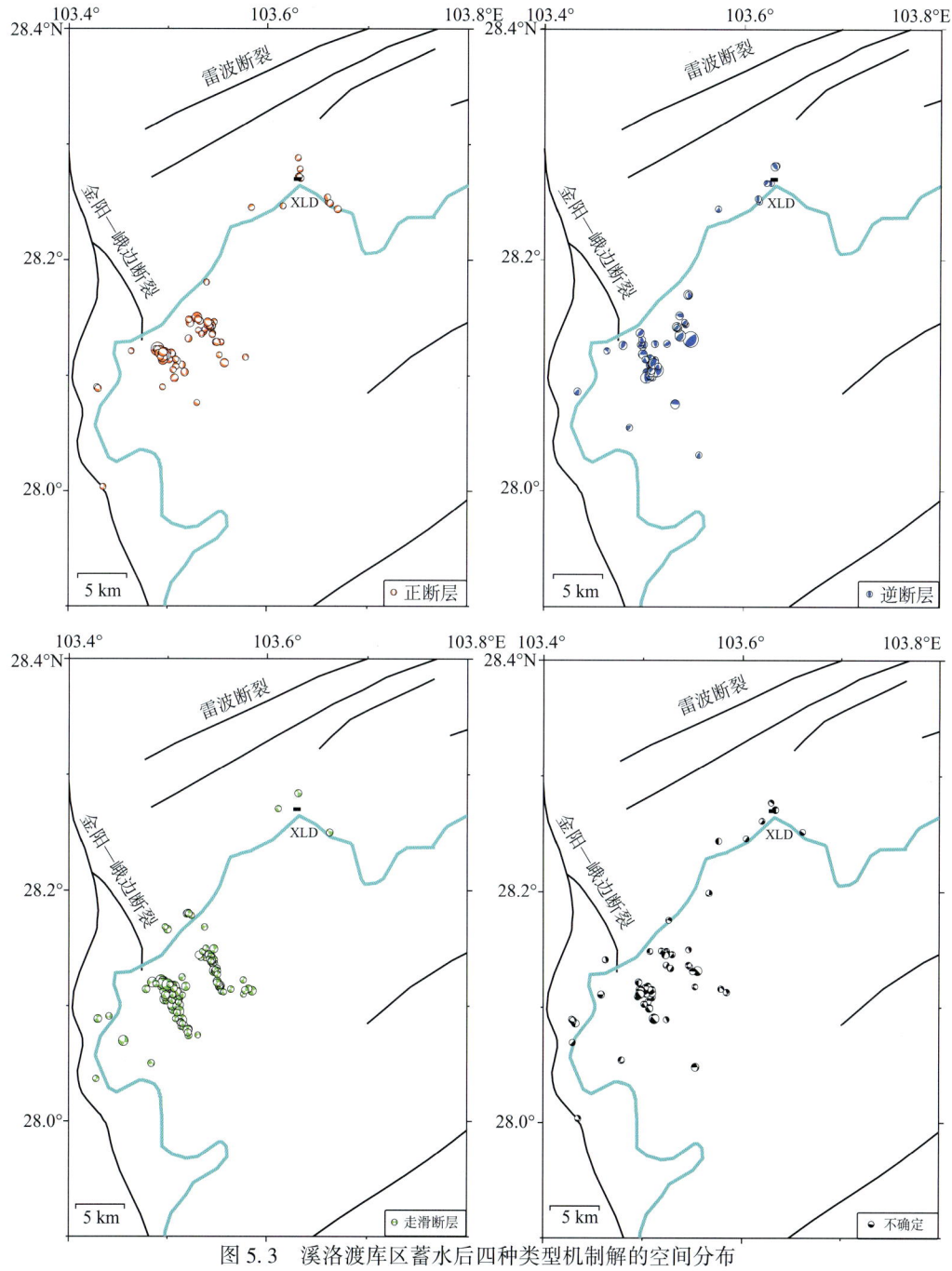

图 5.3 溪洛渡库区蓄水后四种类型机制解的空间分布

地震以走滑型的地震为主。本书第4章采用CAP方法给出的2014年4月5日M_S5.1地震为孤立的逆冲型地震,2014年8月17日M_S5.2地震为走滑型地震。2014年4月5日M_S5.1地震所在地震丛集区由多条北西、北西西向左旋走滑断层和一条逆冲断层组成,M_S5.2地震所在地震丛集区由北西向左旋走滑主断层和近东西向右旋走滑小断层组成。

我们分析了三个区域震源机制解随深度的变化情况,如图5.4所示。大坝附近正断型、逆断型、走滑型、其他类型地震事件所占比例分别为38.5%、26.9%、11.5%、23.1%。正断型地震占比最多,走滑最少,各种类型机制解深度几乎均匀分布在2~6km。白胜村附近2014年4月5日M_S5.1地震所在条带中正断型、逆断型、走滑型、其他类型地震事件所占比例分别为30.8%、9.3%、45.8%、14.1%。以走滑型和正断型为主,逆断型地震发生在开始出现地震条带的初始阶段,2014年4月5日M_S5.1地震为逆断型地震,主震发生后相继发生了一些同类型的余震,深度分布在2~8km,自2014年10月开始,逆断型地震不再

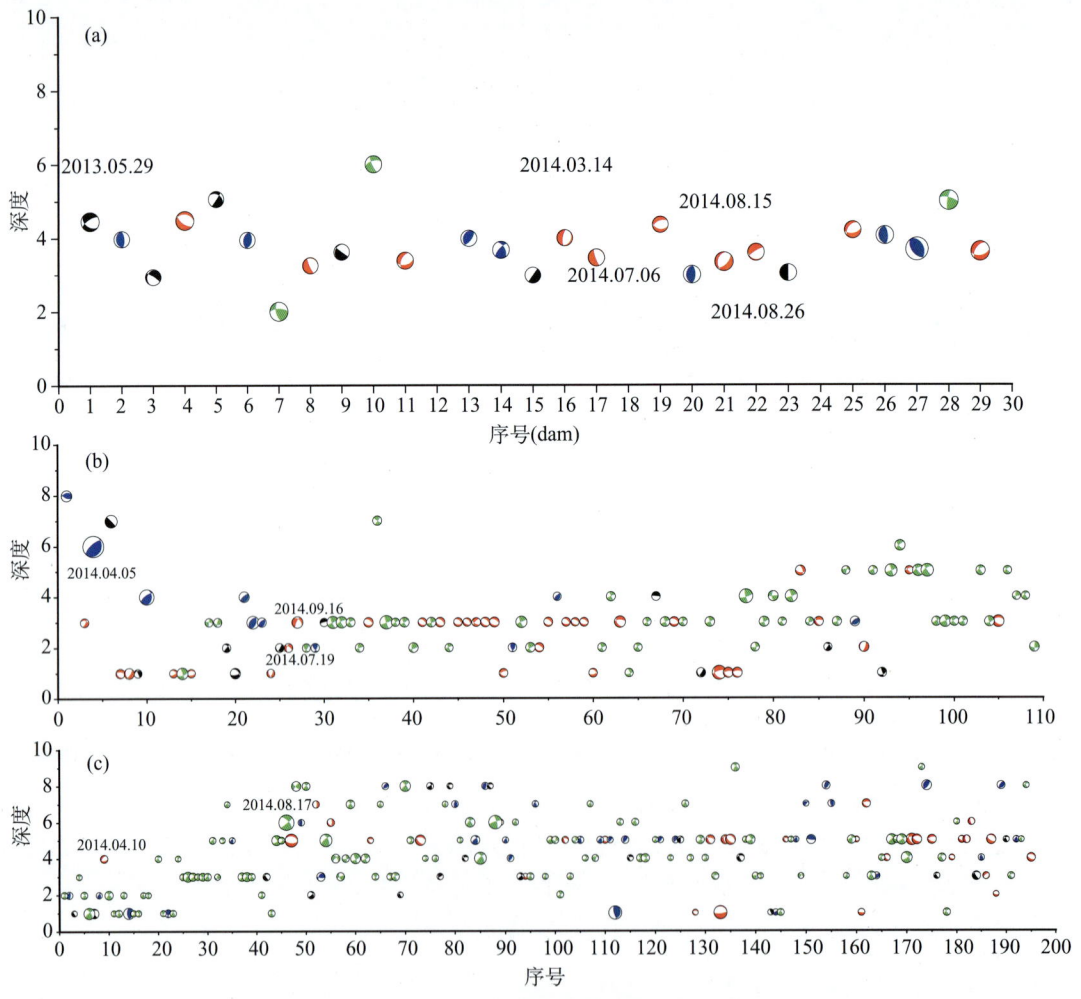

图5.4 三个区域震源机制解随深度分布图

(a) A区震源机制解及其深度;(b) B区机制解及其深度;(c) C区地震震源区机制解及其深度

出现，区域机制解类型以正断型和走滑型为主，深度集中分布在 2~6km。2014 年 8 月 17 日 $M_S5.2$ 地震区域正断型、逆断型、走滑型、其他类型地震事件所占比例分别为 19.2%、17.1%、54.0%、9.7%。走滑型地震占绝对优势，这是由于 2014 年 8 月 17 日 $M_S5.2$ 地震为走滑型地震，余震基本上也都是走滑型，各种类型机制解深度集中分布在 2~8km。

5.3 库区小区域应力场动态变化

自 2013 年 5 月蓄水至 2016 年水位开始正常年变，溪洛渡水库水位变化大致可以分为 3 个阶段。第一个阶段为首次蓄水时间，自 2013 年 5 月 4 日至 2014 年 5 月 20 日，水位由 443m 升高到 562m，水位抬升 119m。第二个蓄水阶段由 2014 年 5 月 20 日至 2015 年 6 月 14 日，水位由 540m 上升到 600m，水位台升 60m。第三个阶段由 2015 年 6 月 14 日至 2015 年底。

图 5.5　溪洛渡水位随时间变化

第 4 章基于库区 2014~2019 年较大地震（$M \geq 3.0$ 级地震）的震源机制解反演得到的是库首区的背景应力场，反演结果溪洛渡水库库首区最大主压应力轴方位 305°，倾伏角 14°，中等主应力方位 83°，倾伏角 71°，最小主压应力方位 212°，倾伏角 12°，$R=0.6$。两个最大主应力均较为水平，最大主压应力为北西向，最大主张应力北北东向，与区域背景构造应力场一致。为了进一步研究水库蓄水后库区各库段小尺度应力场的变化，我们根据本章得到的更多中小地震的震源机制解，结合水位变化情况，采用迭代联合反演方法（Vavryčuk，2014）分别反演了三个子区域在水位上升不同阶段的应力场，蓄水前后地震的 P、T 轴和加入 100 次随机噪声的主应力轴分布分别如图 5.6 至图 5.8 及表 5.3 所示。

A 区（大坝附近人字型区域）地震事件主要集中分布在蓄水初期，在 2014 年 11 月 28 日之后再无 $M \geq 2$ 级地震发生。该区域最大主压应力轴为北东东向，最大主张应力轴为南南西向，随着水位抬升最大主压应力轴方向不变，倾角由水平变为近直立，显示出大坝近场区载荷重力的作用逐渐显著。

表 5.3 蓄水三个阶段震源机制解个数及应力场反演结果

应力场区域	时间段	σ_1 (°) 方位角	σ_1 (°) 倾角	σ_2 (°) 方位角	σ_2 (°) 倾角	σ_3 (°) 方位角	σ_3 (°) 倾角	R	N
A 区	第一阶段	85.0	22.6	301.0	62.8	181.1	14.4	0.39	16
A 区	第二阶段	77.8	49.5	284.3	37.4	183.9	13.3	0.83	13
A 区	第三阶段	—	—	—	—	—	—	—	—
B 区	第一阶段	305.8	29.6	74.2	47.5	198.7	27.4	0.89	23
B 区	第二阶段	290.3	7.3	159.8	78.8	21.4	8.4	0.14	67
B 区	第三阶段	113.1	2.9	3.6	81.2	203.5	8.2	0.51	19
C 区	第一阶段	98.5	9.0	314.9	78.8	189.5	6.5	0.61	30
C 区	第二阶段	111.4	6.0	333.6	81.9	201.9	5.4	0.66	149
C 区	第三阶段	82.0	54.2	305.0	27.8	203.5	20.7	0.39	17

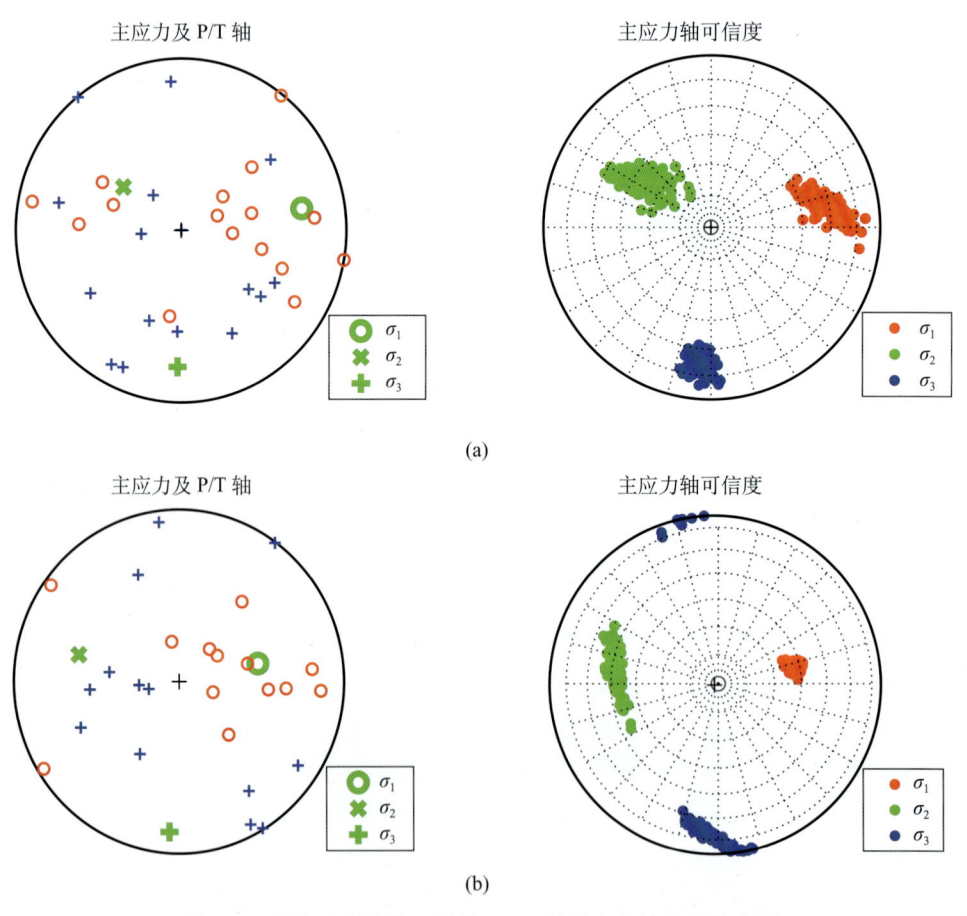

图 5.6 蓄水三个阶段 A 区的 P、T 轴及应力轴空间分布图
(a) 第一阶段：2013.05.04~2014.05.20；(b) 第二阶段：2014.05.20~2015.06.14

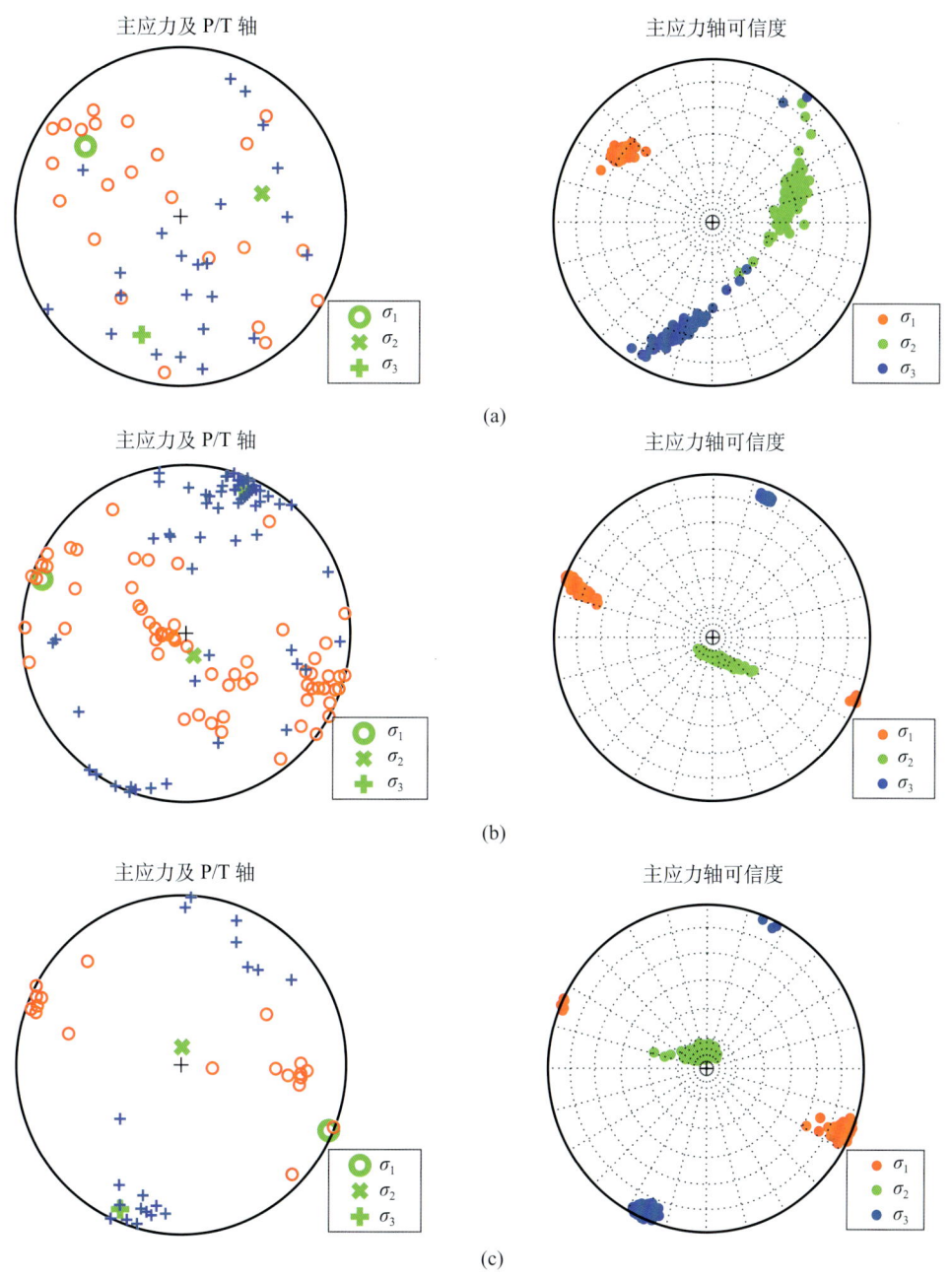

图 5.7 蓄水三个阶段 B 区的 P、T 轴及应力轴空间分布图

(a) 第一阶段：2013.05.04~2014.05.20；(b) 第二阶段：2014.05.20~2015.06.14；
(c) 第三阶段：2015.06.14~2015.12.31

B 区（2014 年 4 月 5 日 M_S5.1 地震所在条带），在水位大幅抬升的第一阶段，发生了 2014 年 4 月 5 日 M_S5.1 地震，该地震为逆断型，机制解给出的震源应力场分布较离散；随后的两个阶段，最大主压应力轴和最大主张应力轴均近水平，方向与区域背景应力场一致，

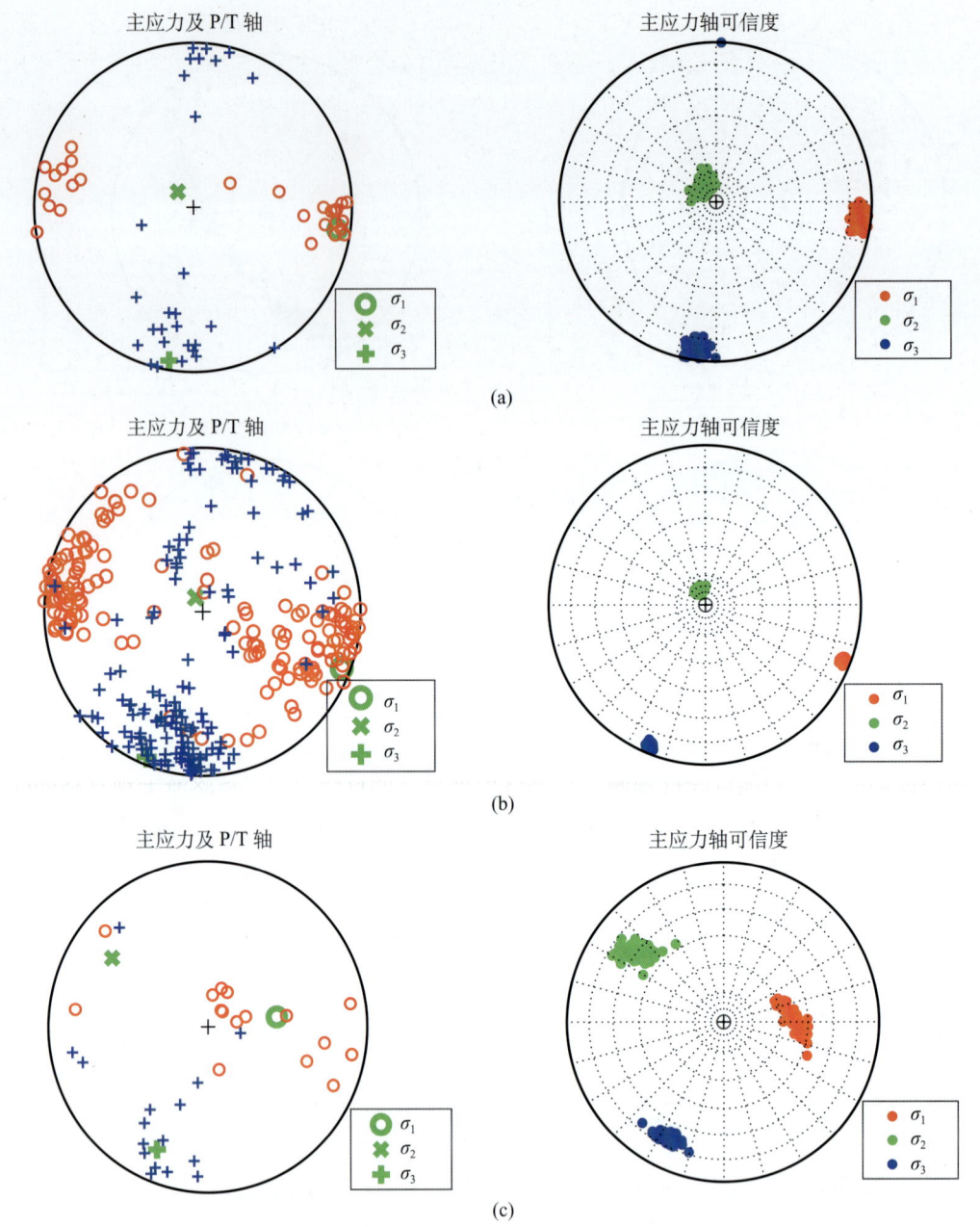

图 5.8 蓄水三个阶段 C 区的 P、T 轴及应力轴空间分布图
(a) 第一阶段：2013.05.04~2014.05.20；(b) 第二阶段：2014.05.20~2015.06.14；
(c) 第三阶段：2015.06.14~2015.12.31

最大主压应力轴为北西西向，最大主张应力轴为北北东向，有利于走滑地震的发生，符合该区域的背景应力场，说明该区域应力场逐渐趋于稳定。

C 区（2014 年 8 月 17 日 M_S5.2 地震所在条带），在水位大幅抬升的第一阶段，最大主压应力轴（北西西）和最大主张应力轴（北北东）均近水平，表明局部应力场还维持背景状态，可能与该区域距离大坝相对较远有关。随着水位逐渐抬升，震源应力场进一步集中，期间发生了 2014 年 8 月 17 日 M_S5.2 地震，该地震为走滑型；第三阶段过程中，最大主压应力轴由水平而变为直立，方向也发生了改变，最大主张应力轴基本不变，显现出长期蓄水荷载重力作用对该丛集区应力场的影响。

5.4 小结

刁桂玲等（2014）、苏珊等（2020）和段梦乔等（2019）使用不同方法和资料计算了溪洛渡水库库区的小震震源机制解并反演得到了库区蓄水前后的应力场。罗建伟等（2020）利用 2008~2018 年云南及邻省区域地震台网的地震监测资料，分析了溪洛渡水库影响区的地震活动特征，认为地震空间分布明显受区域构造控制，水库载荷变化对区域构造应力有较大的扰动作用。Liao 等（2020）利用弯曲网格有限差分方法模拟溪洛渡大坝附近主要断层的破裂特征，认为水库蓄水后雷波中部和南部的断裂比马边—盐津断裂更容易发生破坏性地震。Zhang 等（2021）根据溪洛渡库区的蓄水记录模拟了扩散和库水荷载引起的流体力学变化，认为孔隙压力的变化可能触发断层活化，进而引发附近的地震活动，载荷可能引起断层上库仑应力的增加，进而诱发快速响应型地震发生，两个因素的叠加可以引发较大范围的库仑应力增加，而这个范围与蓄水后地震活动区域重叠。

随着经济发展对清洁能源的迫切需求，我国在西部高烈度区修建了流域型梯级高坝大库，提供了巨大的清洁能源，也带来了水库区诱发/触发地震问题。认识高烈度区水库地震的活动特征和成因、开展危险性预测，是经济发展带来的科学问题。溪洛渡大坝是金沙江下游梯级电站的第三级大坝，库区地质背景复杂。本章通过利用金沙江下游水库台网记录的近场地震波形记录，开展溪洛渡库区小震震源机制解反演，分析了溪洛渡库区水库地震的震源和应力场特征，为水库地震研究积累了全过程、高精度的成果。取得认识如下：

（1）蓄水后的小震震源机制解以走滑类型为主，符合区域应力场特征。

（2）三个区域震源机制解随深度的变化情况。大坝附近正断型地震占比最多，走滑最少，各种类型机制解深度几乎均匀分布在 2~6km。白胜村附近 2014 年 4 月 5 日 M_S5.1 地震所在条带中以走滑型和正断型为主，逆断型地震群发生在序列刚开始，2014 年 4 月 5 日 M_S5.1 地震为逆断型地震，主震发生后相继发生了一些同类型的余震，深度分布在 2~8km，自 2014 年 10 月开始，逆断型地震能量几乎衰减完毕，区域机制解类型以正断型和走滑型为主，深度集中分布在 2~6km。2014 年 8 月 17 日 M_S5.2 地震条带所在区域以走滑型地震占绝对优势，2014 年 8 月 17 日 M_S5.2 地震为走滑型地震，余震基本上也都是走滑型，各种类型机制解深度集中分布在 2~8km。

（3）大坝附近人字型区域地震事件主要集中分布在蓄水初期，在 2014 年 11 月 28 日之后无 $M \geq 2$ 级地震发生。该区域最大主压应力轴为北东东向，最大主张应力轴为南南西向，随着水位抬升最大主压应力轴方向不变，由水平变为近直立，显示出大坝近场区载荷重力的作用逐渐显著。

（4）2014 年 4 月 5 日 M_S5.1 地震所在的地震条带区域，在水位大幅抬升的第一阶段，发生了 2014 年 4 月 5 日 M_S5.1 地震，该地震为逆断型，机制解给出的震源应力场分布较离散；随后的两个阶段，最大主压应力轴和最大主张应力轴均近水平，方向与区域背景应力场一致，最大主压应力轴为北西西向，最大主张应力轴为北北东向，有利于走滑地震的发生，符合该区域的背景应力场，说明该区域应力场已逐渐稳定。

（5）2014 年 8 月 17 日 $M_S5.2$ 地震发生前，在水位大幅抬升的第一阶段，最大主压应力轴（北西西）和最大主张应力轴（北北东）均近水平，表明局部应力场基本维持背景状态，与该区域距离大坝相对较远有关。随着水位逐渐抬升，震源应力场进一步集中，期间发生了 2014 年 8 月 17 日 $M_S5.2$ 地震，该地震为走滑型；第三阶段过程中，最大主压应力轴由水平变为直立，显现出长期蓄水荷载重力作用对该丛集区应力场的影响。

表 5.1 溪洛渡库区小震震源机制解结果

序号	发震日期	发震时刻	东经(°)	北纬(°)	走向(°)	倾角(°)	滑动角(°)	深度(km)	震级
1	2013.05.29	7:09:55	103.633024	28.270911	125	45	−30	10	2.3
2	2013.06.01	15:11:27	103.627132	28.266805	175	25	90	7	2
3	2013.06.08	5:32:34	103.483691	28.050079	70	65	25	9	2.3
4	2013.06.12	21:47:19	103.535278	28.152065	255	40	60	8	2.6
5	2013.06.17	18:56:26	103.628719	28.277022	195	25	−20	7	2
6	2013.06.21	19:27:13	103.631079	28.272221	125	60	−75	7	2.3
7	2013.06.21	22:48:31	103.619491	28.261249	300	35	−5	8	2
8	2013.06.29	9:58:11	103.543831	28.170213	335	45	55	2	3
9	2013.07.01	21:48:58	103.523055	28.146739	25	10	−90	2	2.7
10	2013.07.03	12:47:56	103.615422	28.250887	190	45	90	2	2
11	2013.07.07	9:15:59	103.662655	28.2501	270	65	30	2	2.3
12	2013.07.07	13:12:28	103.660384	28.250195	155	80	−80	7	2
13	2013.07.07	14:22:25	103.66075	28.251746	125	90	−75	4	2
14	2013.07.12	22:58:25	103.611418	28.270583	155	75	−35	6	2.1
15	2013.07.20	10:35:43	103.432438	28.086009	5	85	90	5	2.6
16	2013.07.21	17:40:50	103.630705	28.288322	75	50	−55	5	2.1
17	2013.07.29	1:37:42	103.428662	28.089624	345	55	−35	3	2.2
18	2013.07.30	1:22:43	103.429858	28.088497	330	20	−30	5	2.3
19	2013.07.30	1:28:11	103.430013	28.088517	350	50	−30	4	2.3
20	2013.08.01	17:02:23	103.433398	28.086171	355	45	40	5	2.4
21	2013.08.02	21:02:48	103.429191	28.088619	150	85	−25	3	2.4
22	2013.08.05	19:25:36	103.54432	28.169899	305	35	35	6	2.2
23	2013.08.07	17:56:19	103.521208	28.180583	145	75	15	3	2.1
24	2013.08.08	22:44:12	103.429598	28.088774	150	85	−20	4	2.6
25	2013.08.19	12:10:59	103.539526	28.180697	215	55	−55	2	2
26	2013.08.28	2:27:17	103.619434	28.263009	230	10	−65	2	2
27	2013.09.07	17:44:08	103.523584	28.148366	280	45	−25	3	2.1
28	2013.09.14	22:32:04	103.513599	28.081948	320	80	0	2	2.2
29	2013.09.22	7:15:45	103.43501	28.003591	340	65	−40	10	2.1
30	2013.10.03	20:56:45	103.507161	28.148301	90	40	−5	3	2

续表

序号	发震日期	发震时刻	东经(°)	北纬(°)	走向(°)	倾角(°)	滑动角(°)	深度(km)	震级
31	2013.11.09	7:32:54	103.521525	28.179897	145	80	20	3	2.1
32	2013.11.10	1:14:43	103.62255	28.266707	200	25	75	1	2
33	2013.11.10	18:43:32	103.522274	28.17958	145	85	25	2	2
34	2013.11.22	9:38:41	103.478735	28.054195	90	40	−25	7	2.2
35	2013.11.24	12:19:53	103.499788	28.166016	165	75	−5	3	2.6
36	2013.12.14	23:13:14	103.50258	28.103485	5	70	75	2	2.4
37	2014.01.03	1:17:25	103.574202	28.244407	330	55	25	1	2.1
38	2014.01.05	12:46:40	103.440845	28.091166	35	80	−40	4	2.2
39	2014.03.05	4:24:55	103.507129	28.09977	145	85	−65	1	2
40	2014.03.08	15:49:34	103.603581	28.246029	315	5	10	3	2
41	2014.03.09	23:52:37	103.518636	28.07938	135	75	0	3	2
42	2014.03.10	19:55:18	103.524097	28.178097	325	90	−25	2	2.1
43	2014.03.13	2:57:07	103.514526	28.086727	315	75	0	2	2.4
44	2014.03.14	18:01:01	103.615617	28.246826	20	20	−80	8	2
45	2014.03.17	17:40:50	103.525716	28.175309	210	45	5	1	2
46	2014.03.31	19:07:27	103.502	28.086	62	80	−168	6	3.7
47	2014.04.02	19:44:49	103.545361	28.173647	245	50	−10	5	2.2
48	2014.04.02	23:32:36	103.511	28.087	59	79	−174	5	3.3
49	2014.04.03	1:31:25	103.544718	28.173733	310	55	5	2	2.3
50	2014.04.05	6:40:33	103.513	28.137	21	25	64	6	5.1
51	2014.04.06	1:03:46	103.517025	28.153748	185	55	5	6	2.2
52	2014.04.07	8:43:31	103.554956	28.131573	105	5	60	7	3
53	2014.04.08	1:07:47	103.547209	28.146375	135	35	−55	1	2.2
54	2014.04.08	8:47:55	103.536247	28.138147	35	70	−65	1	2.5
55	2014.04.08	9:40:24	103.545841	28.149929	240	30	−5	1	2
56	2014.4.9	23:12:46	103.53	28.138	256	81	160	5	3.4
57	2014.04.10	3:54:44	103.508716	28.09859	345	50	45	2	2.1
58	2014.04.10	7:07:18	103.53759	28.139913	15	15	35	1	2.2
59	2014.04.10	10:14:46	103.497233	28.168182	160	65	−20	1	2
60	2014.04.10	12:27:54	103.506934	28.097878	80	50	−60	4	2.6

续表

序号	发震日期	发震时刻	东经(°)	北纬(°)	走向(°)	倾角(°)	滑动角(°)	深度(km)	震级
61	2014.4.11	15:51:35	103.53702	28.13717	345	80	50	2	2.7
62	2014.04.13	6:38:03	103.538135	28.13999	310	40	-30	1	2
63	2014.04.13	8:43:02	103.547062	28.149141	340	90	-25	1	2.7
64	2014.04.15	1:49:00	103.516626	28.082347	315	80	15	2	2.9
65	2014.04.17	8:12:09	103.507992	28.088816	145	80	5	1	2
66	2014.04.20	10:53:21	103.521427	28.074131	310	70	20	1	2.4
67	2014.04.20	11:27:27	103.520402	28.076375	330	80	25	2	2.2
68	2014.04.20	21:55:34	103.462508	28.141119	350	80	-65	7	2.1
69	2014.4.21	1:56:28	103.531266	28.13904	265	35	-85	1	2
70	2014.04.24	1:19:39	103.496	28.098	70	86	-161	5	3.6
71	2014.04.24	1:37:18	103.50402	28.099251	325	70	-20	1	2.1
72	2014.04.24	2:07:45	103.504793	28.103768	315	85	-20	1	2.1
73	2014.04.24	2:54:04	103.506787	28.097223	325	80	40	2	2
74	2014.4.24	2:54:09	103.503182	28.0992	135	80	-5	2	2
75	2014.04.24	6:14:14	103.507983	28.097911	145	85	-40	1	2.3
76	2014.4.24	7:40:22	103.500749	28.10462	145	90	-25	4	2.2
77	2014.04.24	10:14:34	103.501025	28.103792	135	65	5	1	2
78	2014.04.24	21:46:53	103.506242	28.099544	150	55	30	1	2.6
79	2014.04.24	22:13:29	103.529451	28.142533	285	75	55	1	2
80	2014.04.25	2:15:36	103.513428	28.086287	325	75	35	1	2.2
81	2014.04.26	0:40:35	103.513916	28.084869	140	80	-5	4	2
82	2014.04.26	9:02:25	103.498454	28.105131	315	80	15	3	2.3
83	2014.04.26	11:17:52	103.496	28.106	69	66	-176	5	3.3
84	2014.04.26	17:09:53	103.498665	28.108396	320	60	-5	3	2.7
85	2014.04.27	9:04:46	103.499023	28.104218	315	85	15	3	2.2
86	2014.04.29	20:24:58	103.538436	28.141416	190	85	-10	3	2
87	2014.04.30	22:55:26	103.497843	28.107517	135	75	0	3	2.6
88	2014.05.03	2:17:29	103.533887	28.141888	195	80	40	3	2.1
89	2014.05.05	9:23:47	103.529159	28.145646	315	45	5	2	2.1
90	2014.05.09	8:15:18	103.531893	28.143955	315	35	-40	1	2.5

续表

序号	发震日期	发震时刻	东经(°)	北纬(°)	走向(°)	倾角(°)	滑动角(°)	深度(km)	震级
91	2014.05.13	6:55:47	103.533765	28.141121	35	20	75	4	2.5
92	2014.05.13	8:05:51	103.532446	28.142444	20	50	75	3	3
93	2014.05.13	11:48:02	103.532495	28.142039	20	35	65	3	2.2
94	2014.05.14	8:00:18	103.51394	28.085071	325	75	25	3	2.5
95	2014.05.23	8:29:00	103.508301	28.107145	340	60	20	5	2.3
96	2014.05.25	3:44:31	103.506803	28.099898	195	80	40	3	2.1
97	2014.05.26	0:50:25	103.418693	28.073653	340	25	25	3	2.8
98	2014.05.26	18:39:24	103.50568	28.111267	305	80	-25	5	2
99	2014.05.29	3:03:59	103.534595	28.135809	30	60	-50	1	2
100	2014.05.29	21:39:27	103.523364	28.136462	30	85	-65	2	2.1
101	2014.05.31	10:38:44	103.506771	28.110616	340	60	25	7	2
102	2014.06.08	0:23:08	103.505436	28.100033	345	70	40	5	2.1
103	2014.6.9	5:33:44	103.521	28.078	54	79	-174	3	3.1
104	2014.06.09	13:26:54	103.521224	28.079356	320	80	-5	3	2.8
105	2014.6.11	21:54:56	103.52	28.078	230	80	171	5	2.9
106	2014.06.11	23:45:56	103.520695	28.076609	310	85	20	3	2.4
107	2014.06.12	16:48:08	103.518978	28.076532	140	90	-30	3	2.8
108	2014.06.14	14:54:44	103.515234	28.084509	315	75	5	2	2.2
109	2014.06.20	21:24:38	103.506527	28.099038	145	80	-60	3	2.5
110	2014.07.06	2:32:37	103.659953	28.254468	160	80	-85	7	2.1
111	2014.07.06	16:28:22	103.429289	28.069295	305	15	-10	7	2.1
112	2014.07.10	22:59:36	103.659302	28.252295	305	85	85	3	2.3
113	2014.07.19	12:19:29	103.578638	28.115955	195	55	-30	2	2.1
114	2014.07.21	9:55:10	103.505428	28.096173	320	90	15	1	2.4
115	2014.07.31	5:23:04	103.50507	28.100602	325	80	-20	5	3.3
116	2014.08.01	2:28:35	103.493628	28.116394	300	55	-20	5	2.3
117	2014.8.5	8:49:33	103.631901	28.2724	100	40	-65	6	2
118	2014.08.11	0:32:31	103.61403	28.253253	0	60	85	1	2.2
119	2014.08.15	19:47:26	103.662508	28.249082	45	60	-75	4	2.3
120	2014.8.17	6:07:59	103.491	28.121	50	83	-155	6	5.2

续表

序号	发震日期	发震时刻	东经(°)	北纬(°)	走向(°)	倾角(°)	滑动角(°)	深度(km)	震级
121	2014.08.17	6:08:59	103.495	28.116	50	89	-170	6	4.1
122	2014.08.17	6:10:17	103.484701	28.120353	220	80	15	8	3.2
123	2014.08.17	6:11:16	103.505412	28.109546	180	20	90	6	2.2
124	2014.08.17	6:13:17	103.509204	28.113544	320	80	10	8	2.7
125	2014.08.17	6:14:18	103.508822	28.108695	320	40	-5	2	2.5
126	2014.08.17	6:14:25	103.514591	28.109285	360	70	-90	7	2.4
127	2014.08.17	6:17:09	103.49856	28.11886	210	40	30	3	2.9
128	2014.08.17	6:18:36	103.509	28.11	76	85	-166	5	4
129	2014.08.17	6:19:28	103.517375	28.102926	5	65	-60	6	2.6
130	2014.08.17	6:19:54	103.511149	28.109066	230	75	-25	4	2.9
131	2014.08.17	6:20:12	103.503328	28.114081	250	80	30	3	2.7
132	2014.08.17	6:21:02	103.509546	28.111755	355	75	-10	4	2.5
133	2014.08.17	6:25:39	103.503678	28.112616	320	80	15	7	2.9
134	2014.08.17	6:26:27	103.497	28.111	68	89	-162	5	3.3
135	2014.08.17	6:28:12	103.501799	28.113318	315	80	-70	5	2.3
136	2014.08.17	6:33:02	103.497	28.114	63	85	-159	5	3.1
137	2014.08.17	6:43:54	103.494434	28.11709	145	50	-45	5	2.1
138	2014.08.17	7:25:20	103.50459	28.112966	135	80	10	3	2.3
139	2014.08.17	7:28:56	103.507039	28.111298	330	75	25	7	2.1
140	2014.08.17	7:29:31	103.498739	28.125376	215	50	70	8	2.3
141	2014.08.17	7:31:58	103.510555	28.112746	310	80	-15	3	2.4
142	2014.08.17	7:44:12	103.50791	28.111365	155	85	-15	3	2.7
143	2014.08.17	7:58:19	103.508252	28.112091	150	85	-55	2	2
144	2014.08.17	8:36:14	103.508	28.114	49	82	-166	6	2.9
145	2014.08.17	9:02:01	103.500277	28.116583	310	70	-15	5	2.4
146	2014.08.17	9:10:58	103.497428	28.12713	220	50	5	1	2.1
147	2014.08.17	9:24:55	103.493	28.121	49	90	-170	5	3.8
148	2014.08.17	9:28:29	103.495549	28.119132	310	65	0	4	2
149	2014.08.17	9:28:42	103.509595	28.112669	340	55	10	8	2.4
150	2014.08.17	9:36:25	103.498177	28.113133	325	55	15	4	2.2

续表

序号	发震日期	发震时刻	东经(°)	北纬(°)	走向(°)	倾角(°)	滑动角(°)	深度(km)	震级
151	2014.08.17	9:37:56	103.503426	28.111574	155	40	5	3	2.2
152	2014.08.17	9:54:35	103.509001	28.11238	335	65	30	7	2
153	2014.08.17	11:18:37	103.505103	28.118449	145	65	−40	8	2.1
154	2014.08.17	11:40:30	103.499862	28.127087	345	35	70	7	2.3
155	2014.08.17	11:50:55	103.495776	28.117578	305	75	−5	5	2
156	2014.08.17	12:17:37	103.502848	28.117232	155	60	−30	4	2.1
157	2014.08.17	12:23:36	103.504696	28.116252	241	87	159	6	3.4
158	2014.08.17	15:36:49	103.502	28.113	74	90	−159	7	3.3
159	2014.08.17	16:45:53	103.503	28.111	74	84	−157	5	4.2
160	2014.08.17	16:51:06	103.510596	28.113491	10	70	80	8	2.4
161	2014.08.17	16:55:31	103.508024	28.114124	145	65	−45	8	2.1
162	2014.08.17	17:11:44	103.505273	28.108242	345	75	10	6	4.5
163	2014.08.17	17:18:40	103.508162	28.107922	125	45	−50	6	2.2
164	2014.08.17	17:25:08	103.508797	28.113617	340	55	40	5	2.1
165	2014.08.17	17:29:59	103.50599	28.115375	185	25	60	4	2.3
166	2014.08.17	17:36:35	103.504061	28.112276	340	70	35	6	2.1
167	2014.08.17	17:43:47	103.508927	28.115179	320	50	0	3	2.4
168	2014.08.17	17:48:50	103.529924	28.076286	340	20	−50	3	2
169	2014.08.17	17:51:18	103.529	28.106	49	86	−160	6	3.1
170	2014.08.17	19:11:34	103.506087	28.115147	325	80	15	3	2.4
171	2014.08.17	19:19:43	103.501261	28.114115	330	75	45	7	2.2
172	2014.08.17	22:48:00	103.499	28.114	71	84	−159	7	3.4
173	2014.08.17	23:42:30	103.504891	28.114384	325	80	10	3	2
174	2014.08.18	1:43:36	103.509058	28.107815	345	60	15	5	2.4
175	2014.08.18	2:20:02	103.496615	28.122017	0	85	−20	5	2.4
176	2014.08.18	7:02:47	103.504036	28.115499	150	85	0	2	2.4
177	2014.08.18	7:25:06	103.496997	28.12121	165	60	−50	5	2.3
178	2014.08.18	10:27:14	103.504891	28.10741	330	65	20	3	2.2
179	2014.08.18	10:45:52	103.495426	28.122229	360	90	−20	5	2.2
180	2014.08.18	13:23:43	103.508016	28.108738	345	75	45	5	2.4

续表

序号	发震日期	发震时刻	东经(°)	北纬(°)	走向(°)	倾角(°)	滑动角(°)	深度(km)	震级
181	2014.08.18	23:13:21	103.507397	28.104451	325	65	−20	4	2.1
182	2014.08.19	2:54:58	103.504956	28.111764	335	65	20	7	2.1
183	2014.08.19	4:20:06	103.497103	28.120315	10	80	35	4	2.3
184	2014.08.19	21:02:14	103.508683	28.108691	345	55	40	5	2.3
185	2014.08.20	12:13:08	103.501416	28.113955	305	30	−80	5	2.4
186	2014.08.20	14:08:32	103.506649	28.104637	180	25	50	5	2.1
187	2014.08.20	18:20:52	103.508	28.106	80	65	−162	6	4.5
188	2014.08.20	19:33:53	103.50446	28.104926	330	85	25	6	2.3
189	2014.08.20	19:52:08	103.506925	28.102694	180	25	55	5	2.5
190	2014.08.20	20:04:24	103.505452	28.104993	160	60	−30	4	2.1
191	2014.08.20	20:46:19	103.511393	28.107176	335	80	35	6	2.4
192	2014.08.20	23:08:19	103.499064	28.113745	150	80	5	4	2.6
193	2014.08.21	3:34:06	103.498657	28.11391	310	85	−10	4	2.8
194	2014.08.21	9:26:14	103.50765	28.103186	170	20	30	3	2.8
195	2014.08.21	12:17:43	103.508431	28.107766	325	75	10	5	2
196	2014.08.23	2:19:27	103.507642	28.104311	175	20	50	5	2.1
197	2014.08.23	6:15:16	103.507324	28.104498	165	20	15	4	2.5
198	2014.08.23	22:13:09	103.498869	28.114231	135	85	−10	4	2
199	2014.08.24	10:53:21	103.50734	28.104384	170	25	40	5	2.3
200	2014.08.25	9:34:02	103.49589	28.121788	0	85	50	5	2.3
201	2014.08.26	14:09:40	103.584074	28.245648	105	15	−45	7	2.1
202	2014.08.27	5:03:12	103.502425	28.118669	330	70	30	7	2.4
203	2014.09.01	19:00:27	103.496704	28.116738	310	75	−10	4	2.2
204	2014.09.02	4:06:53	103.494906	28.089809	125	45	−65	1	2
205	2014.09.02	4:50:59	103.512052	28.100722	320	75	−5	5	2.8
206	2014.09.04	18:20:47	103.491911	28.122583	310	65	−5	4	2.2
207	2014.09.11	7:01:23	103.495549	28.117533	155	50	−45	5	3
208	2014.09.11	7:16:40	103.498079	28.114805	155	50	−20	3	2.4
209	2014.09.12	0:29:34	103.488	28.126	54	90	−168	10	4.5
210	2014.09.12	12:45:57	103.492472	28.121395	160	60	−55	5	3

续表

序号	发震日期	发震时刻	东经(°)	北纬(°)	走向(°)	倾角(°)	滑动角(°)	深度(km)	震级
211	2014.09.14	9:40:58	103.493	28.12	66	81	-164	6	3.4
212	2014.09.14	15:54:55	103.576131	28.243848	360	90	85	6	2.1
213	2014.09.16	11:00:49	103.522713	28.145689	205	75	-50	3	2.7
214	2014.09.18	6:18:52	103.518433	28.116691	310	70	10	9	2.8
215	2014.09.19	3:03:43	103.497404	28.115291	155	70	-45	4	2.6
216	2014.09.22	1:34:57	103.539648	28.145532	140	50	20	2	2
217	2014.09.28	11:18:03	103.541536	28.144452	135	60	30	2	2.1
218	2014.09.29	8:24:06	103.54707	28.135413	255	85	-85	3	2
219	2014.09.29	8:48:37	103.546558	28.13682	155	75	0	3	2.9
220	2014.09.29	9:00:42	103.54467	28.139471	150	75	-20	3	2.7
221	2014.09.29	9:09:20	103.546289	28.140849	150	75	-15	3	2.2
222	2014.09.29	10:48:32	103.545809	28.14152	160	65	0	2	2.1
223	2014.09.29	12:18:23	103.543636	28.14163	300	50	-75	3	2.3
224	2014.09.29	12:26:53	103.546419	28.136601	305	90	-5	7	2.2
225	2014.09.29	12:32:44	103.542	28.144	64	88	176	5	3.1
226	2014.09.29	12:48:40	103.543742	28.137681	150	85	0	3	2
227	2014.09.29	13:06:08	103.545215	28.139103	150	75	0	3	2.3
228	2014.09.29	13:09:13	103.547404	28.139821	175	55	20	2	2.3
229	2014.09.29	14:25:51	103.541496	28.146368	305	50	-80	3	2.1
230	2014.09.29	15:08:26	103.54755	28.136523	165	85	10	3	2.3
231	2014.09.29	15:13:34	103.544246	28.142527	305	50	-85	3	2.3
232	2014.09.29	15:18:05	103.535571	28.146893	155	75	-15	2	2
233	2014.09.29	15:43:57	103.544189	28.140509	305	50	-70	3	2.1
234	2014.09.29	16:54:00	103.54436	28.145402	310	45	-80	3	2
235	2014.09.29	20:55:00	103.545801	28.136452	120	55	-25	3	2.1
236	2014.09.29	22:26:10	103.545418	28.143103	310	50	-85	3	2.3
237	2014.09.29	22:27:53	103.541634	28.143667	295	50	-85	3	2.4
238	2014.09.30	0:50:19	103.540023	28.143408	125	40	-40	1	2.1
239	2014.09.30	1:11:26	103.540552	28.145673	155	55	50	2	2.1
240	2014.09.30	2:14:56	103.508602	28.099827	330	85	5	5	2.1

续表

序号	发震日期	发震时刻	东经(°)	北纬(°)	走向(°)	倾角(°)	滑动角(°)	深度(km)	震级
241	2014.09.30	3:36:13	103.542301	28.143793	155	75	−5	3	2.7
242	2014.09.30	5:23:43	103.545874	28.136568	155	60	5	2	2.3
243	2014.09.30	5:31:58	103.541431	28.145636	300	60	−80	2	2.2
244	2014.09.30	5:50:30	103.545524	28.135502	305	55	−75	3	2.2
245	2014.09.30	8:46:10	103.540356	28.14645	15	30	60	4	2
246	2014.09.30	11:45:58	103.588525	28.247693	175	10	80	5	2
247	2014.09.30	13:14:27	103.541732	28.144873	310	50	−65	3	2.1
248	2014.09.30	13:24:23	103.544059	28.142234	120	40	−85	3	2
249	2014.09.30	17:55:20	103.542554	28.143022	300	50	−75	3	2.1
250	2014.09.30	18:19:15	103.554289	28.128868	305	40	−50	1	2.1
251	2014.10.1	1:17:13	103.53763	28.167948	35	80	20	2	2.2
252	2014.10.01	3:10:25	103.544206	28.1428	155	80	5	2	2.1
253	2014.10.01	6:46:38	103.564128	28.114366	335	90	5	4	2.2
254	2014.10.01	9:07:29	103.540633	28.146147	145	45	−45	3	2.7
255	2014.10.01	20:48:58	103.512174	28.095294	330	75	−10	5	3.1
256	2014.10.01	22:32:42	103.514697	28.124672	5	60	10	3	2.3
257	2014.10.02	1:45:58	103.538973	28.149803	335	75	−25	1	2
258	2014.10.02	3:31:37	103.542375	28.140177	145	80	−20	2	2
259	2014.10.02	3:59:33	103.54646	28.135885	150	80	10	3	2
260	2014.10.02	17:25:26	103.495093	28.112335	130	85	15	3	2
261	2014.10.02	18:23:39	103.509375	28.093394	330	85	35	5	3
262	2014.10.02	19:21:50	103.550065	28.131083	145	5	−40	4	2.1
263	2014.10.03	2:19:27	103.550008	28.129515	335	90	−5	3	2.3
264	2014.10.03	4:26:45	103.548828	28.129047	295	50	−75	3	2.3
265	2014.10.05	9:33:41	103.545809	28.138295	155	80	−5	3	2.1
266	2014.10.05	15:28:48	103.523389	28.089502	335	90	−85	1	2
267	2014.10.08	1:34:56	103.485767	28.055039	30	65	55	10	2.2
268	2014.10.12	6:20:31	103.632601	28.278532	80	55	−65	7	2.1
269	2014.10.12	21:54:58	103.496379	28.126817	240	70	85	1	2.1
270	2014.10.13	5:06:47	103.632747	28.281862	175	25	90	1	2.2

续表

序号	发震日期	发震时刻	东经(°)	北纬(°)	走向(°)	倾角(°)	滑动角(°)	深度(km)	震级
271	2014.10.13	19:23:00	103.636	28.293	81	86	−177	5	3
272	2014.10.14	13:59:29	103.509717	28.094057	325	80	30	1	2.3
273	2014.10.20	2:01:40	103.52417	28.150267	210	80	−45	2	3
274	2014.10.22	1:02:10	103.527661	28.133675	35	80	−65	1	2.2
275	2014.10.22	9:32:21	103.49659	28.120514	155	55	−45	5	2
276	2014.10.25	20:39:10	103.511035	28.103133	325	80	5	5	2
277	2014.10.29	11:32:51	103.497404	28.128731	345	55	60	5	2
278	2014.10.31	19:52:28	103.530916	28.074365	215	85	−25	3	2
279	2014.11.01	10:24:09	103.531429	28.074872	35	75	50	7	2
280	2014.11.01	12:26:15	103.531177	28.075348	95	80	75	5	3
281	2014.11.01	17:01:38	103.545207	28.13937	335	90	0	3	2.3
282	2014.11.04	11:21:48	103.486117	28.127631	310	80	45	6	2
283	2014.11.04	20:18:24	103.527458	28.075291	5	90	30	2	2.1
284	2014.11.04	22:30:11	103.631217	28.28387	285	70	15	5	2.4
285	2014.11.06	14:39:21	103.463525	28.121358	305	70	−70	3	2
286	2014.11.06	23:58:41	103.478955	28.126394	195	45	75	8	2.7
287	2014.11.07	15:59:13	103.510726	28.127561	165	60	80	7	2.3
288	2014.11.21	8:40:31	103.497388	28.111391	350	85	35	5	2.2
289	2014.11.22	23:19:34	103.498413	28.110486	200	10	55	2	2
290	2014.11.23	10:08:08	103.511857	28.107908	325	70	10	3	2
291	2014.11.28	22:17:46	103.669971	28.244025	80	50	−60	4	2.4
292	2014.12.01	3:50:42	103.529728	28.150385	140	40	−30	1	3.3
293	2014.12.01	19:53:02	103.53269	28.147359	135	30	−40	1	2.4
294	2014.12.02	1:05:30	103.53099	28.148539	120	30	−60	1	2.4
295	2014.12.03	16:33:01	103.547453	28.130257	165	80	10	4	3.3
296	2014.12.03	17:48:27	103.547729	28.129999	350	80	−10	2	2.1
297	2014.12.04	5:24:46	103.548983	28.130764	160	80	5	3	2.4
298	2014.12.04	9:40:01	103.550163	28.132104	85	90	−25	4	2.4
299	2014.12.04	19:53:28	103.544344	28.138621	155	75	−5	3	2
300	2014.12.05	8:17:53	103.549577	28.129852	340	90	−5	4	2.9

续表

序号	发震日期	发震时刻	东经(°)	北纬(°)	走向(°)	倾角(°)	滑动角(°)	深度(km)	震级
301	2014.12.05	8:43:28	103.550081	28.128947	340	55	-45	5	2.4
302	2014.12.05	16:47:09	103.548397	28.131303	175	70	20	3	2
303	2014.12.10	4:02:14	103.521305	28.14847	150	45	-35	3	2.2
304	2014.12.10	5:41:44	103.518384	28.148792	310	45	5	2	2
305	2014.12.13	22:48:04	103.550765	28.127216	340	85	-5	3	2.2
306	2014.12.15	23:57:03	103.50625	28.110498	350	80	25	5	2.8
307	2014.12.19	19:40:44	103.487948	28.123195	95	55	-90	5	2
308	2014.12.26	17:54:24	103.519328	28.179537	160	70	30	2	2.4
309	2014.12.26	17:54:42	103.52041	28.180044	155	75	15	2	2.4
310	2014.12.26	17:55:07	103.521509	28.179751	155	80	20	3	2.3
311	2015.01.02	18:45:35	103.552865	28.048195	85	85	50	3	2.6
312	2015.01.17	18:07:39	103.462882	28.12168	120	70	50	1	2.1
313	2015.01.28	12:10:42	103.489738	28.122479	95	75	-90	1	2.3
314	2015.01.31	15:53:33	103.503475	28.119293	130	40	-50	7	2.8
315	2015.02.06	3:56:52	103.553752	28.114488	10	80	20	5	2
316	2015.02.08	22:35:18	103.509106	28.111863	320	80	30	3	2.9
317	2015.02.13	23:28:01	103.522689	28.127783	235	60	85	3	2.3
318	2015.02.16	16:04:39	103.505216	28.109243	150	75	-20	4	2.2
319	2015.02.22	14:24:46	103.521248	28.13196	20	70	-85	2	2.4
320	2015.04.09	1:10:13	103.499748	28.119775	135	60	-70	4	2.4
321	2015.04.12	17:44:17	103.42771	28.036731	350	85	-25	9	2.1
322	2015.04.24	11:21:08	103.566439	28.199013	185	90	50	1	2.2
323	2015.5.1	14:11:00	103.496	28.122	52	75	-161	9	3.4
324	2015.05.01	14:43:52	103.494816	28.122001	5	80	-10	5	2.4
325	2015.05.01	16:58:27	103.494832	28.119417	325	70	-5	5	3.4
326	2015.5.1	17:12:00	103.489	28.126	56	72	-168	9	3.4
327	2015.05.01	18:13:58	103.498	28.117	48	84	-165	13	3.7
328	2015.05.02	5:32:49	103.489	28.121	49	90	-172	12	3.2
329	2015.05.08	3:59:58	103.435059	28.098352	110	60	0	2	2
330	2015.5.9	6:00:46	103.505054	28.10958	340	75	25	9	2.1

续表

序号	发震日期	发震时刻	东经 (°)	北纬 (°)	走向 (°)	倾角 (°)	滑动角 (°)	深度 (km)	震级
331	2015.05.16	14:28:57	103.509701	28.110718	200	25	75	8	3.3
332	2015.05.19	12:30:21	103.495166	28.113442	115	50	-60	5	3
333	2015.05.22	12:43:42	103.495011	28.109121	145	85	-50	3	2.1
334	2015.05.22	19:27:47	103.497892	28.109351	150	80	-35	4	2.7
335	2015.05.23	5:36:53	103.455493	28.069507	10	70	-25	8	3.3
336	2015.06.02	15:27:04	103.478532	28.114382	140	80	-30	1	2.5
337	2015.07.26	17:50:34	103.49104	28.118148	110	55	-85	4	2
338	2015.7.26	19:08:09	103.488444	28.11897	320	70	-5	6	2.1
339	2015.07.26	20:50:35	103.492139	28.117997	305	30	-80	5	2.4
340	2015.07.30	19:49:50	103.491219	28.119236	170	60	-90	5	2.6
341	2015.07.31	4:25:56	103.493896	28.119517	165	65	-90	6	2.4
342	2015.08.05	6:57:47	103.576489	28.122369	345	75	15	5	2.1
343	2015.08.27	6:49:28	103.458285	28.111123	5	35	5	1	2.4
344	2015.08.27	17:08:26	103.584147	28.112978	160	90	45	1	2.2
345	2015.08.27	23:07:31	103.585311	28.113025	340	85	-5	5	2.9
346	2015.09.02	0:20:30	103.497087	28.111615	145	80	-65	3	2.9
347	2015.09.06	11:02:43	103.498031	28.131403	330	60	60	4	2.2
348	2015.09.09	7:26:36	103.493978	28.115027	235	65	-80	3	2.3
349	2015.09.09	8:30:09	103.494897	28.115997	120	65	-90	5	3.2
350	2015.9.9	16:40:06	103.492716	28.11579	100	65	-85	2	2
351	2015.09.09	17:09:43	103.495931	28.137034	215	60	80	8	2.7
352	2015.09.13	22:02:16	103.581559	28.114734	135	65	-15	6	2.5
353	2015.09.18	2:48:01	103.552425	28.117804	135	70	-40	5	2
354	2015.09.18	2:54:59	103.552791	28.116663	140	75	-35	5	2.7
355	2015.9.20	21:06:11	103.56	28.115	66	84	173	5	3
356	2015.09.21	1:48:35	103.550741	28.119497	335	70	10	3	2.2
357	2015.09.21	3:13:54	103.550448	28.121112	340	80	5	3	2.7
358	2015.09.21	14:50:05	103.553605	28.117049	135	70	-20	3	2.2
359	2015.09.24	20:37:40	103.501335	28.102895	330	90	40	5	2.1
360	2015.09.27	9:26:46	103.553158	28.117432	335	85	0	3	2.2

续表

序号	发震日期	发震时刻	东经(°)	北纬(°)	走向(°)	倾角(°)	滑动角(°)	深度(km)	震级
361	2015.09.27	12:03:01	103.551294	28.118286	325	85	85	6	2.7
362	2015.09.27	15:39:25	103.55166	28.119118	145	80	−30	5	2.3
363	2015.09.28	10:31:08	103.50651	28.115143	150	70	−30	3	2.3
364	2015.10.03	11:20:56	103.550114	28.120121	160	80	20	3	2.4
365	2015.10.06	13:43:17	103.55756	28.110982	120	50	−70	3	2.8
366	2015.10.08	3:12:52	103.5139	28.108378	340	65	45	5	2.2
367	2015.10.09	0:00:04	103.515397	28.109235	350	75	40	5	2
368	2015.10.09	7:27:21	103.554639	28.112398	135	80	−30	5	2
369	2015.10.19	10:15:49	103.502401	28.118445	150	70	−30	8	2.1
370	2015.10.20	2:34:27	103.576693	28.110044	180	65	15	4	2
371	2015.11.04	0:05:57	103.49528	28.120152	115	55	−85	4	2.9
372	2015.11.06	17:08:04	103.55529	28.031517	345	50	45	7	2.1
373	2015.11.10	4:47:39	103.556917	28.111955	140	85	−30	4	2
374	2015.12.14	2:40:13	103.57841	28.113454	185	90	25	2	2.4

第6章 三维断层和三维综合构造模型*

本章综合前面几章获得的金沙江下游地区的地震分布、地震震源机制解和三维速度结构等成果，构建金沙江下游向家坝和溪洛渡库区高分辨率三维可视化构造模型，包括三维断层模型和三维综合构造模型。

研究区属于青藏高原东南部大凉山边缘的次级活动块体（邓起东等，2002），是典型的活动构造区（张培震等，2003）。该区域活动断裂广泛分布（张世民等，2005），地震较为频繁（闻学泽等，2013；徐锡伟等，2014）。金沙江流经该区域（图6.1），在其下游分布有向家坝、溪洛渡、白鹤滩、乌东德等世界级大型阶梯水电站（郭伟等，2022）。因此研究该地区地震构造、活动断层及其地震危险性，对防范破坏性强震及其灾害具有非常重要的现实意义。要实现地震破裂风险的有效评估，需要构建研究区主要断裂带的三维模型（Plesch等，2007；Shaw等，2015；Lu等，2022），是必不可缺的研究基础。

研究区地质构造非常复杂，有马边—盐津断裂带、莲峰断裂带、华蓥山断裂带等（图6.1）。其中马边—盐津断裂带，由多条走向不同、规模相对较小的断层组成；前人地震地质调查已发现具有晚第四纪乃至全新世的活动性（唐荣昌等，1993）；通过对马边地区最新构造变形样式及其性质的研究，认为马边地区属于新生的地震构造带（韩竹军等；2009）。马边—盐津断裂带存在异常低 b 值区（易桂喜等，2010），且处于闭锁状态，认为具有较大地震发生的危险性（阮祥等，2010；赵静等，2014）。

研究区内地震较活跃，有历史记录的6级及以上强震就有10次，包括两次7级大地震（表6.1）。但最典型的几次历史大地震的发震构造尚不明确，如1216年的马湖一带的 $M7.0$ 地震的发震断层（曹忠权等，1993），可能是近东西向的雷波—马湖断裂（韩竹军等；2009），也有认为是近南北向的马边—盐津断裂（郭威，2016）。此外，前人对1822年云南大关北地震（侯治华等，1999），以及1974年的大关—永善 $M7.1$ 地震（韩德润，1993），在发震位置和发震断层等问题上也存在不同的认识。

总体上看，这些6级及以上强震和大多数5级以上中强震，大都呈北北西向条带状分布，主要集中在马边—盐津断裂带，前人认为这些强震与马边—盐津断裂带密切相关（张世民等，2005；易桂喜等，2010；闻学泽等，2013）。

---

* 本章由鲁人齐、张金玉、孙晓、徐芳执笔。

第 6 章 三维断层和三维综合构造模型

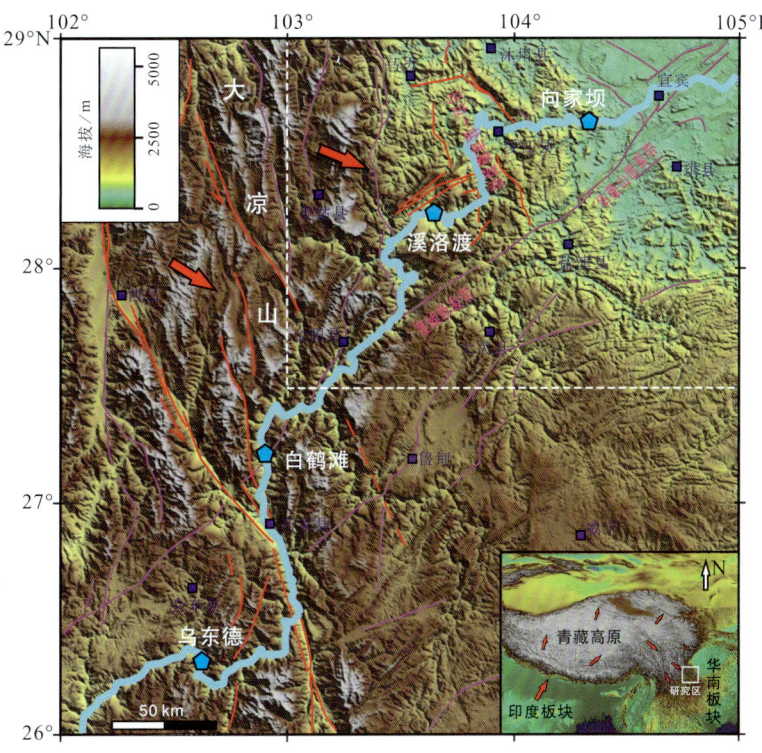

图 6.1 研究区大地构造背景与断层分布

棕色实线为主要断裂迹线；红色实线为晚更新世以来的活动断层（徐锡伟等，2016）；蓝色实线为金沙江流域；红色粗箭头为现今观测 GPS 相对运动方向（王敏和沈正康，2020）

表 6.1 研究区历史 $M6.0$ 及以上强震统计

编号	北纬（°）	东经（°）	深度/km	震级	发震日期	震中参考位置
1	28.40	103.80	—	7.0	1216.03.24	四川雷波—马湖
2	28.00	104.00	—	6¾	1917.07.31	云南大关北
3	28.70	103.60	—	6.0	1935.12.18	四川马边
4	28.90	103.60	—	6¾	1936.04.27	四川马边
5	28.70	103.60	—	6.0	1936.04.27	四川马边
6	28.50	103.60	—	6¾	1936.05.16	四川马边
7	28.80	103.60	17	6.1	1971.08.16	四川马边
8	28.82	103.67	15	6.1	1971.08.17	四川马边
9	28.20	103.90	15	7.1	1974.05.11	云南大关北
10	28.30	104.05	10	6.0	1974.06.15	云南大关北

注：强震信息数据来源：国家地震科学数据中心，顾功叙（1983）和孙成民（2010）。

6.1 数据资料的收集与整理

收集了地表断层迹线、DEM高程数据、遥感图片、20万地质图、地震目录、小震重定位数据、部分地震的震源机制解、V_P和V_S速度模型数据，1条石油地震反射长剖面，以及省界、河流水系等共计10类资料（表6.2）。

表6.2 三维建模研究数据资料收集表

编号	资料名称	数量、分辨率	资料来源	备注
1	地表断层迹线	活动断层为1:5万 其他断层为1:20万	活动断层数据中心 （地质所）	已加载
2	DEM高程数据	SRTM30	USGS	已加载
3	遥感图片	50m	航遥中心	已加载
4	20万地质图	雷波幅、筠连幅、 昭通幅、镇雄幅	中国地调局 地质云数据中心	已加载
5	地震目录	2007~2019年主要地震$M \geq 3.0$ （以及历史地震）	国家地震科学数据中心	已加载
6	小震重定位数据	tomoDD2010-2018	本书第2章	已加载
7	震源机制解	2013~2018年（$M \geq 4.0$）	本书第4章	已加载
8	V_P、V_S数据	深度3km插值处理	本书第3章	已加载
9	地震反射剖面	SN-T7line	中国石油	已加载
10	省界、河流水系	研究区范围	活动断层数据中心 （地质所）	已加载

6.2 建立三维工区和数据加载

建立统一的工区，采用UTM坐标系统（WGS84，48zone）及其SKUA-GOCAD的相关数据库；对上述所有数据进行了坐标转换。对数据进行分类加载，实现数据的三维可视化（图6.2至图6.6）。

本次研究加载了4幅1:20万地质图（雷波幅、筠连幅、昭通幅、镇雄幅）。因为研究区早期断层数据是根据1:250万或1:50万等小比例地图的结果，非常粗略；且很多断层位置偏差较大。本次研究充分参考了前人研究报告，以及一些最新的活动断层调查结果，并结合1:20万地质图对地表断层迹线进行了修正（图6.3）。

第6章 三维断层和三维综合构造模型

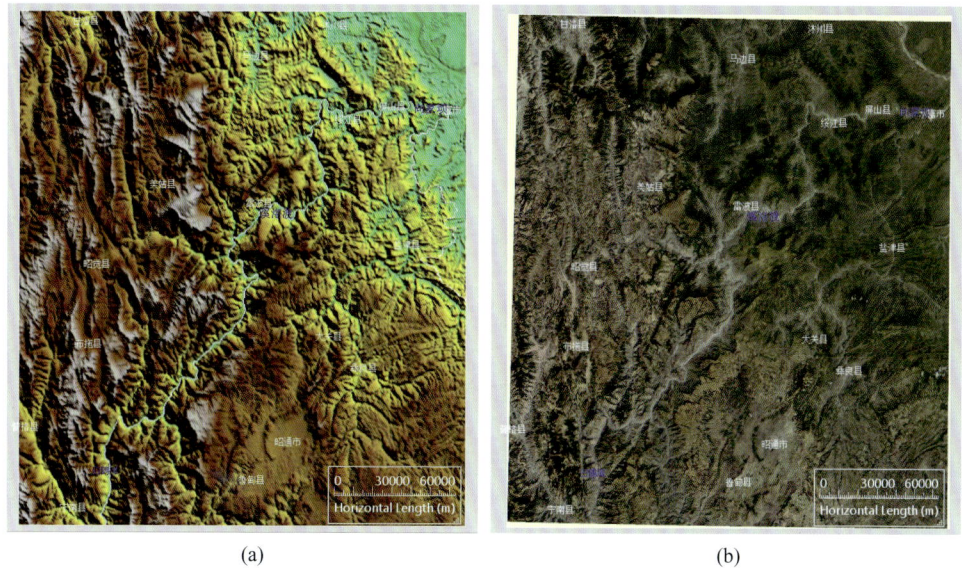

图 6.2 研究区 DEM 高程图（a）和卫星遥感图（b）

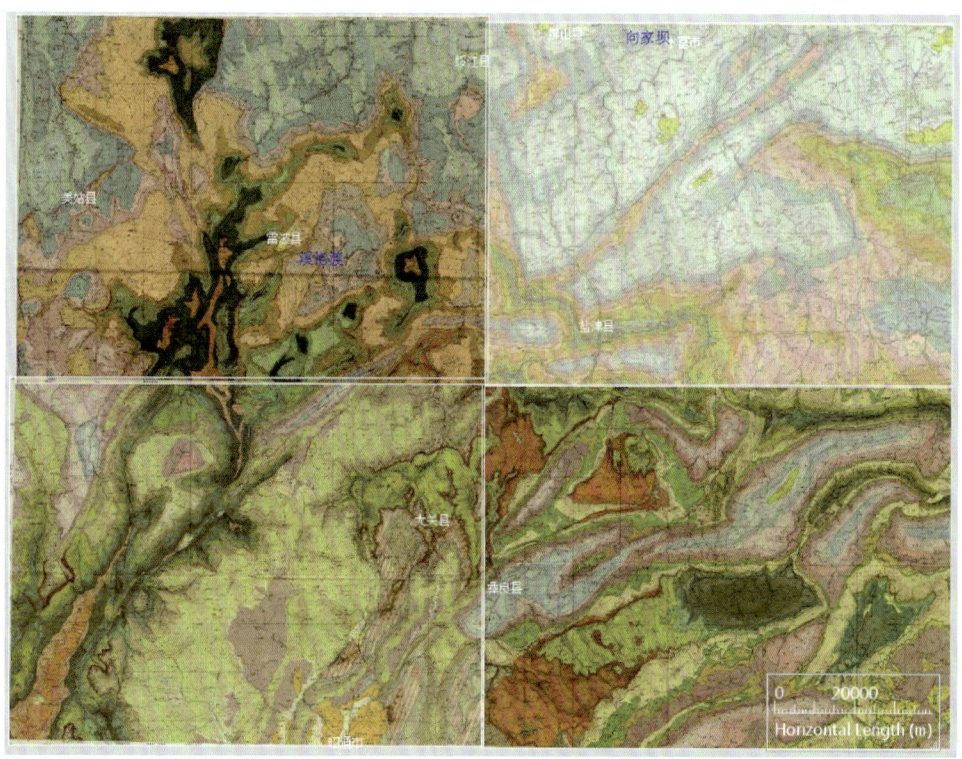

图 6.3 研究区 4 幅（雷波幅、筠连幅、昭通幅、镇雄幅）1∶20 万地质图

研究收集了该地区 2010~2018 年，包括区域固定台、金沙江下游水库台网台站和预测所水库台站共 161 个地震台站的地震资料。采用了该地区 2010~2018 年的小震精定位数据（赵策，2022；郭伟等，2022）；对研究区的已有记录的地震数据进行了加载，包括小震重定位数据和较大震级的地震（$M \geq 4.0$ 级）（图 6.4、图 6.5）。

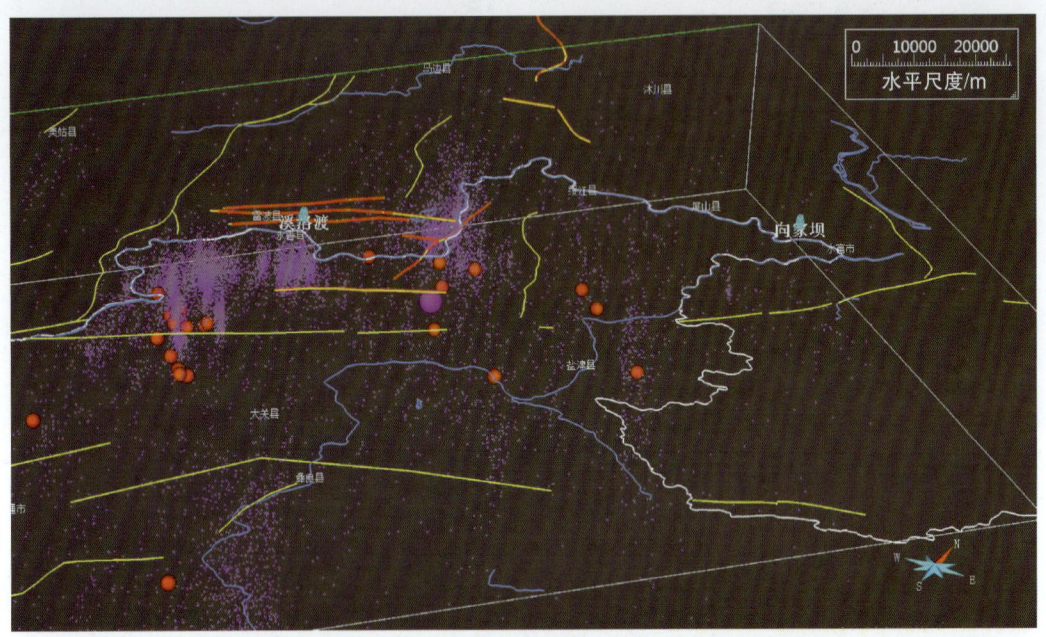

图 6.4　研究区主要断层和主要地震事件分布（$M \geq 4.0$ 级）

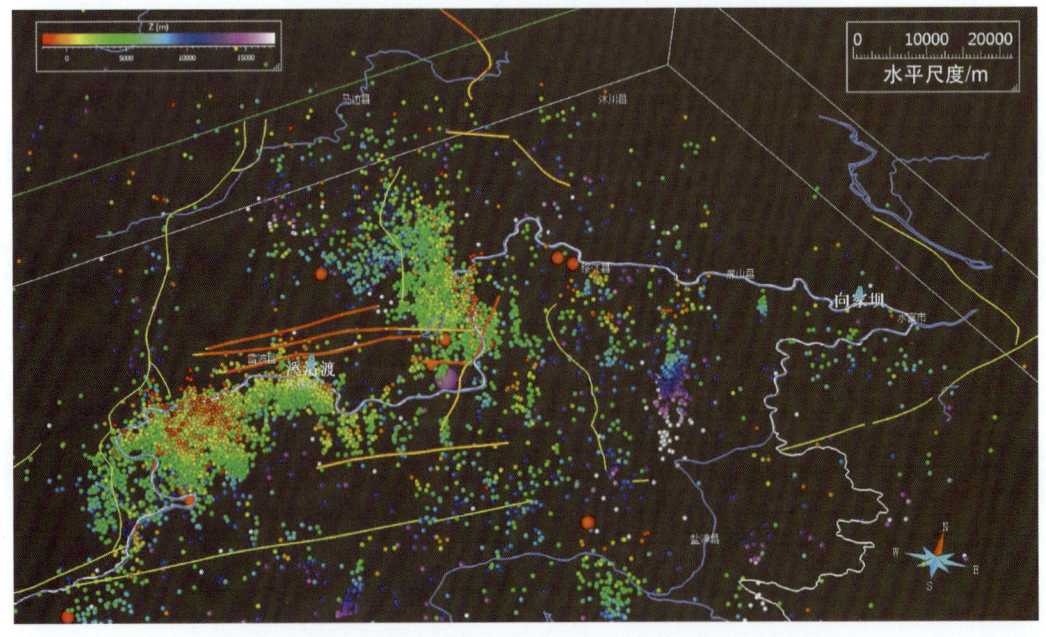

图 6.5　研究区主要断层和小震重定位分布图（2010~2018 年）

对向家坝库区地震构造解译研究区加载了 1 条高分辨率石油地震反射剖面（图 6.6），提供了强有力的数据支撑。该剖面长约 250km，可有效约束华蓥山断裂带。

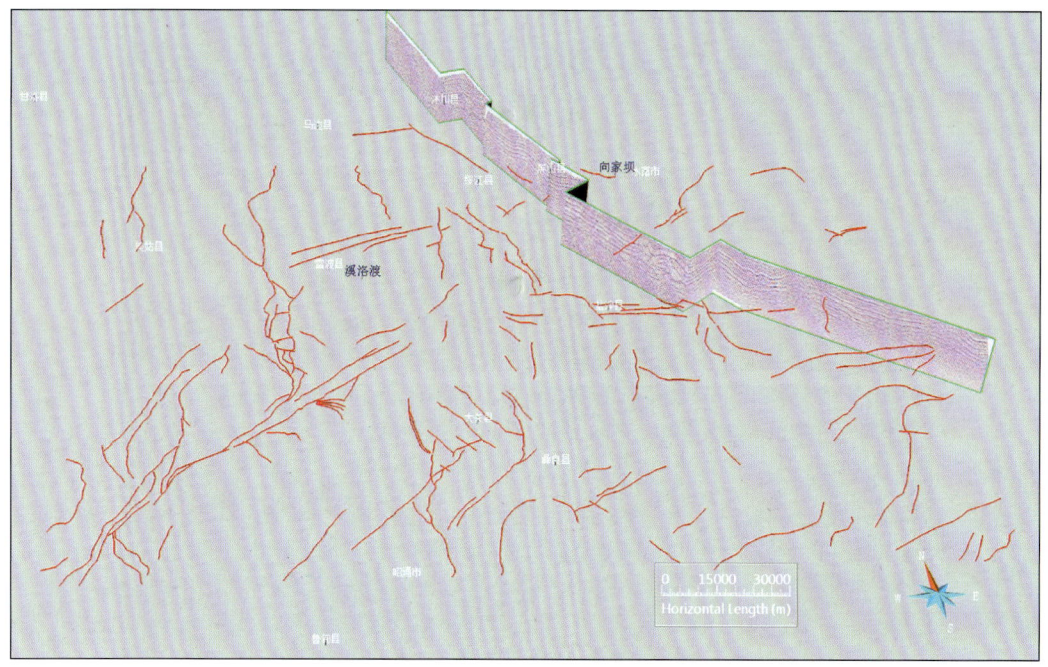

图 6.6　研究区加载的石油地震反射剖面图示

6.2.1　三维地震层析成像

基于 SKUA-GOCAD 软件平台开展三维建模，通过离散光滑插值（Discrete Smooth Interpolation）算法制作三维层析成像。根据定量研究地球三维结构的建模技术方法和流程（Wu 等，2016；Lu 等，2019）。该技术可定量提取不同的速度结构与异常体、泊松比等属性，构建精细的空间三维岩石圈结构和断层模型，并进行三维计算和恢复。

本次研究，加载了研究区的 V_P、V_S 以及 V_P/V_S 数据（Zuo 等，2023），并进行三维地震层析成像（图 6.7）。三维可视化速度模型的建立，对分析地震活动、断层和地下物质性质等提供了最主要的途径。是研究深、浅构造，进行三维断层建模的重要方法。

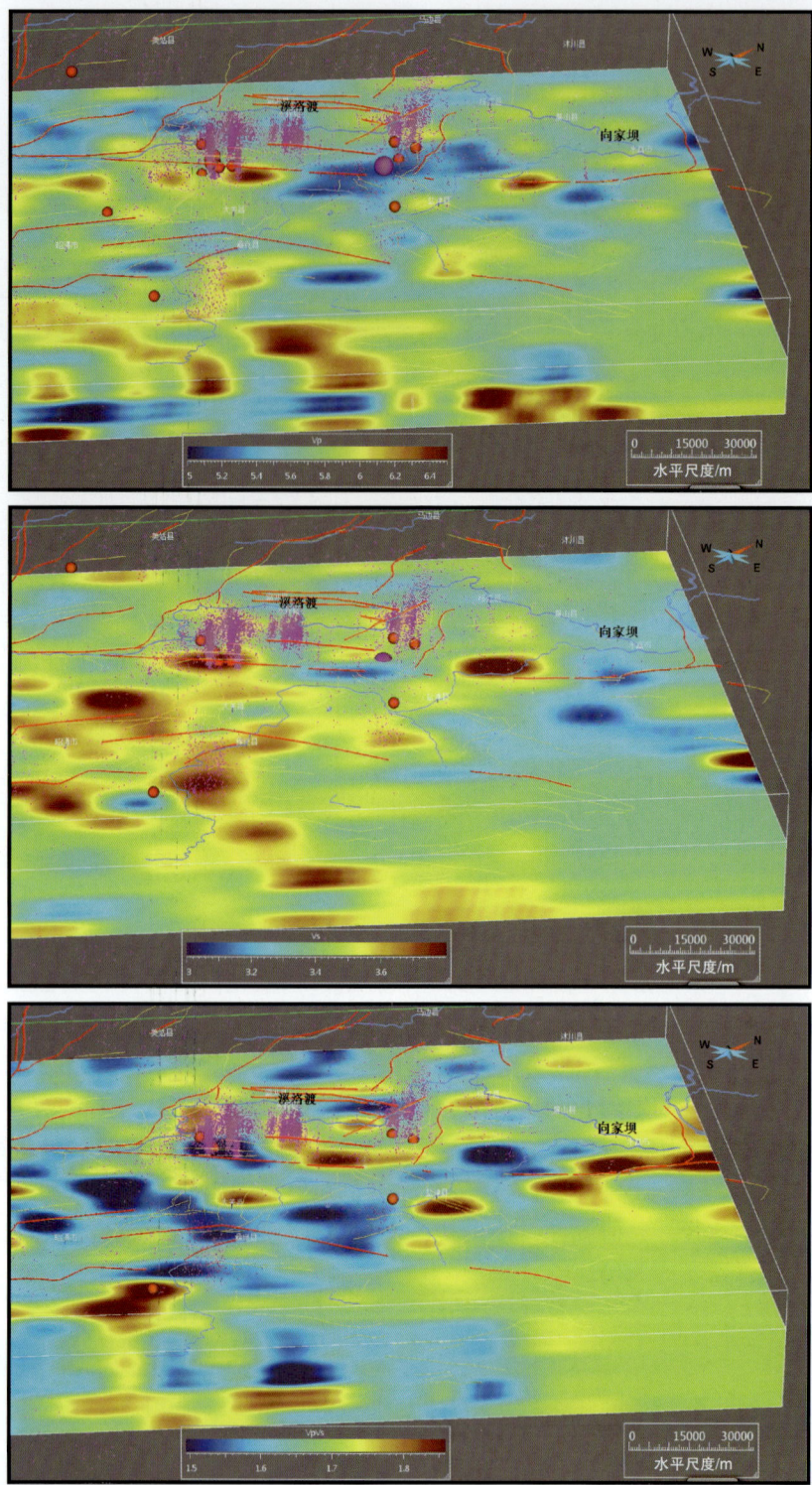

图 6.7 研究区三维地震层析成像模型（V_P、V_S、V_P/V_S）

6.2.2 震源机制解的 3D 成像

对研究区含有震源机制数据的地震事件,采用哈佛大学软件技术,制作 3D 沙滩球显示,可在三维空间不同方位进行查看,对分析发震断层走向、倾角等提供重要依据(图 6.8)。

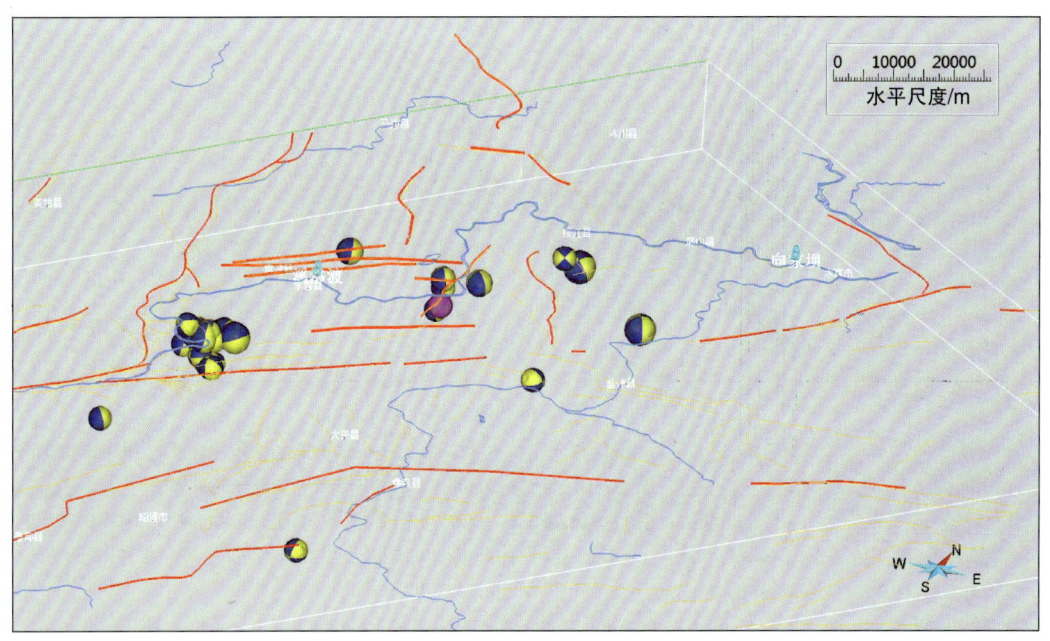

图 6.8 研究区三维震源机制解(沙滩球)可视化模型

6.2.3 主要断层的 3D 模型

根据上述资料的综合运用。依据地震事件的三维空间分布、震源机制解、小震丛集分布等特征,分析地震与断层的相关性;研究紧密结合地表断层产状、三维速度模型提供的深部结构等信息,初步建立了研究区 26 条主要断裂的三维模型(图 6.9、图 6.10,表 6.3)。

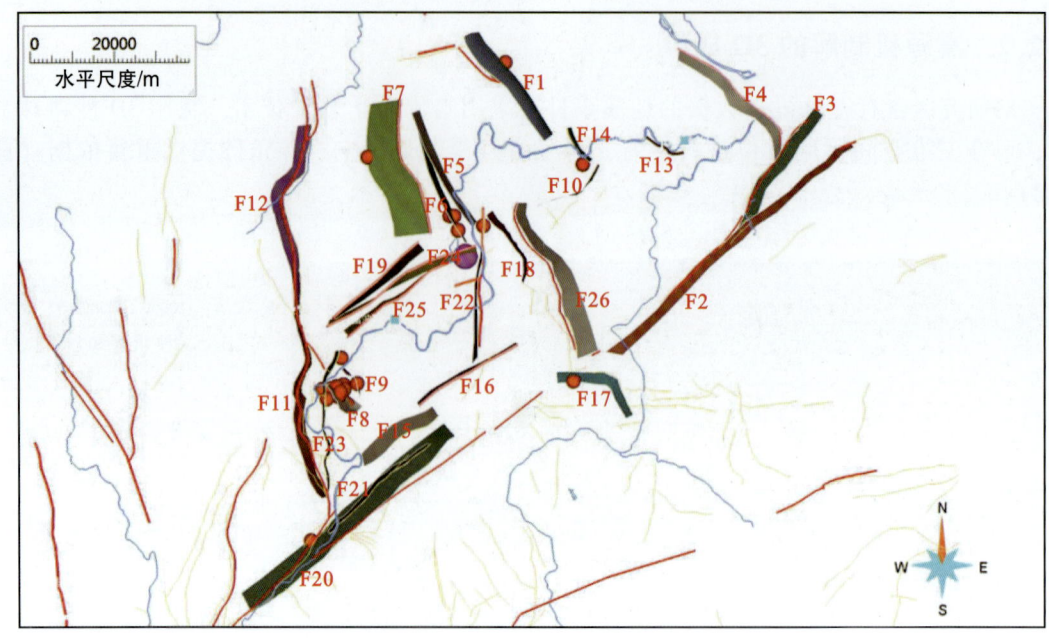

图 6.9 研究区主要断裂三维模型名称及其编号

F1. 关村断裂；F2. 华蓥山断裂 1；F3. 华蓥山断裂 2；F4. 柏树溪断裂；F5. 夏溪—芭蕉滩断裂；F6. 璜琅断裂；
F7. 玛瑙断裂；F8. 谢家寨断裂；F9. 桥棚子断裂；F10. 五角堡断裂；F11. 三河口—烟峰断裂 1；
F12. 三河口—烟峰断裂 2；F13. 楼东断裂；F14. 湾湾滩断裂；F15. 兴隆断裂；F16. 新田断裂；F17. 中和场断裂；
F18. 楠木坪断裂；F19. 锦屏山断裂；F20. 五莲峰断裂 1；F21. 五莲峰断裂 2；F22. 獭子坝断裂；F23. 烟峰断裂；
F24. 马湖断裂 1；F25. 马湖断裂 2；F26. 中村断裂

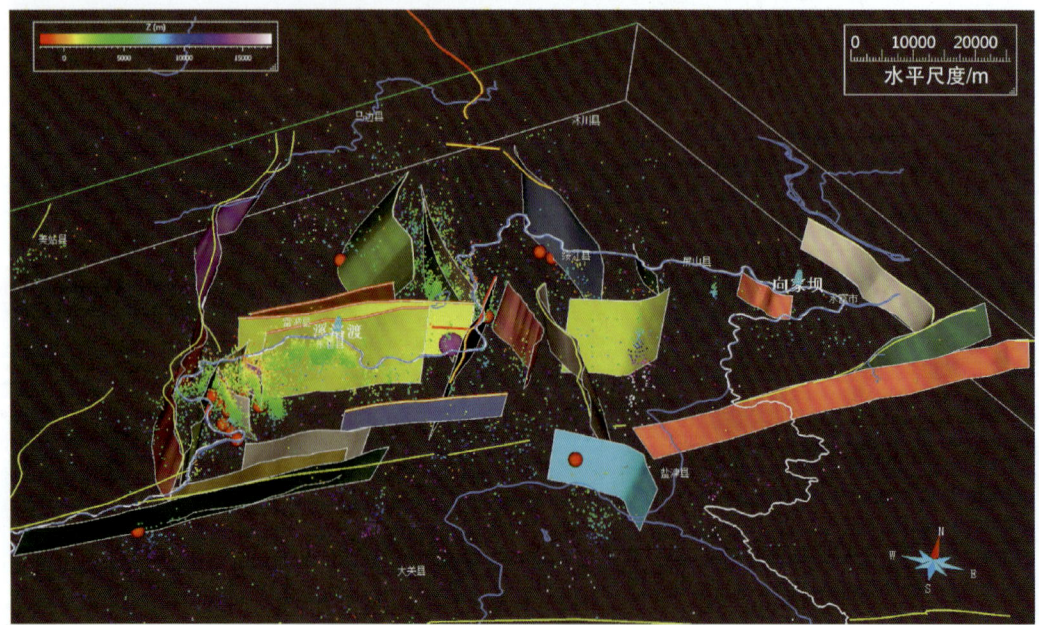

图 6.10 研究区主要断裂三维可视化结构模型 V1.1

6.3 向家坝—溪洛渡库区三维建模结果

(1) 向家坝—溪洛渡区内断裂多，构造复杂（图 6.11）。先前的小比例断裂体系，并没有完全反映研究区的断裂特征。根据 1∶20 万地质图，研究区的先存断层很发育，对于是否为活动断层仍需要进一步鉴定。

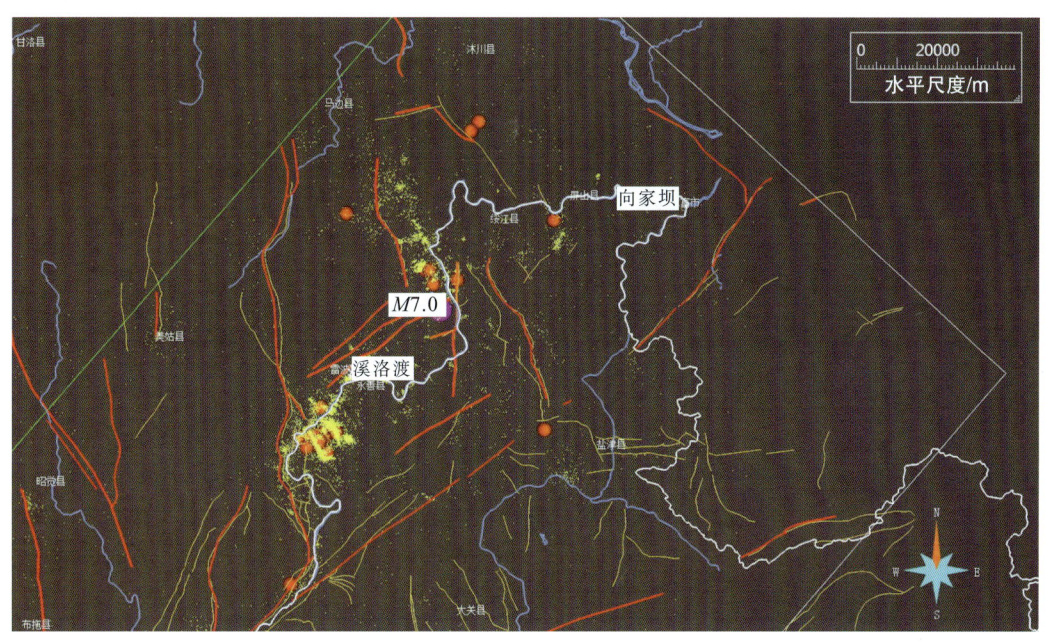

图 6.11 研究区主要断裂和地震重定位分布特征
红色断层为先前小比例断裂体系；黄色为 1∶20 万地质图中断层分布；深蓝色为主要河流

(2) 向家坝水库区域断层总体不发育、地震活动较微弱。溪洛渡水库区在 10km 范围内，已知的断层也较少。小震丛集主要出现在三河口—烟峰断裂南段，包括多次四级以上地震（图 6.8）。但是三维断层模型对应的地震事件，具有局限性。很多小震活动可能与未知的隐伏断层有关（图 6.12）。在溪洛渡沿着金沙江下游的马湖地区，于 1216 年发生了雷波马湖 $M7.0$ 地震。但早期的地质图中，地表无明显的断层分布。该次地震之后，目前研究发现了一些近东西向展布的活动断层（图 6.10）。

(3) 从向家坝—溪洛渡库区的小震重定位的深度统计数据，可以看出该地区的震源深度集中在 3~5km 范围，平均深度 4.26km（图 6.13），相对深度较浅。表明该地区地震可能受到浅层水库蓄水的影响较大。

(4) 通过对研究区 V_P 波的三维地震层析成像，可以看出在溪洛渡地震密集区域，存在明显的 V_P 和 V_S 高速区域、V_P/V_S 显著低值区（图 6.14 至图 6.16），表明上地壳的岩石物理属性可能是该区域小震构造的重要控制因素之一。

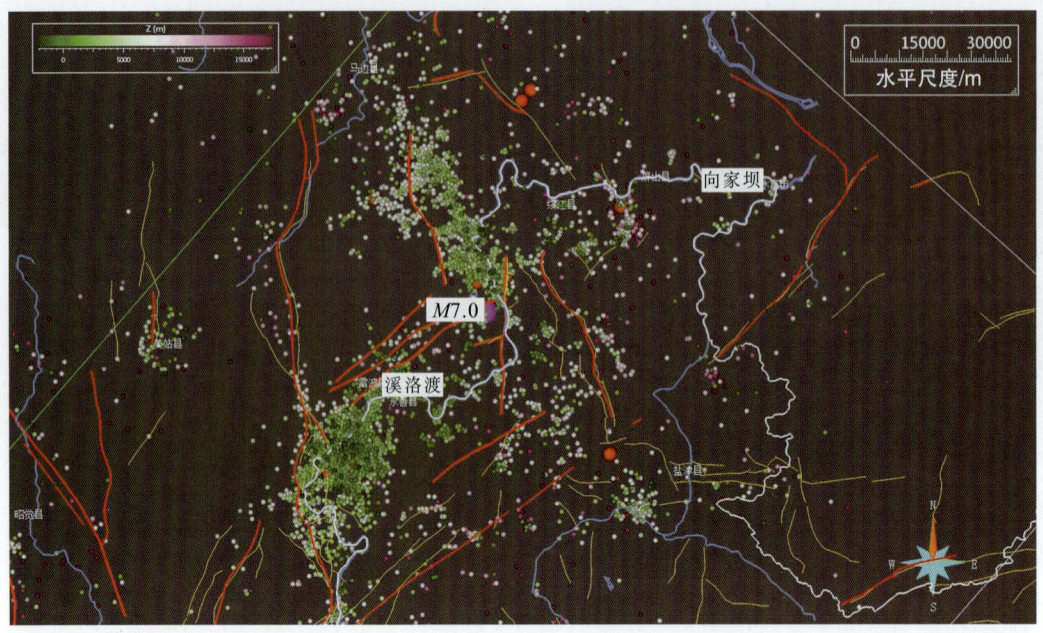

图 6.12　研究区主要断裂与地震活动性分析

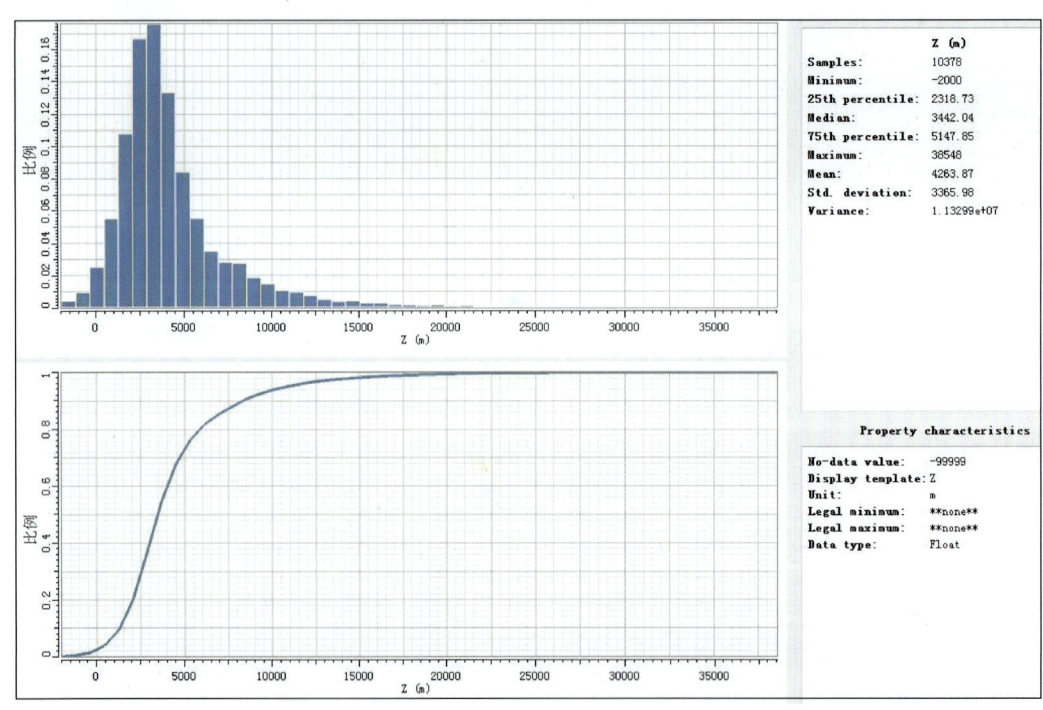

图 6.13　向家坝—溪洛渡小震深度分布统计分析

第6章 三维断层和三维综合构造模型

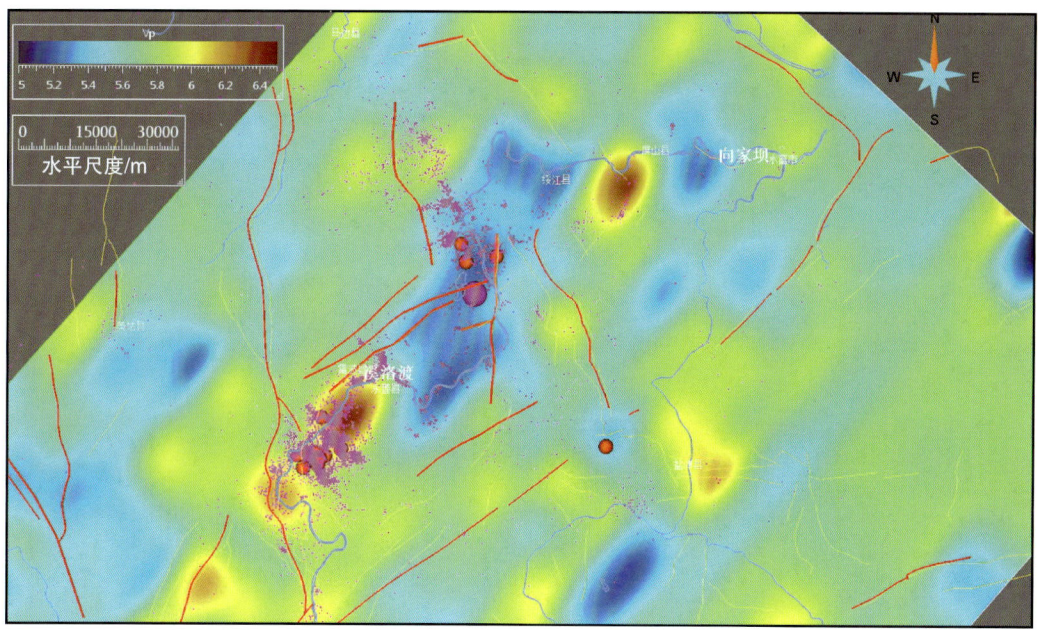

图 6.14　向家坝—溪洛渡 P 波地震层析成像（7.8km）与地震分析

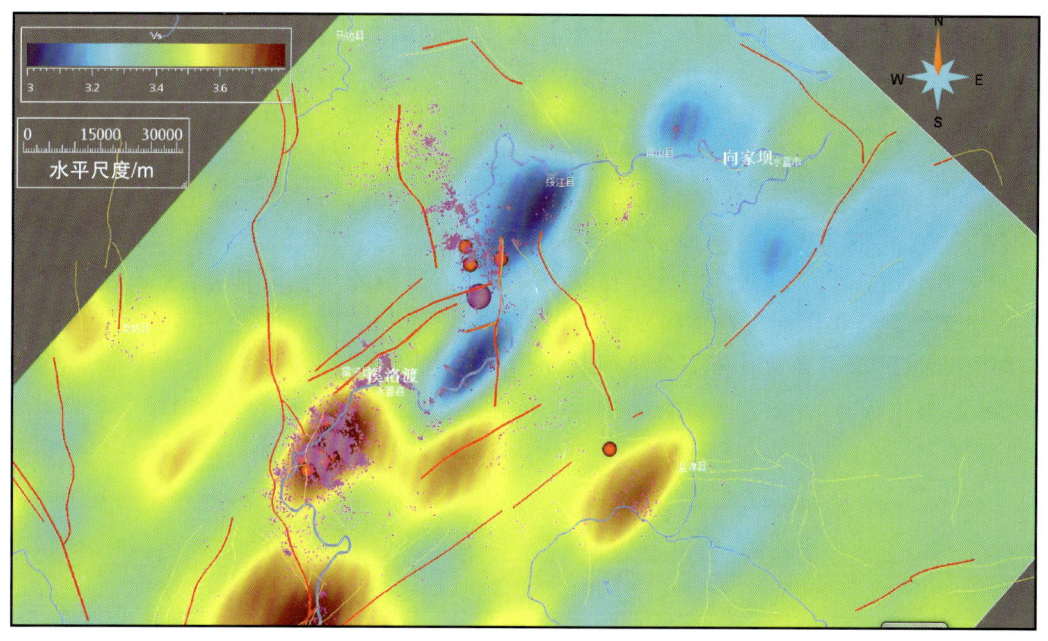

图 6.15　向家坝—溪洛渡 S 波地震层析成像（7.8km）与地震分析

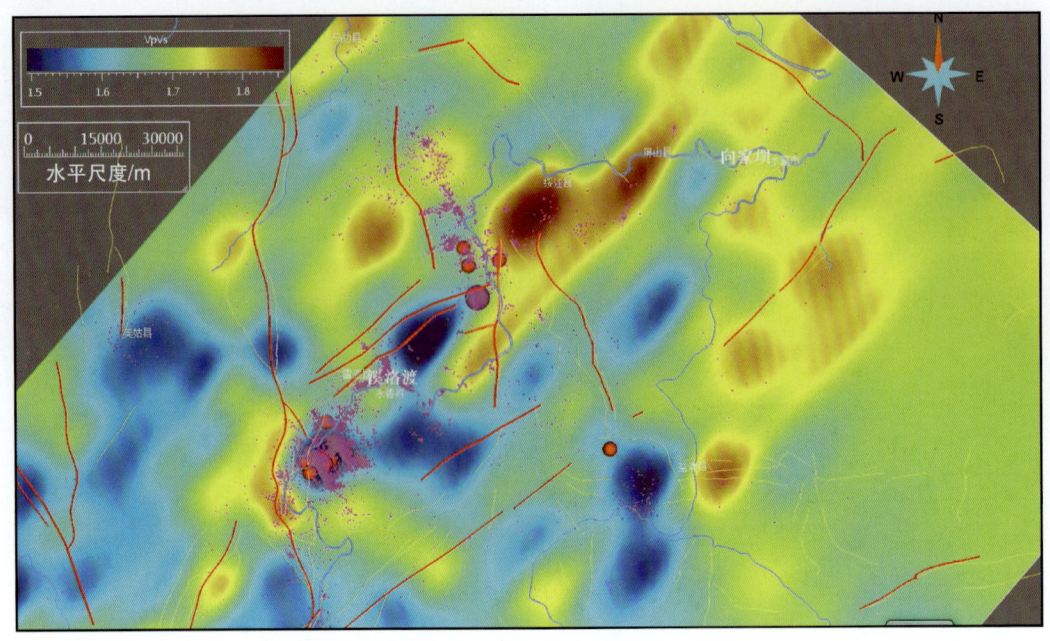

图 6.16　向家坝—溪洛渡 V_p/V_s 地震层析成像（7.8km）与地震分析

研究表明该地区的地震活动，目前的浅表断层调查并不能很好地约束发震断层或发震构造。对该地区地震危险性分析和评价，需要结合其他多方面的数据和资料共同分析。目前认为地下物质高速异常体及隐伏断层，在溪洛渡地区对小震分布有一定的控制作用。

对库区的小震丛集是否与断层活动相关，我们认为需要区别认识：对于沿着金沙江两岸分布且小震总体深度较浅（<4km）、没有发生 $M4.0$ 以上地震，且地表缺少先存断层的小震事件，可能与该地区水库蓄水产生的岩溶垮塌、边坡效应等有关。但对于小震丛集深度较深（>5km），或发生过 $M4.0$ 以上地震，可以认为与隐伏断层活动有关，如新解释的楠木坪断裂（F18）和锦屏山断裂（F19）。

相关断层模型解释及其依据参见表 6.3。

第6章 三维断层和三维综合构造模型

表6.3 向家坝—溪洛渡库区主要断裂模型参数数表

序号	断层名称	三维工区代号	走向	倾向	倾角（°）	长度/km	断层性质	备注依据
F1	关村断裂	GC-fault1	NW—SE	NE	40~60	31	逆冲兼走滑	地表断层+震源机制
F2	华蓥山断裂1	HYS-fault_1	NE—SW	SE	50/70	75	逆冲	地表断层+反射地震
F3	华蓥山断裂2	HYS-fault_2	NE—SW	SE	75~45	33	逆冲	地表断层
F4	柏树溪断裂	HYS-fault_3	NW—SE/近 S—N	SW/W	50~70	35	逆冲	地表断层
F5	夏溪—芭蕉滩断裂	M_L-fault_1	NE—SE	NE	80~90	30	走滑	小震丛集
F6	蟆琅断裂	M_L-fault_2	NNW—SSE	NE	80~90	30	走滑	震源机制
F7	玛瑙断裂	Manao-fault	近 N—S/NNW—SSE	W/SWW	45~50	33	逆冲兼走滑	地表断层+震源机制
F8	谢家寨断裂	New_F1_surface	NW—SE	NE	80~90	10	走滑	小震丛集+震源机制
F9	桥棚子断裂	New_F2_surface	NW—SE	NE	80~90	8	逆冲	小震丛集
F10	五角堡断裂	New_F3_surface	NE—SW	NW	80~90	19	走滑	小震丛集
F11	三河口—烟峰断裂1	SHK_YF_fault1	NNW—SSE	NW/SW	70~85	42	逆冲	地表断层
F12	三河口—烟峰断裂2	SHK_YF_fault2	近 N—S/NE—SW	近 W/NW	50~60	44	逆冲	地表断层
F13	楼东断裂	Unknown_fault1	NW—SE/近 E—W	SW	65	11	逆冲	地表断层
F14	湾滩断裂	Unknown_fault2	NW—SE	NE	50	10	正断	地表断层
F15	兴隆断裂	Unknown_fault3	NE—SW	NW	40~60	22	逆冲	地表断层
F16	新田断裂	Unknown_fault4	NE—SW	NW	70~80	27	逆冲	地表断层
F17	中和场断裂	Unknown_fault5	N—W/SE	SW	45~55	22	逆冲	地表断层+震源机制
F18	楠木坪断裂	Unknown_fault6	NW—NE/近 S—N	SW	50	22	逆冲	地表断层
F19	锦屏山断裂	Unknown_fault7	NE—SW	SE	80~90	26	走滑	地表断层
F20	五莲峰断裂1	WLF_fault1	NE—SW	NW	80~90	67	走滑兼逆冲	地表断层+震源机制
F21	五莲峰断裂2	WLF_fault2	NE—SW	NW	80~85	32	走滑兼逆冲	地表断层

续表

序号	断层名称	三维工区代号	走向	倾向	倾角	长度/km	断层性质	备注依据
F22	袭子坝断裂	XZB_fault	近 S—N	近 W	80~90	34	走滑	地表断层+震源机制
F23	烟峰断裂	YF_fault_1	近 S—N/NE—SW	W/NW	70	35	逆冲兼走滑	地表断层+震源机制
F24	马湖断裂1	YS_EQ_fault1	NE—SW	SE	80~90	40	走滑	地表断层
F25	马湖断裂2	Mahu_fault2	NE—SW	NW	80~90	28	走滑	地表断层
F26	中村断裂	ZC_fault1	NW—SE	NE	30~70	41	逆冲	地表断层

第 7 章 溪洛渡库区地震震源谱参数计算和分析[*]

本章利用金沙江下游水库地震监测台网的数据，计算得到了 2013~2019 年震级大于 3.0 级地震的震源模型和震源参数，发现库区的地震存在自停止破裂和非自停止破裂两种震源模型。根据受迫停止地震发生的时间和位置特点，认为溪洛渡库区务基镇附近的地震大多为自停止地震。2014 年 8 月 17 日 M_S5.2 地震属于受迫停止地震，其震源过程比较复杂，震源谱偏离了 Boatwright 模型。2014 年 4 月 5 日 M_S5.1 地震为自停止地震，震源过程相对简单。

7.1 震源参数意义及计算原理

地震的震源参数包括地震矩、应力降、震源破裂半径等，这些参数描述了震源的静力学特征。在一定的震源模型下，震源参数是由地震观测谱拟合理论震源谱和震源谱参数而计算得到（赵翠萍等，2011）。震源谱参数包括零频极限 Ω_0 和拐角频率 f_c，其中 Ω_0 为震源谱的低频渐近线值，也称为零频极限值或震源谱振幅。f_c 为震源谱的低频渐近线与高频渐近线交点处的频率。Ω_0 主要反映地震的大小，f_c 与地震破裂尺度有关。我们知道，地震波能量在传播过程中不但随着传播距离出现几何扩散，还受到传播路径上介质的吸收和散射等，在到达台站接收仪器前，地表下方浅层的介质也会对地震波产生影响，因此观测波形是震源激发的信息经过上述各种过程的产物。在频率域，台站 j 记录到的地震 i 的观测位移谱 $O_{ij}(f)$ 可以用下式表示：

$$O_{ij}(f) = S_i(f) p_{ij} e^{-\frac{\pi R_{ij} f}{Q(f) V_s}} G_j(f) I_j(f) Sur_j \qquad (7.1)$$

式中，f 为频率；$S_i(f)$ 即为地震 i 的震源谱；$P_{ij}(f)$ 为地震波从震源 i 到台站 j 的传播路径效应项，描述地震波在传播过程中的衰减，其中包括了地震波的几何扩散和非弹性衰减；$G_j(f)$ 为台站 j 的局部场地效应，描述台站附近近地表地层介质对地震波的放大作用；$I_j(f)$ 为台站 j 的仪器响应函数；Sur_j 为地表自由表面效应，可以根据不同体波的位移反射系数与入射角的关系消除；经过对仪器项 $I_j(f)$ 和地表自由表面效应 Sur_j 的处理后，震源谱 $O_{ij}(f)$ 可表述为：

$$O_{ij}(f) = S_i(f) P_{ij} e^{-\frac{\pi R_{ij} f}{Q(f) V_s}} G_j(f) \qquad (7.2)$$

---

[*] 本章由徐建宽、龚文正、陈晓非、赵策、左可桢、赵翠萍执笔。

由上式可知，要由地震记录获得震源谱 $S_i(f)$，必须消除表达式右边其他各项的影响，而 $P_{ij}(f)$ 项与台站—震源的传播路径及频率有关，$G_j(f)$ 则与各个台站具体的场地及频率有关。在自观测数据恢复震源谱并开展震源参数的各项研究中，由于路径、场地等影响之间的相互耦合及不确定，许多研究或是设定常数 Q 值，或是不考虑场地的影响。

地震的理论震源谱模型也是震源参数研究中首先要考虑的问题。理论震源模型可以表示为（Boatwright，1980；Brune，1970）：

$$\Omega(f) = \Omega_0 \frac{e^{-\left(\frac{\pi f t}{Q}\right)}}{(1+(f/f_c)^m)^{1/\gamma}} \tag{7.3}$$

式中，n 为高频衰减系数一般取为 2；γ 控制震源谱的拐角形状，$\gamma=1$ 为 Brune 模型，$\gamma=2$ 为 Boatwright 模型。实际研究中，根据观测位移谱得到理论震源谱的研究方法主要有两种，第一种是直接对观测谱进行衰减和各台站场地响应校正的方法（刘杰等，2003），第二种是经验格林函数谱比法。谱比法将目标地震附近、震源机制相似、震级相对较小的地震记录作为经验格林函数（EGF），由于其到同一台站具有近似相同的传播路径，可以通过目标事件和 EGF 事件的频谱比来消除所有的衰减效应（Abercrombie，2015）。

$$\Omega(f) = \frac{\Omega_0^m}{\Omega_0^e}\left[\frac{1+(f/f_c^e)^{\gamma n}}{1+(f/f_c^m)^{\gamma n}}\right]^{1/\gamma} \tag{7.4}$$

式中，上标 m 和 e 分别代表主事件和经验格林函数。可见 EGF 方法可以获得相对真实的震源谱，进而可获得目标地震相对可靠的 f_c。

本研究中我们使用多窗口谱估计方法（Thomson，1982；Prieto 等，2009）和台站三个分量的波形计算地震的震源谱。根据公式（7.3）拟合单个地震事件的频谱得到该地震的零频极限 Ω_0，利用公式（7.4）拟合主事件和 EGF 的频谱比获得主事件的拐角频率 f_c。大部分地震和台站分别截取了 8s 和 16s 的 P 波和 S 波震相地震记录，要求每个记录的信噪比不小于 2。对于 P-S 到时差小于 8s 的波形，按 P-S 到时差截取 P 波震相，对于震级较大的地震相应截取更长的 P 波和 S 波震相。在计算 Ω_0 时，我们对观测波形扣除了仪器响应和地表自由表面效应。对于震源谱高频衰减系数 n，拐角形状参数 γ 的选择，考虑到诱发地震与构造地震的震源谱可能存在差别，本文参考 Onwuemeka 等（2018）的做法，将 n 和 γ 分别确定在 2~3 和 1~2 范围内。为主事件选择 EGF 时，我们要求满足两个地震之间的距离不超过 5km 和所使用震相的波形互相关系数大于 0.7，且至少有 3 条满足条件的震相外，还需要震级相差大于 1。我们人工检查了所有的频谱拟合结果，并去除其中较差的结果。当一个地震有多个满足条件的 EGF 时，根据方差大小使用加权平均法（Abercrombie，2014）确定主事件的拐角频率。

得到地震矩和拐角频率之后，根据圆盘破裂模型（Eshelby，1957；Madariaga，1976）利用公式（7.5）即可得到地震矩 M_0、应力降 $\Delta\sigma$ 和震源半径 r 等震源参数：

$$M_0 = \frac{4\pi R\rho\beta^3 \Omega_0}{U_{\theta\varphi}} \qquad r = \frac{\kappa\beta}{f_c} \qquad \Delta\sigma = \frac{7M_0}{16r^3} \qquad (7.5)$$

式中，ρ 为岩石密度，取 2700kg/m³；β 为震源深度处 S 波速度；R 为震源距；$U_{\theta\varphi}$ 为辐射花样因子，对于 S 波取 $\sqrt{2/5}$；κ 为常系数（对于 P 波，$\kappa=0.32$，对于 S 波，$\kappa=0.21$）。我们将主事件在每个台站的记录按公式（7.3）和式（7.5）得到的地震矩的中值作为该地震最终的地震矩。

应力降表征地震发生瞬间错动时位错面上的应力变化，通过研究应力降可以了解地震过程中的构造应力释放水平。有研究认为对于水库诱发地震，受流体参与的影响，同等震级地震的应力降比构造地震小一个数量级，是识别诱发地震的指标之一，因此我们可以通过计算应力降来分析研究区地震活动与流体的关系（华卫等，2010）。有研究认为（Abercrombie 和 Leary，1993；华卫等，2010，2012；Hua 等，2013a，2013b，2015）对于诱发地震，受流体参与的影响，同等震级地震的应力降比构造地震小一个数量级，是识别诱发地震的指标之一。目前对于该认识仍然存在争议，认为其可能是由于不合适的衰减校正和假设引起的（Tomic 等，2009）。Pennington 等（2021）通过使用多种方法对俄克拉马州 2011 年 M_W5.7 地震序列进行研究发现，对于高质量的数据，虽然不同方法得到的应力降其相对分布具有一致性，但是其绝对值存在系统性的偏差。而且地质构造、震源模型、地震矩以及台站的选取等多种因素都可能对应力降的计算结果产生影响（Yu 等，2020）。

7.2 震源谱反演结果与分析

水库区的地震往往以中小地震为主。最近地震破裂的研究表明在不同状态条件下的小地震存在两种不同的破裂类型，自停止破裂和非自停止破裂（Xu 等，2015）。非自停止破裂地震在破裂发生后会一直传播直到遇到高破裂强度或者不能破裂区域的阻碍而受迫停止，而自停止破裂地震在破裂发生后即便是均匀的应力状态下也会自发停止。这两类破裂类型地震的震源谱表现出不同的特征（Wen 等，2018）。自停止地震的震源谱比较光滑，与简单的震源模型（Brune 和 Boatwright 模型）的震源谱相似；而受迫停止地震的震源谱比较复杂，在拐角频率或者更高频率处附近存在一个"凹陷"。对于受迫停止地震，如果应力状态和断层破裂区域允许，它可能发展成较大的地震。

本章的主要研究区域如图 7.1 所示，图中展示了位于溪洛渡水库上游的地震活动。

采用 7.1 节中的方法，我们总共获得了溪洛渡库区 58 个地震的震源谱，其中在永善库段的 B 区和 C 区的地震分别有 44 个和 14 个（图 7.2）。根据地震震源谱特征我们把这些地震分为两类，C 区有自停止地震 34 个，受迫停止地震 10 个。B 区有自停止地震 13 个，受迫停止破裂地震 1 个。图 7.3、图 7.4 分别展示了分别使用 P 波和 S 波获得的一个自停止地震（2014 年 6 月 11 日 M3.0）和受迫停止地震（2014 年 8 月 17 日 M_S5.2）的震源谱。可以看到自停止地震的震源谱比较光滑，与 Boatwright 模型的震源谱相似，而受迫停止地震的震源谱比较复杂并存在"凹陷"，偏离了 Boatwright 模型的震源谱。图 7.5 展现了图 7.4 中受迫停止地震部分台站的震源时间函数。可以看到受迫停止地震的震源时间函数比较复杂，存在多个峰，这与震源谱上的"凹陷"是相关的。

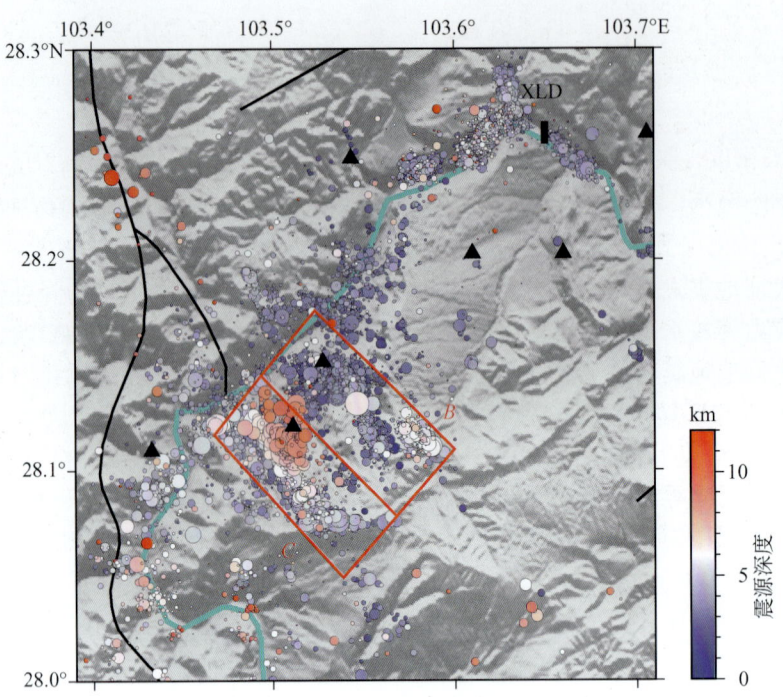

图 7.1 研究区域和地震分布

黑色三角形表示溪洛渡库区附近的台站；红色正方形表示溪洛渡大坝

圆圈大小指示地震震级大小，圆圈颜色指示震源深度

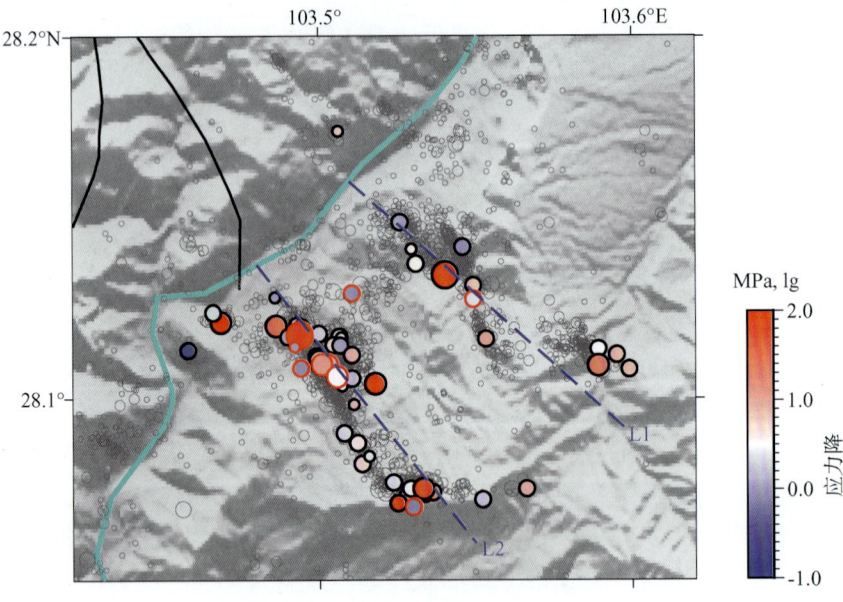

图 7.2 地震应力降的空间分布

圆圈颜色表示应力降大小；圆圈大小表示震级大小

色标对应的值为应力降取 10 为底对数的值

黑色和红色外圈分别表示自停止和非自停止破裂地震

第 7 章　溪洛渡库区地震震源谱参数计算和分析

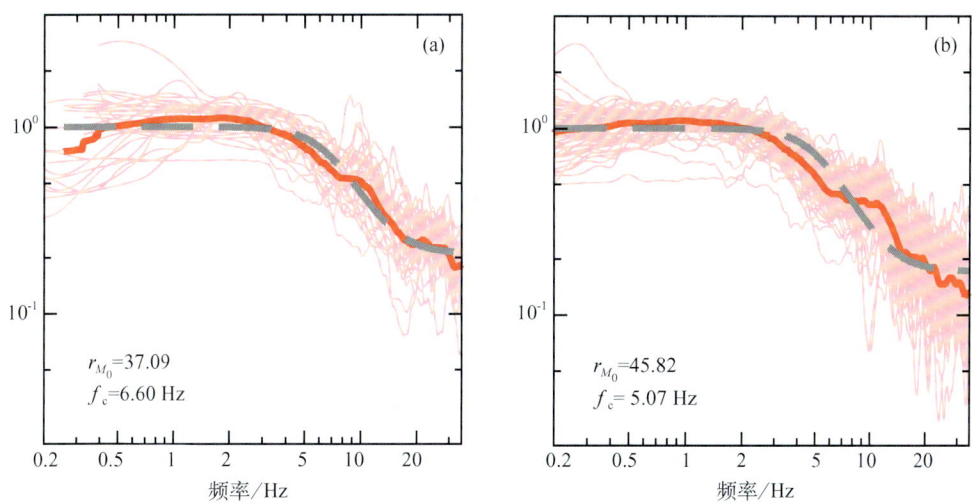

图 7.3　自停止地震（地震事件：20140611215456）的震源谱
（a）使用 P 波数据得到的每个台站的震源谱；（b）使用 S 波数据得到的每个台站的震源谱
r_{M_0} 表示相对地震矩；f_c 表示拐角频率
蓝色曲线为 Boatwright 模型的震源谱，不同颜色曲线代表不同台站得到的震源谱

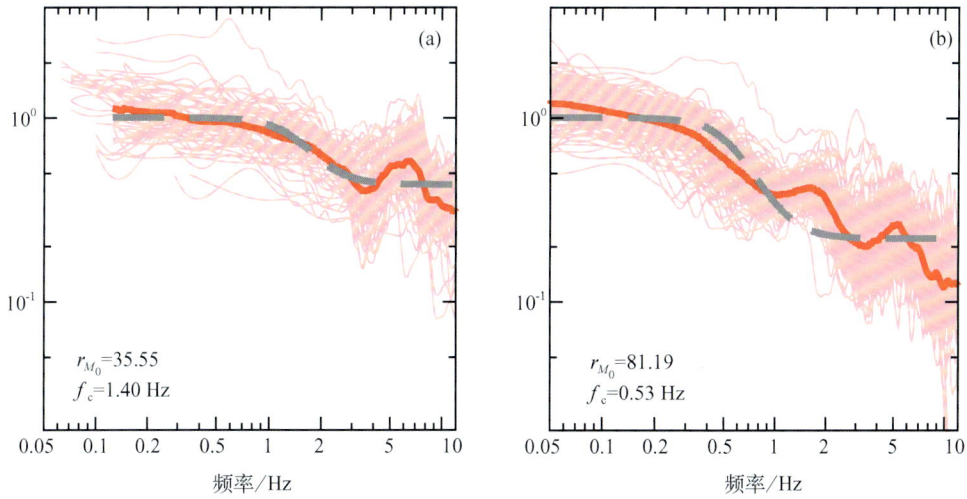

图 7.4　非自停止地震（地震事件：20140817060758）的震源谱
（a）使用 P 波数据的得到每个台站的震源谱；（b）使用 S 波数据得到的每个台站的震源谱
r_{M_0} 表示相对地震矩；f_c 表示拐角频率
蓝色曲线为 Boatwright 模型的震源谱，不同颜色曲线代表不同台站得到的震源谱

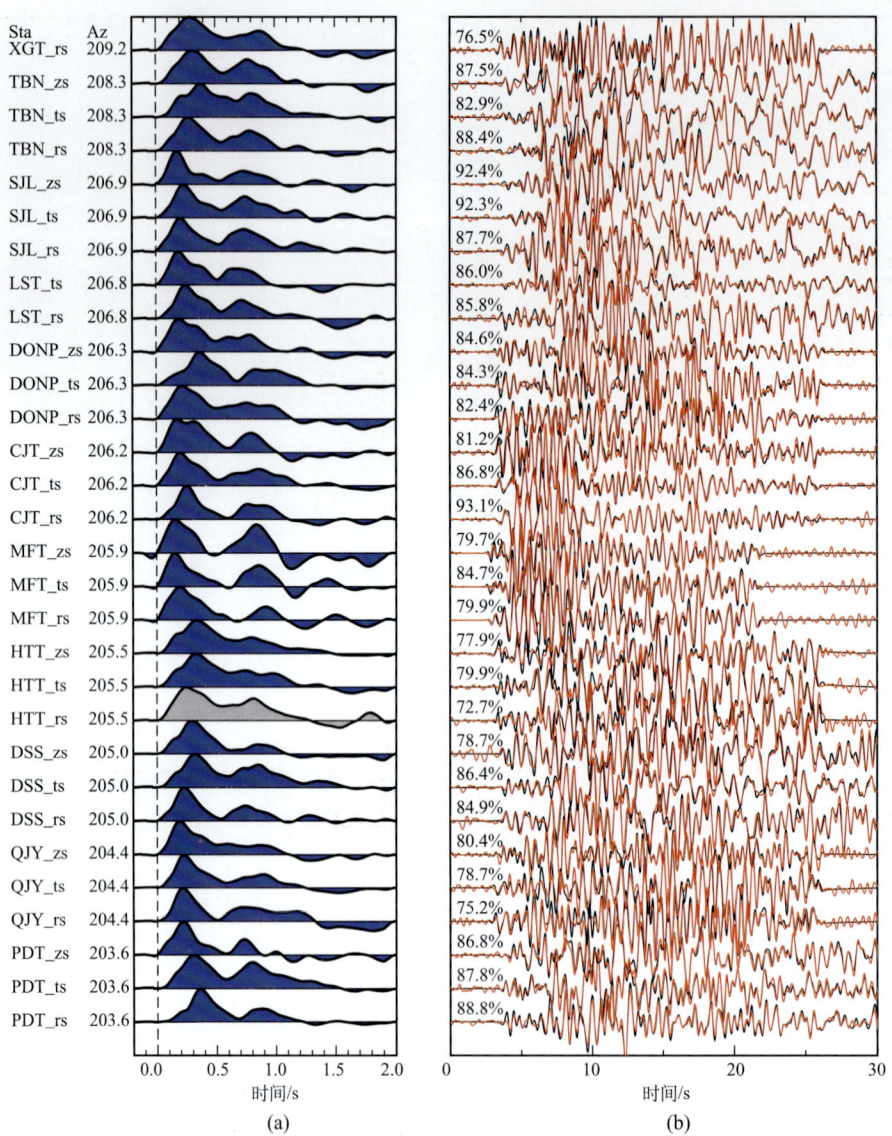

图 7.5 非自停止地震（地震事件：20140817060758）部分台站的震源时间函数

(a) 震源时间函数，Sta 表示台站名和分量名，Az 表示台站的方位角；(b) S 波地震记录（黑色曲
线为目标地震的 S 波记录，红色为震源时间函数卷积 EGF 地震记录的合成 S 波记录），
其中数字表示合成 S 波记录与目标地震 S 波记录的拟合度

第7章 溪洛渡库区地震震源谱参数计算和分析

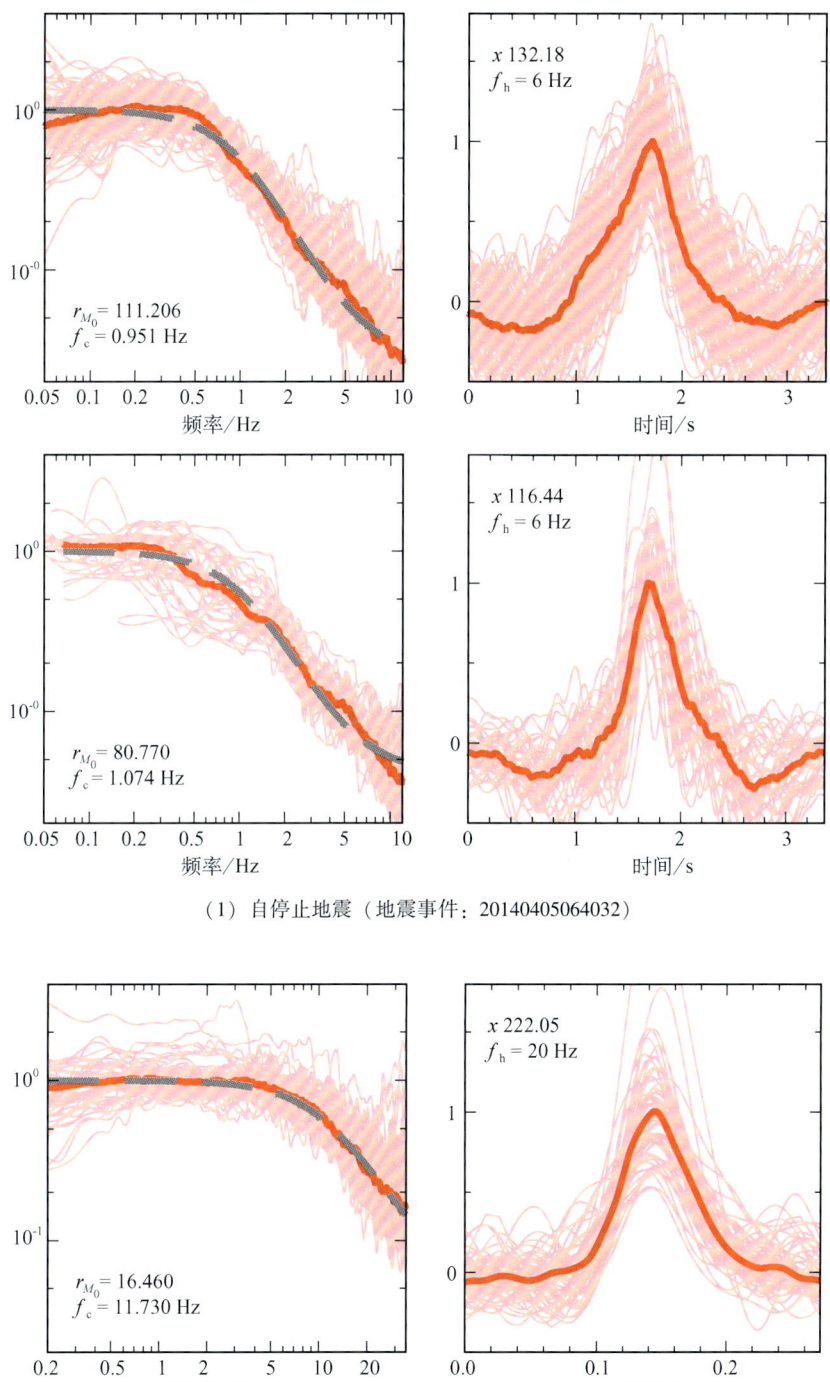

(1) 自停止地震（地震事件：20140405064032）

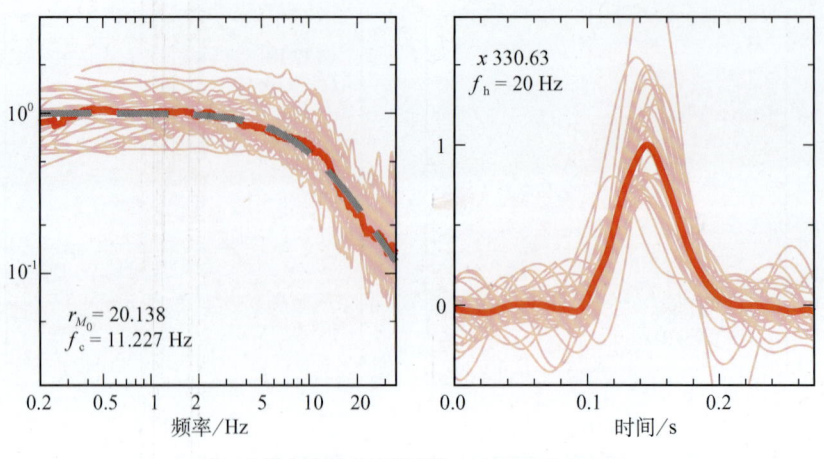

(2) 自停止地震（地震事件：20140817063302）

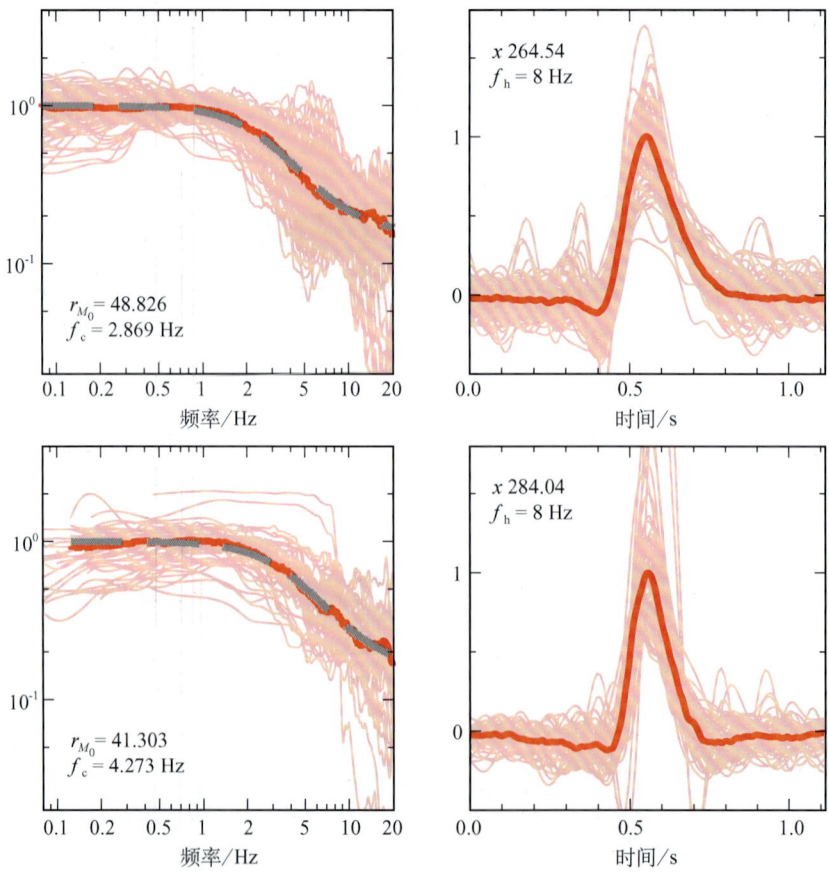

(3) 自停止地震（地震事件：20140912002933）

第7章　溪洛渡库区地震震源谱参数计算和分析

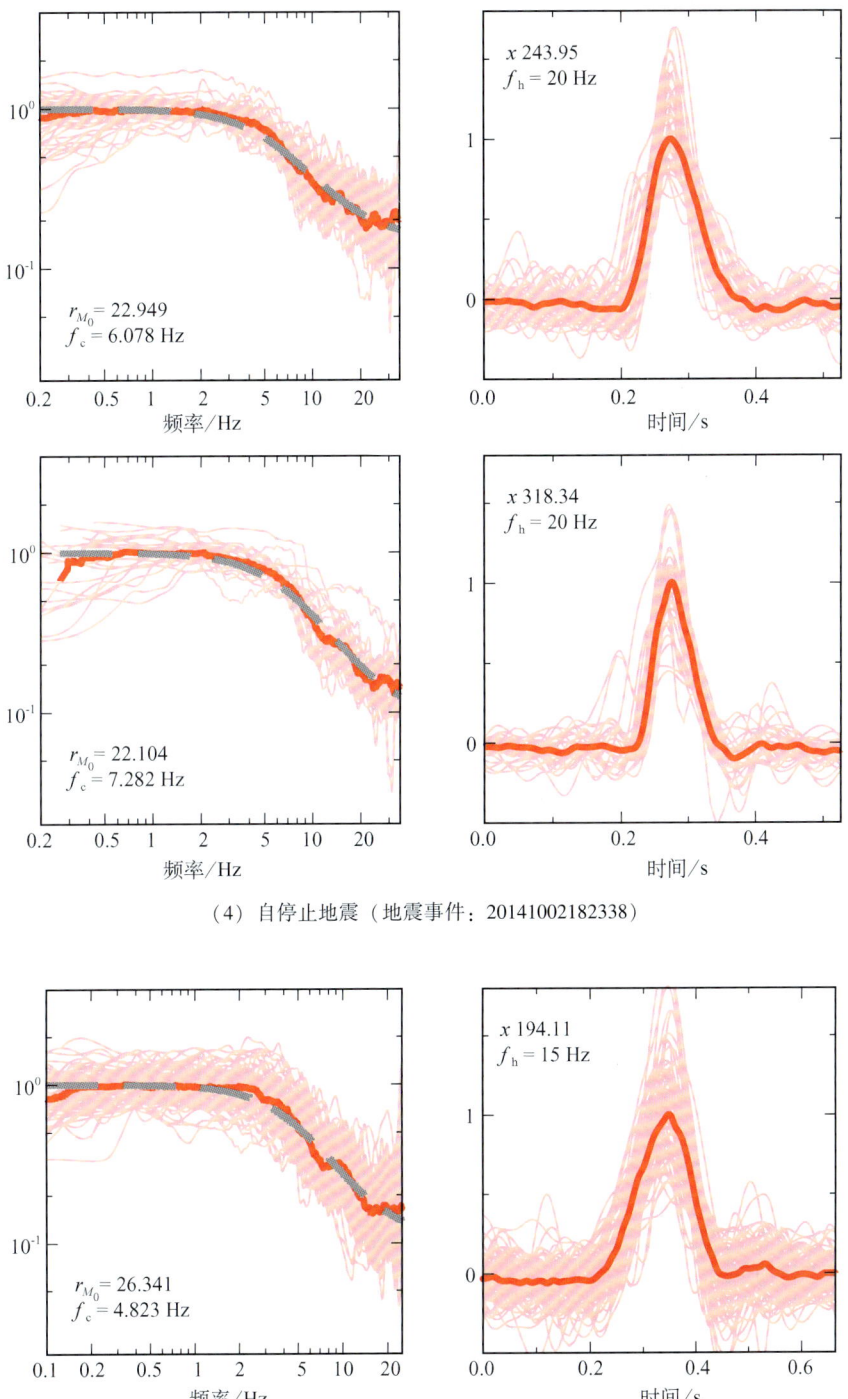

（4）自停止地震（地震事件：20141002182338）

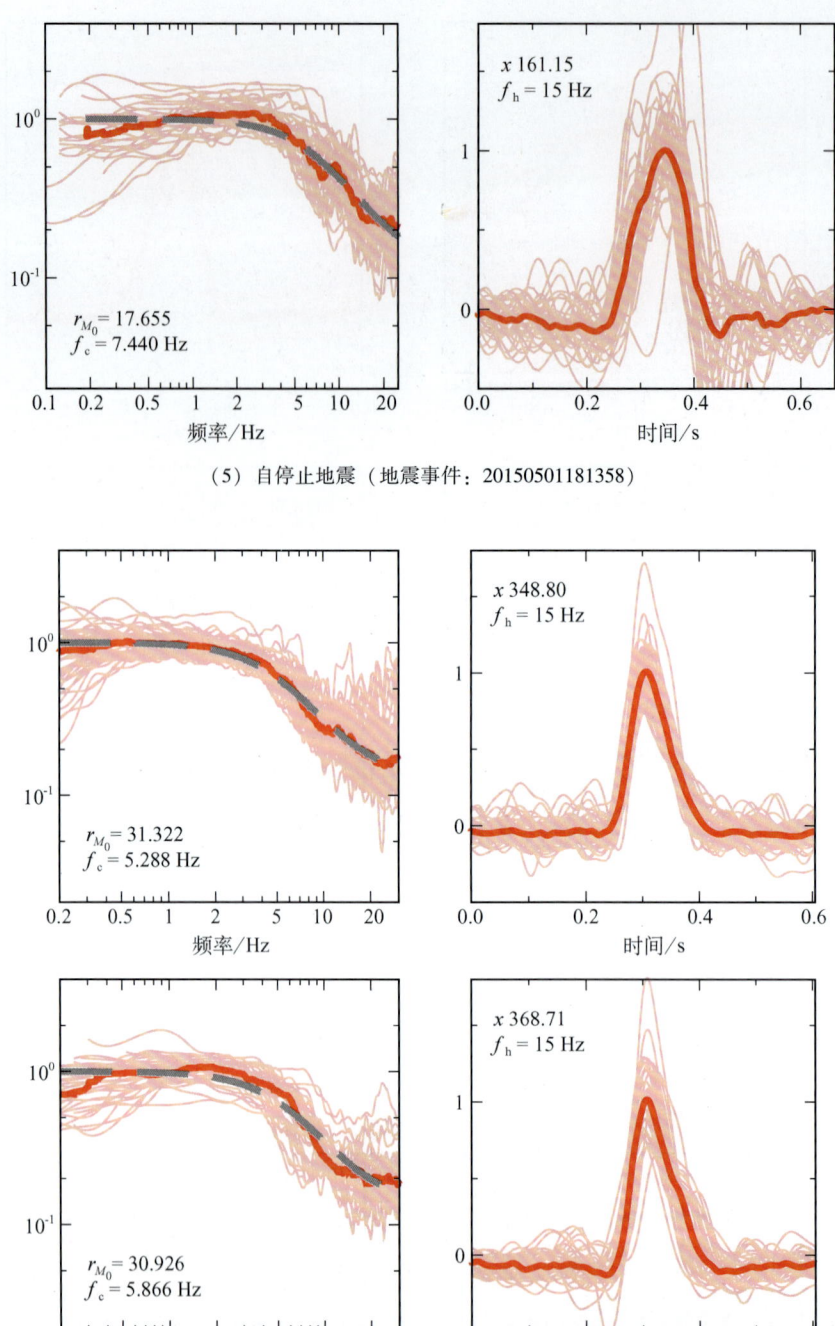

(5) 自停止地震（地震事件：20150501181358）

(6) 自停止地震（地震事件：20161031014143）

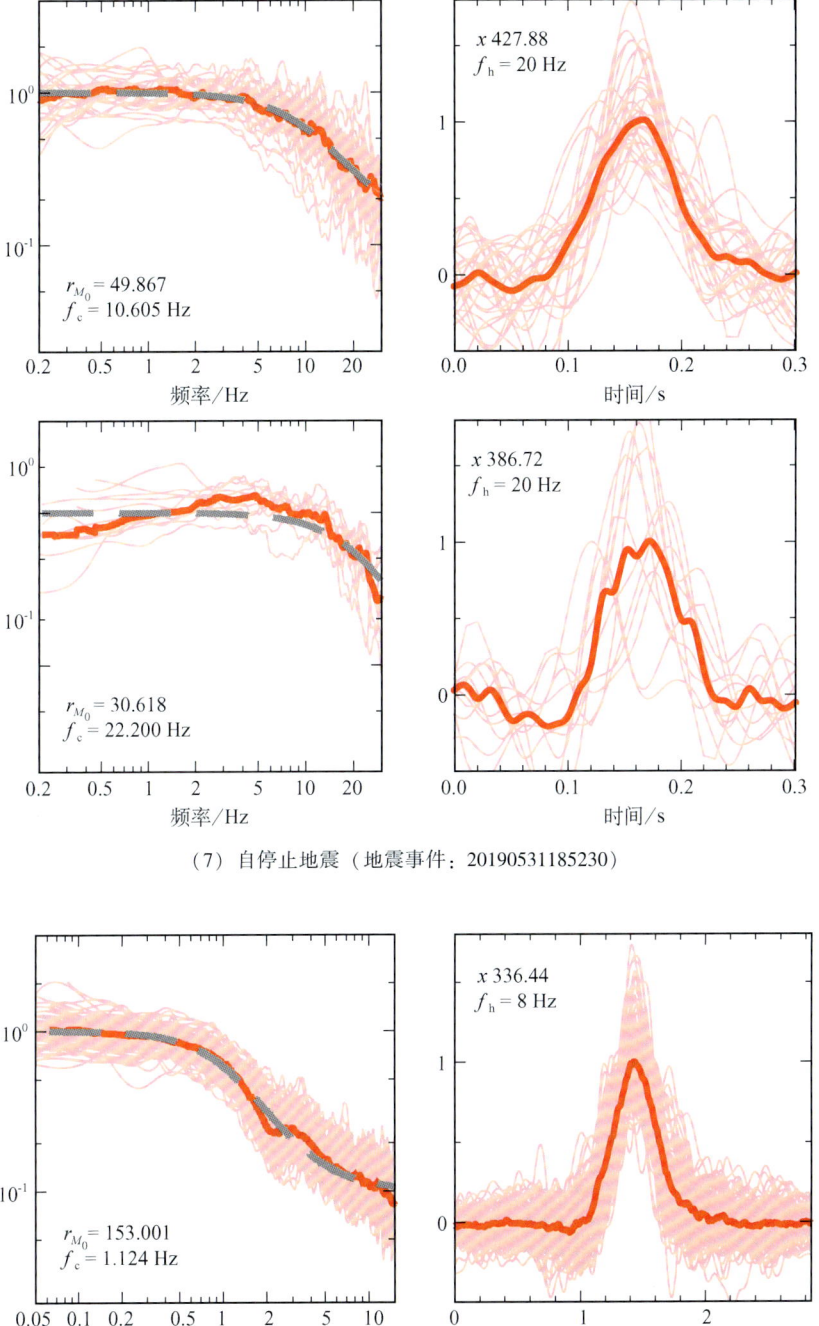

（7）自停止地震（地震事件：20190531185230）

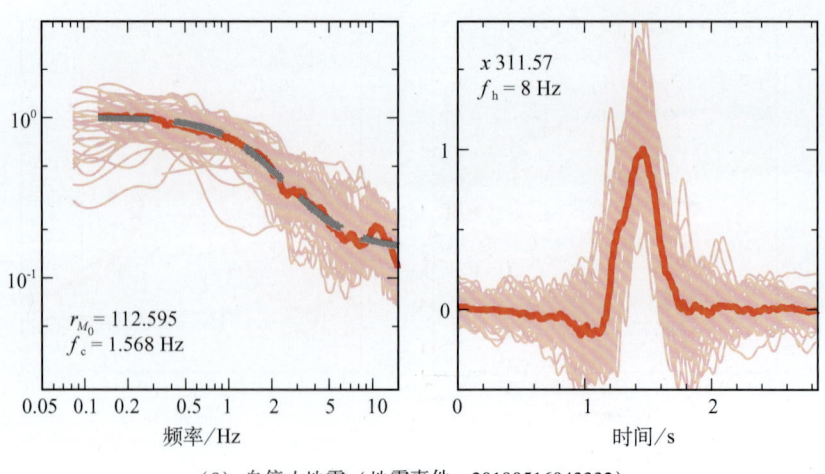

（8）自停止地震（地震事件：20190516043332）

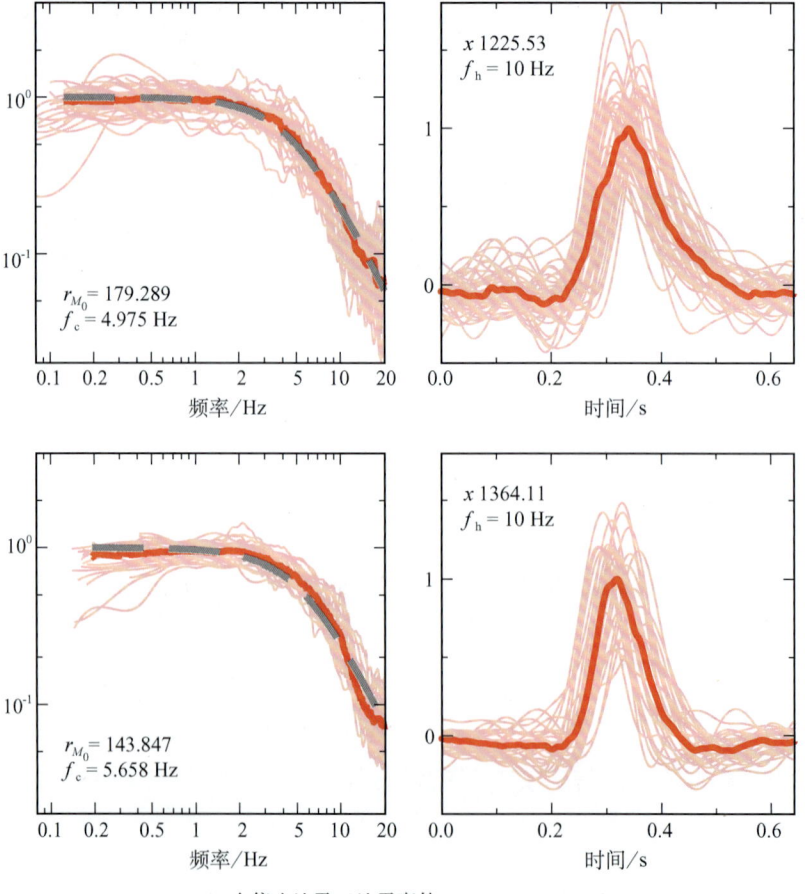

（9）自停止地震（地震事件：20181030050005）

第 7 章　溪洛渡库区地震震源谱参数计算和分析

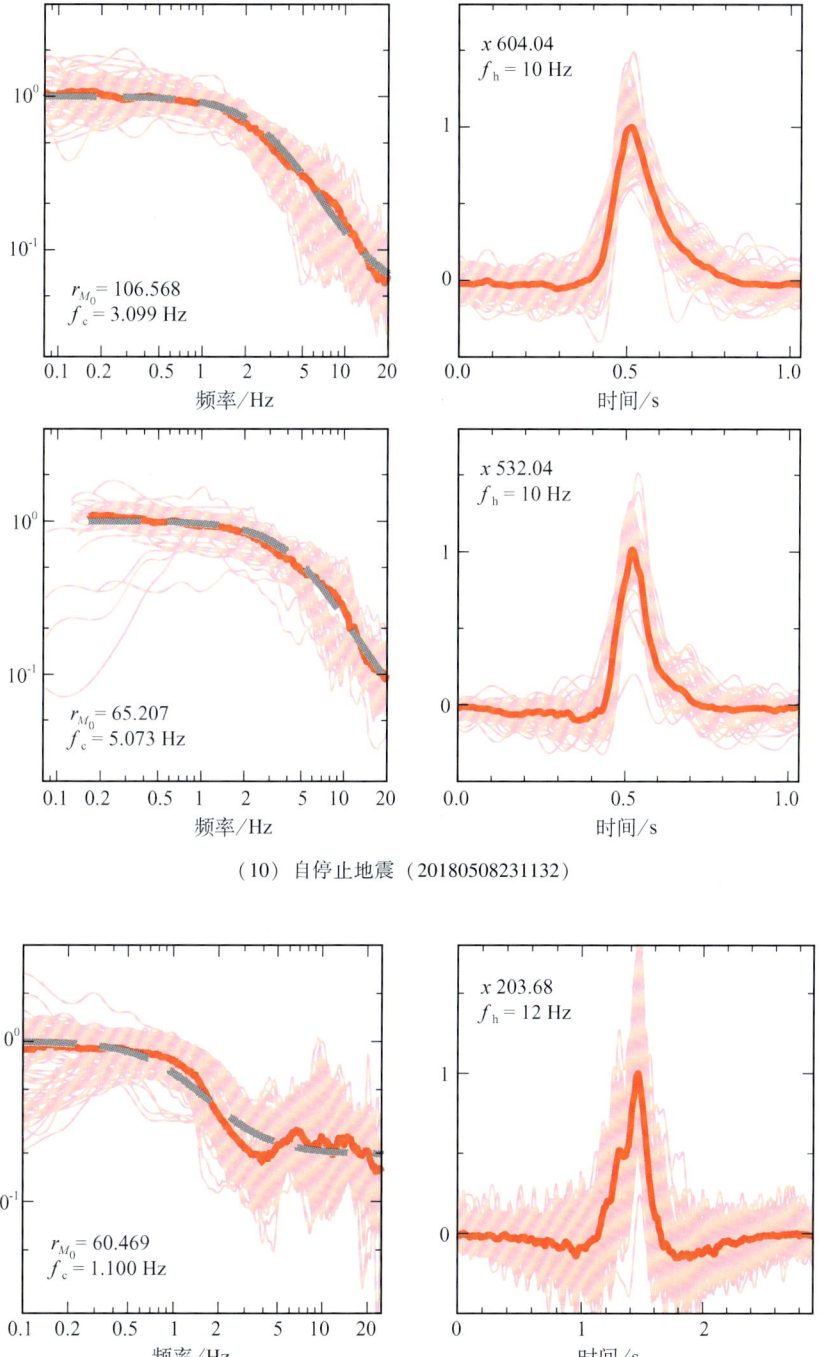

（10）自停止地震（20180508231132）

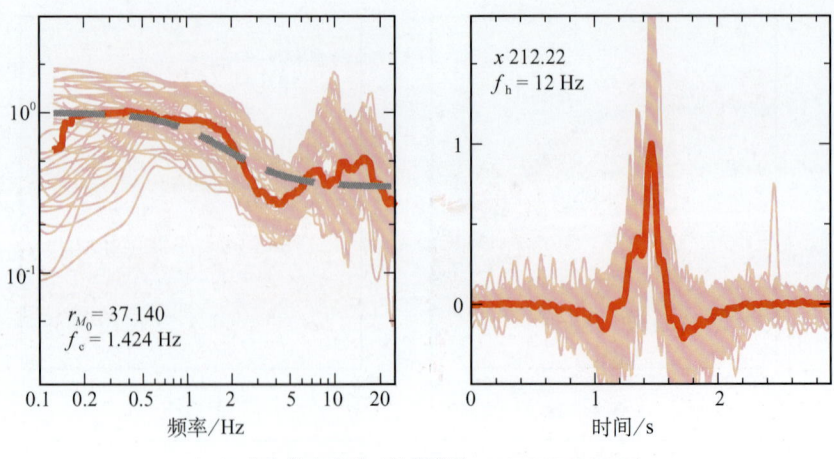

（11）非自停止地震（地震事件：20160926160322）

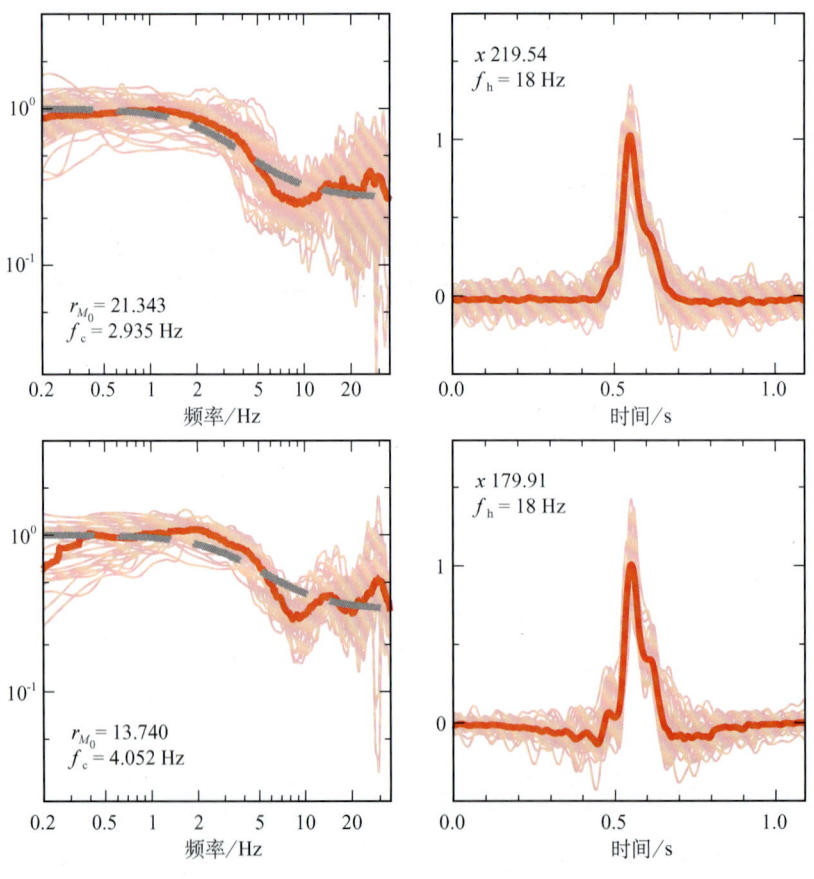

（12）非自停止地震（地震事件：20190418084225）

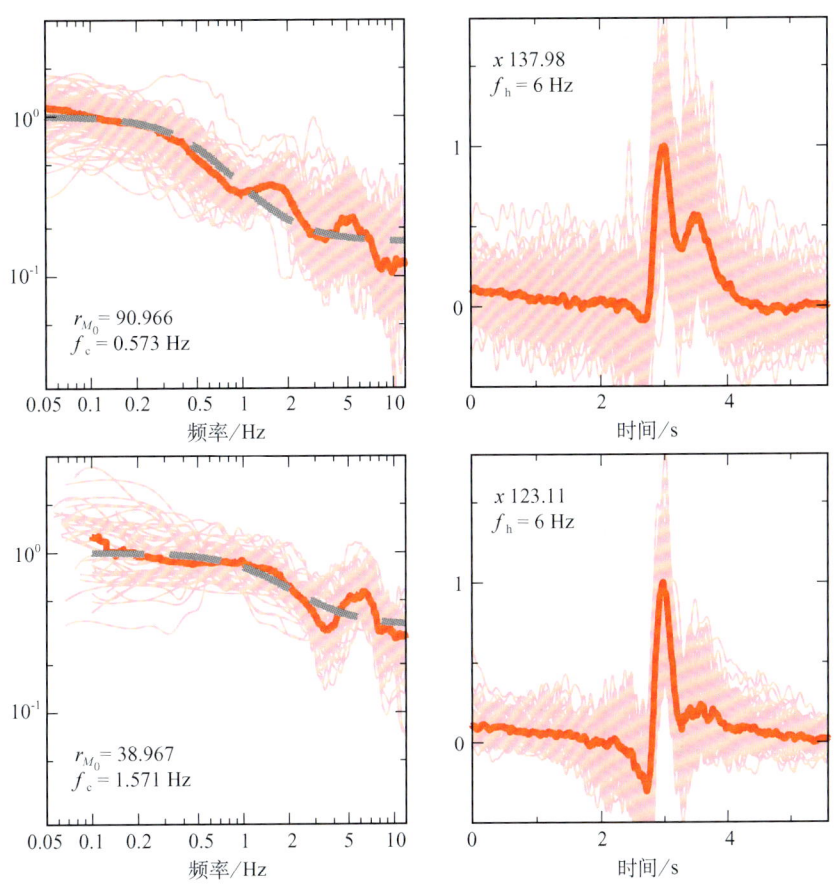

(13) 非自停止地震（地震事件：20140817060758）

图 7.6 地震震源谱和震源时间函数示例

左上图和左下图分别是 S 波和 P 波的震源谱，右图是对应的震源时间函数

r_{M_0} 表示相对地震矩，f_c 表示拐角频率

浅红色曲线为单个台站的震源谱或震源时间函数，红色曲线为全部台站震源谱或
震源时间函数取中位值的平均曲线，灰色虚线为 Boatwright 模型的震源谱

7.3 应力降结果与分析

7.3.1 溪洛渡库区震源参数及其特征

我们进一步分别使用 P 波和 S 波得到的震源谱估计了每个事件的拐角频率及应力降。对于同一地区或者相同性质的地震，使用 P 波和 S 波得到的震源谱估计的拐角频率应当呈正相关的关系，即使用 P 波得到的震源谱估计的拐角频率应当大于使用 S 波得到的震源谱估计的拐角频率，而使用它们估计的应力降也应当一致。如果 P 波和 S 波估计的拐角频率

续表

事件时间	北纬（°）	东经（°）	深度/km	震级	谱类型	拐角频率/Hz	应力降/MPa
20190520052157	28.072	103.552	7	3.0	1	5.23	1.75
20190531185230	28.071	103.525	6	3.3	1	13.92	93.06
20190605152655	28.109	103.589	8	4.2	1	3.16	24.4
20190605160708	28.112	103.595	4	3.6	1	4.31	7.79

注：1代表自停止破裂，0代表非自停止破裂。

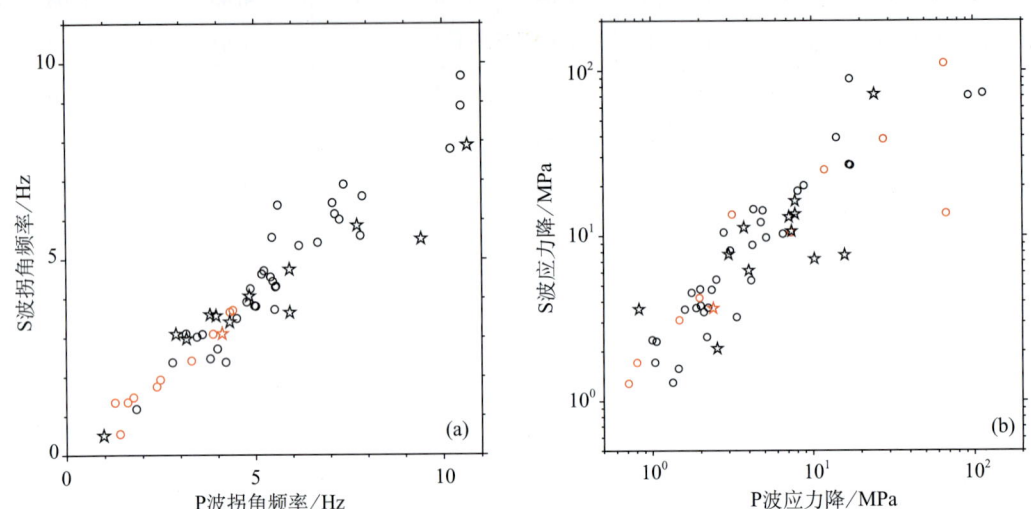

图7.7 使用P波和S波得到的震源谱估计的拐角频率以及应力降的关系
（a）拐角频率关系；（b）应力降关系
红色和黑色圆圈分别表示非自停止和自停止破裂地震数据；圆圈和五角星分别代表C区和B区的地震

图7.8给出了地震拐角频率随地震矩的变化情况。图中地震的最大震级为 $M_S5.2$，最小震级为 $M2.8$，它们分别对应数据中的最大地震矩和最小地震矩。其中最大的拐角频率为14.0Hz，最小的拐角频率为1.0Hz。拐角频率随地震矩增加而减少，呈现明显的负相关性。图7.9展示了地震应力降随地震矩的变化情况。最大应力降约为126MPa，最小应力降约为0.2MPa，大部分地震的应力降在1~20MPa。在研究的地震震级范围内，应力降随地震矩的增加而增加，在对数域内存在明显的线性趋势。

图7.10展示了自停止地震和受迫停止地震的时、空分布。可以看到受迫停止地震在空间上主要分布在C区（2014年4月5日 $M_S5.1$、2019年5月16日 $M4.7$ 地震震源区），时间上主要在蓄水达到峰值之后（2014年之后）。进一步分析图7.10，我们发现受迫停止地震震级整体偏大，自停止地震的震级整体偏小，因此我们推测震级较小的地震以自停止地震为主，即溪洛渡库区主要是震级较小的自停止地震。2015年5月以后（蓄水2年后）库区同等震级地震的拐角频率大于此前地震的拐角频率，导致蓄水2年后地震的震源半径显著小于蓄水初期，地震的震源半径介于100~1000m。

第 7 章 溪洛渡库区地震震源谱参数计算和分析

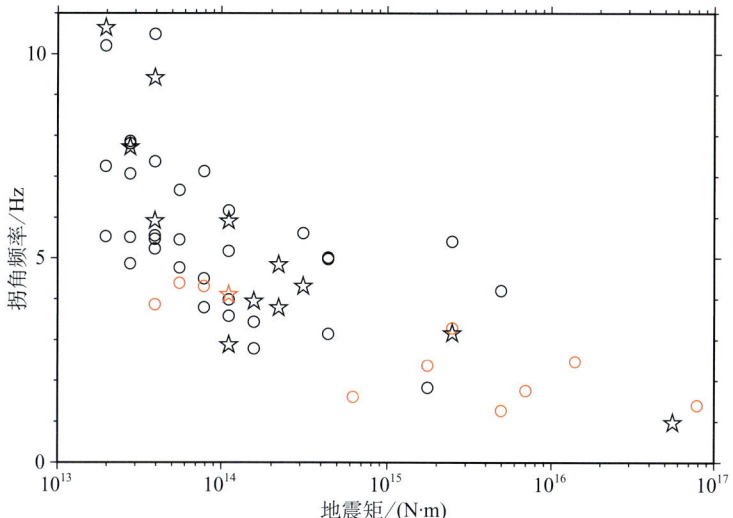

图 7.8 拐角频率随地震矩的变化
红色和黑色分别表示非自停止破和自停止破裂地震数据
圆圈和五角星分别代表 C 区和 B 区的地震

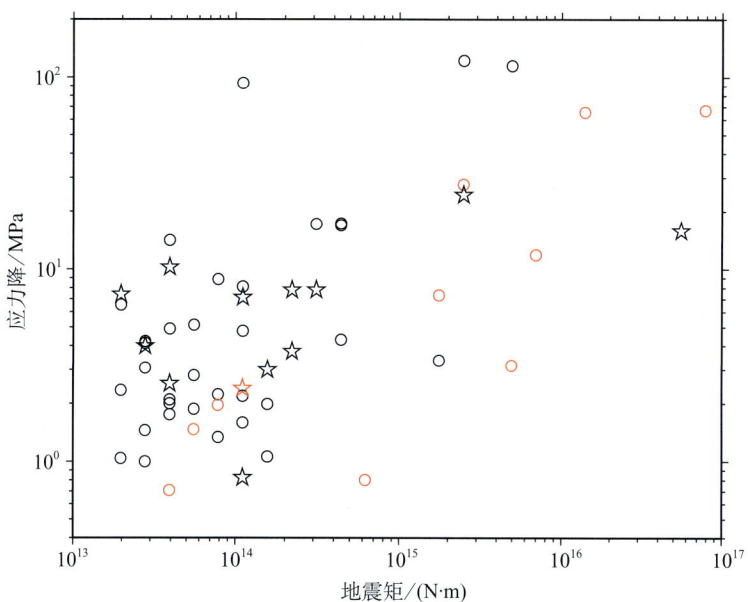

图 7.9 应力降随地震矩的变化
红色和黑色分别表示非自停止破和自停止破裂地震数据
圆圈和五角星分别代表 C 区、B 区的地震

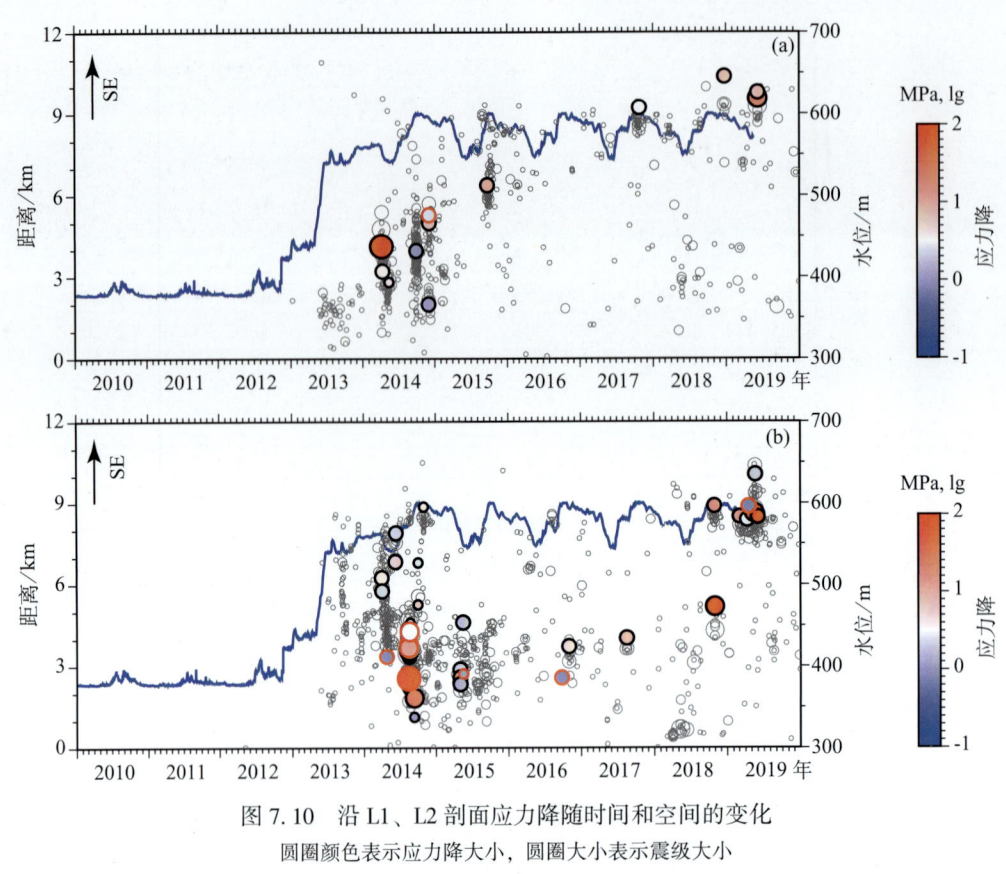

图 7.10 沿 L1、L2 剖面应力降随时间和空间的变化
圆圈颜色表示应力降大小，圆圈大小表示震级大小
色标对应的值为应力降取 10 为底对数的值
红色和蓝色曲线分别为溪洛渡水库和向家坝水库的水位线；黑色和红色外圈分别表示自停止和非自停止破裂地震

7.3.2 溪洛渡库区震源参数与其他地区的对比分析

由于蓄水前溪洛渡库区极少有地震发生，难以对同一地区蓄水前后的同等震级地震进行对比，探讨蓄水前后震源特征差异性。这里我们把溪洛渡库区地震震源参数与前期工作中得到的澜沧江小湾水库、三峡水库、长宁页岩气开采区进行对比。

如图 7.11 所示，在震级 ≤3 级震级区间，长宁页岩气开采区的地震应力降比三峡水库蓄水后地震、小湾水库区蓄水前后地震的应力降值高。我们得到的溪洛渡库区 58 个地震震级主要在 $M3 \sim M_S5.2$，溪洛渡库区的地震比该震级区间小湾水库蓄水后地震的应力降高 1 个数量级。且 2015 年 6 月以后溪洛渡库区的地震（图中绿色十字）应力降远大于此前同等震级地震的应力降。2014 年 8 月 17 日 $M_S5.2$ 地震为一次典型的非自停止事件，地震过程较为复杂。2014 年 4 月 5 日 $M_S5.1$ 地震为一次自停止事件，其释放的应力降高于 8 月 17 日 $M_S5.2$ 地震。

第 7 章 溪洛渡库区地震震源谱参数计算和分析

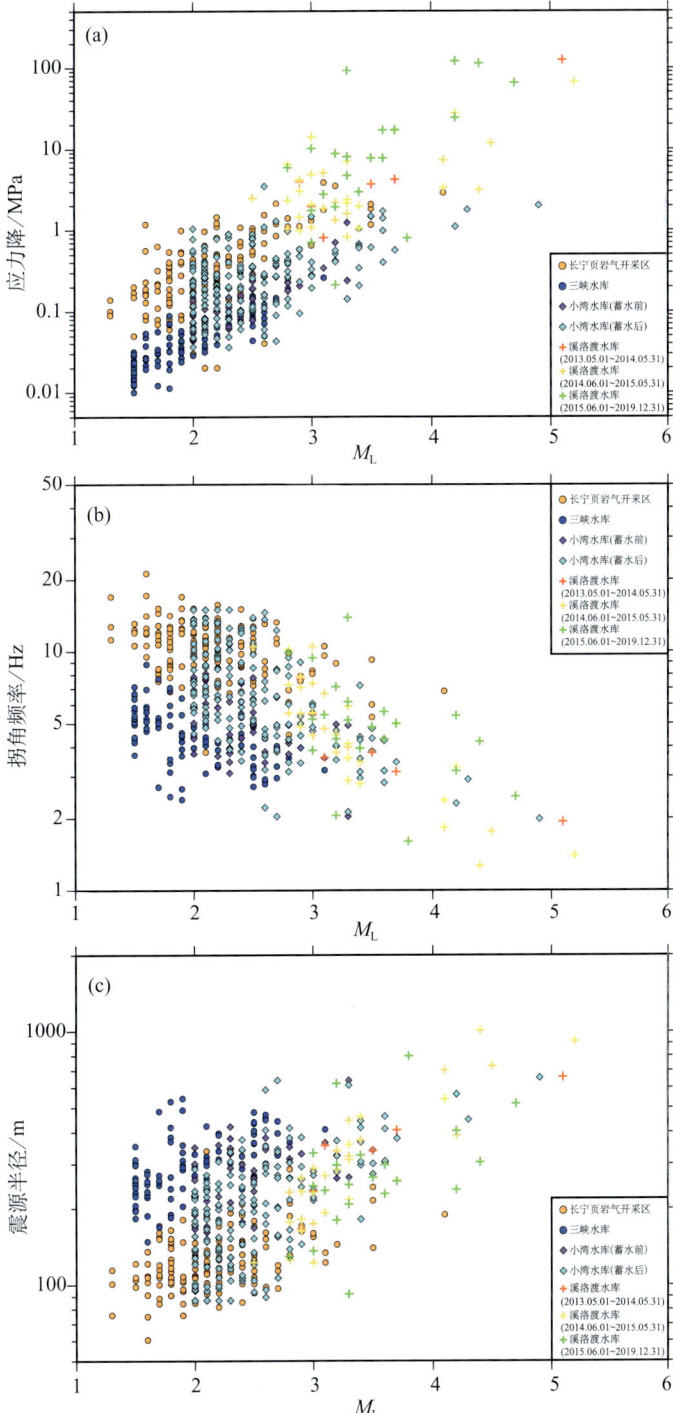

图 7.11 几个典型区域震源参数结果对比

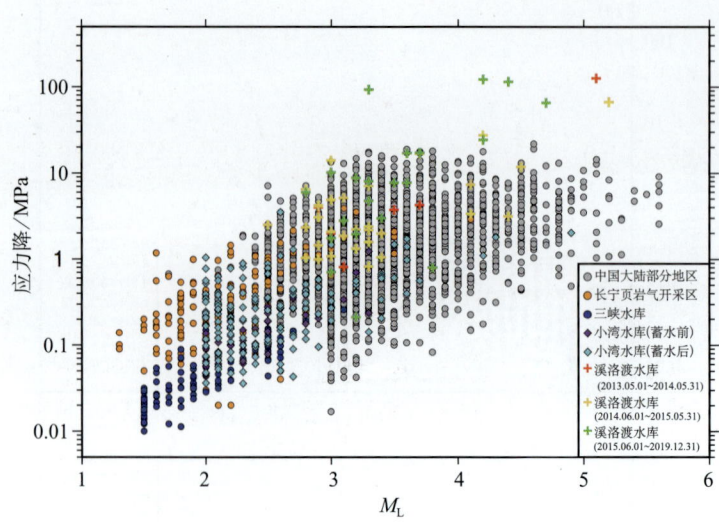

图7.12 几个典型区域震源参数结果对比

7.4 结论

通过本章的研究，我们发现溪洛渡水库区的地震存在自停止和受迫停止两种类型的地震，2014年4月5日白胜村$M_S5.1$、2014年8月17日务基镇$M_S5.2$地震分别是显著的自停止和被迫停止地震事件，多数被迫停止地震发生在务基镇$M_S5.2$的前震和余震形成的北西向地震条带上。推测务基镇$M_S5.2$地震序列所在的隐伏构造介质强度不均匀，存在显著的障碍体分布，务基镇$M_S5.2$地震在震源破裂过程中受到了障碍体的阻拦，此次地震后该隐伏构造的应力释放仍不充分。此后，该地震条带上的地震活动持续向南东方向发展，并于2019年在南东段发生了$M4.7$地震。

2014年4月5日白胜村$M_S5.1$地震震源深度仅有2km，震源机制解显示其发震构造应该是一个北东方向的断层，这次地震没有前震活动，余震也不发育，其震源谱是简单的自停止过程。综合这些特征，我们认为这次地震是一次典型的孤立地震事件，其释放的应力降高于8月17日$M_S5.2$地震。

此外，溪洛渡库区的地震比该震级区间小湾水库蓄水后地震的应力降高1个数量级。2015年6月以后溪洛渡库区的地震应力降远大于此前同等震级地震的应力降。

第 8 章 水库地震发生的动力学模拟*

水库或者大坝的水位变化通常会改变周围断层上的应力状态以及岩石中的孔隙压力，进而触发地震。当断层上的剪切应力大于破裂强度时，破裂就会发生，形成地震。本研究使用第 7 章获得的溪洛渡库区的震源应力降结果，通过动力学数值模拟方法，在模型中增加孔隙压力，从理论上探讨在孔隙压力作用下，不同背景构造应力和不同摩擦参数下的地震破裂情况。

8.1 研究方法和模型设置

8.1.1 研究方法

在对构造地震的研究中，我们通过应力过载的成核方式来触发破裂的开始，即在一个成核区域内，设定初始的剪应力略高于断层的破裂强度使之开始发生破裂（Xu 等，2015）。这种成核方式对于由于构造作用形成的天然构造地震是适当的。对于水库诱发地震，一方面由于水库蓄水作用，使得地应力增加，造成地震的发生；另一方面由于孔隙压力的增加，使得断层上的有效正应力降低，断层强度降低，造成地震的发生。这两种机制在水库诱发地震中可能同时存在。本研究进行大规模的震源破裂过程数值模拟实验，在模型中通过增加孔隙压力的作用，来探讨孔隙压力对破裂，尤其是破裂相图的影响作用。本研究完善了原来应力过载的成核方式得到的破裂相图。

震源动力学破裂过程模拟采用的方法是高精度的边界积分方程方法（Zhang 和 Chen，2006a、b）

$$\tau^{ijk} = \Sigma_{lmn} C^{ijk,\ lmn} V^{lmn} \tag{8.1}$$

式中，τ、V 分别为应力和滑动速率；C 为连接应力和滑动速率的积分核。断层破裂还需要结合特定的摩擦准则，本研究中采用动力学研究中广泛采用的线性滑动弱化摩擦准则

$$\tau(D) = \begin{cases} (1 - D/D_c) T_u & D < D_c \\ 0 & D \geq D_c \end{cases} \tag{8.2}$$

---

* 本章由徐建宽、龚文正、陈晓非执笔。

式中，τ 为断层摩擦强度；T_u 为屈服强度；D_c 为特征滑动位移；$D=\Sigma V$ 为滑动位移。

8.1.2 模型设置

在我们新的模型中，设置了两组不同模型来研究孔隙压力对破裂的影响。第一种模型为纯考虑孔隙压力作用的影响，即孔隙压力作用下，断层成核区内破裂强度降低到背景应力水平，从而触发断层破裂；第二种考虑孔隙压力作用的影响，也考虑了应力加载的影响，即在成核区中，既有孔隙压力导致强度降低，又有应力加载导致的应力增加，二者共同作用触发断层破裂（图8.1）。

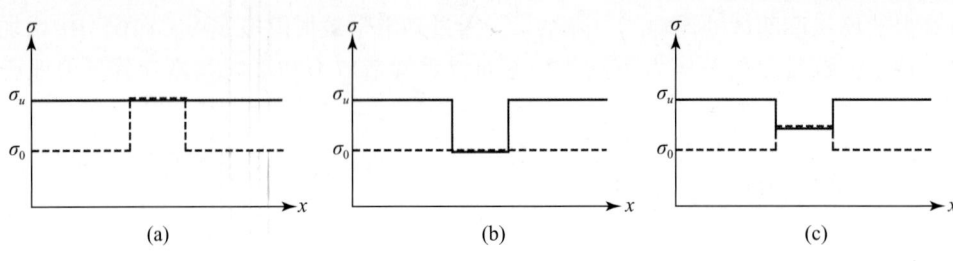

图 8.1　模型设置示意

(a) 应力过载成核方式示意图；(b) 孔隙压力作用，引起成核区内强度降低的成核方式示意图；
(c) 二者共同作用成核方式示意图
σ_u 是断层的破裂强度；σ_0 是断层的初始剪应力

8.1.3 视震源时间函数

我们将理论得到的视震源时间函数和观测得到的视震源时间函数进行对比。利用经验格林函数得到的震源时间函数为视震源时间函数，与台站和地震之间的相对位置有关。地震台站记录可以从如下的表示定理得到

$$U_n(x, t) = \iint_S m_{pq}(x, t) * G_{np,q}(x, t) \mathrm{d}S \tag{8.3}$$

式中，m_{pq} 为地震矩密度张量；G 为格林函数；m_{pq} 是地震矩张量 M_{pq} 和震源时间函数 $S(t)$ 的乘积。如果地震较小，台站震中距较大，断层面上各个点到台站之间的格林函数差异可以忽略不计，表示定理可以写成如下形式

$$U_n = S(t) * G_n(t) \tag{8.4}$$

式中，

$$G_n = M_{pq} G_{np,q} \tag{8.5}$$

$$S(t) = \iint_S \Delta \dot{U}\left(x',\ t - \frac{X-x'}{c}\right) \mathrm{d}S \tag{8.6}$$

这里的 $S(t)$ 就是视震源时间函数。我们用该方程合成理论模拟得到视震源时间函数，并将其与用经验格林函数方法得到观测地震的视震源时间函数进行对比，来研究震源的破裂特征。

8.2 动力学模拟结果

经过大规模的数值模拟，我们得到了新的地震破裂相图（图 8.2）。我们可以看到考虑了孔隙压力后的破裂相图有了巨大的变化。在只考虑孔隙压力作用的时候（绿线），自停止与失稳地震之间的分界线相对于纯应力过载的情况（黑线）大幅向左上方偏移了。该结果说明由于孔隙压力增加而发生大规模的失稳地震需要很高的背景构造应力或是很大的不稳定成核区。在同时考虑孔隙压力和应力加载的模型中（蓝线），自停止和失稳地震之间的分界线介于纯孔隙压力模型和纯应力过载模型之间。换言之，应力过载的成核方式发生失稳地震更为容易。而我们看到溪洛渡水库地震中，受迫停止地震主要发生在蓄水达到峰值后，可能主要受地应力的增加导致，其成核方式可能主要为应力过载的成核方式。实际上，蓄水开始后库区持续发生了众多自停止地震，这些自停止地震中可能存在多种成核方式。在开始蓄水后的前期发生的地震，其成因可能主要是受地应力增加导致的应力过载触发地震；随着时间的逐渐推移水往下渗透，后期发生的地震则可能主要受孔隙压力的增加导致断层强度降低而触发。

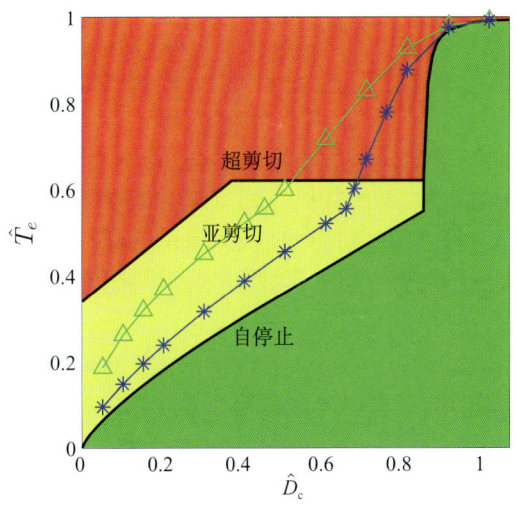

图 8.2 地震破裂相图

绿色、黄色和红色分别为应力过载成核方式得到的自停止破裂、亚剪切破裂和超剪切破裂；黑线为过载成核方式的不同破裂形式的分界线；绿色为孔隙压力作用下，强度降低的成核方式下自停止地震和失稳地震（包括超剪切和亚剪切地震）之间的分界线；蓝线为二者共同作用成核方式的自停止地震和失稳地震之间的分界线

在应力过载成核方式的自停止地震模型和失稳地震模型的震源时间函数和频谱有着巨大的区别，在自停止地震模型中，震源时间函数呈现一种光滑单峰的特征，其频谱也较为光滑；而失稳地震由于边界的作用，其震源时间函数呈现一种复杂多峰的形态，其频谱在拐角频率附近有一个凹陷（Wen 等，2018）。在本研究考虑孔隙压力作用的新模型中，不同类型的地震也有类似的特征（图 8.3）。

根据我们的模拟研究，我们发现不同成核方式，得到的震源时间函数和频谱十分相似，即从地震观测记录中并不能轻易判断该地震是何种成核方式导致的，要判定地震的成核方式还需要更多的额外信息，如精细的地震时空分布特征和应力演化等。

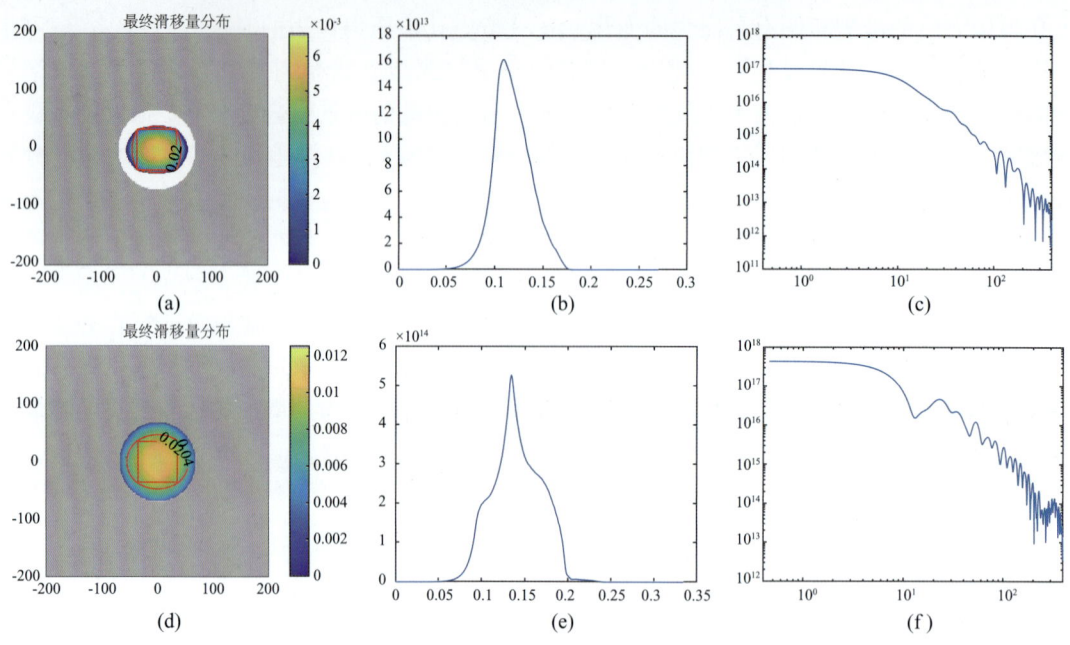

图 8.3　自停止和受迫停止地震的震源滑移分布

（a）自停止破裂的最终滑移分布和破裂时间图；（b）自停止破裂的视震源时间函数；（c）自停止破裂的振幅谱；（d）受迫停止失稳破裂的最终滑移分布和破裂时间图；（e）受迫停止失稳破裂的视震源时间函数；（f）受迫停止失稳破裂的振幅谱

失稳地震的震源时间函数呈现一个复杂多峰的形态，而自停止地震的震源时间函数呈现一个光滑单峰的形态。在我们的研究中发现，两个发生位置很近、发生时间相差很小的自停止地震形成的震源时间函数与失稳地震的震源时间函数具有相似性，其频谱在拐角频率附近也有一个凹陷（图 8.4）。说明通过地震记录判断得到的失稳地震也可能只是两个或多个位置很近、发生时间也很近的自停止地震结果的叠加。通过地震记录不能轻易对这两种模型进行区分。要判定区别这两种机制，需要台站具有较好的覆盖。

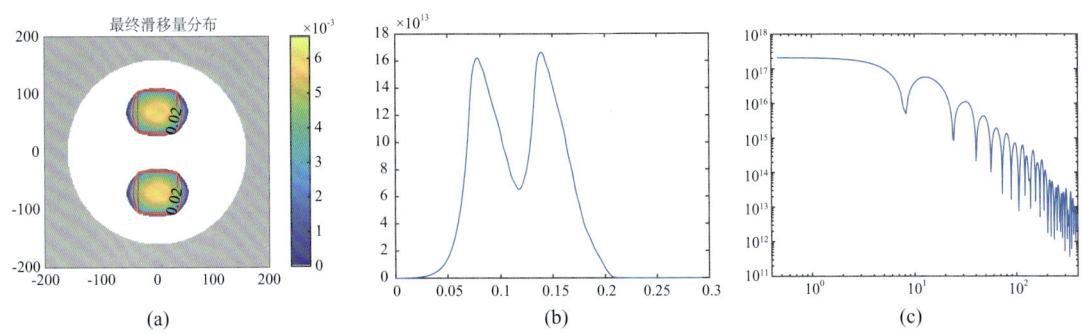

图 8.4 两个位置接近的自停止地震滑动分布
(a) 滑移量分布;(b) 视震源时间函数;(c) 振幅谱

8.3 结论

根据本章模拟结果以及第 7 章的观测数据,我们得到以下的结论。

(1) 溪洛渡库区水库地震的震源类型以自停止地震为主,受迫停止地震占比较小。

(2) 只考虑孔隙压力增加情况下,形成大规模的失稳地震需要更高的初始背景应力或是更大的不稳定成核区。即孔隙压力增加不容易触发失稳大地震,主要以触发自停止地震为主,也就是说仅仅靠孔隙压力增加易于触发震级较小的地震。

(3) 受迫停止地震可能是多个震源位置和发震时间均较近的自停止地震的组合叠加,根据地震记录不能轻易将这两种情况区分开。

综上,水库的地震风险主要在蓄水的初期,这段时间地应力显著变化,最容易发生震级较高的失稳地震。因此建议在蓄水初期密切关注水库区域的库区应力和地震活动性。蓄水后期大多是震级较小的自停止地震,通过小地震的形式释放库区积累的应力能量。

第 9 章 基于流固耦合理论计算库区应力响应及地震危险性分析*

本章基于流固耦合的孔隙弹性理论及库仑破裂准则,结合溪洛渡和向家坝的水库地形、水位变化及物性参数,开展高精度的有限单元法数值模拟,通过加载随时间演化的水位产生的库区水体重力变化和孔隙压扩散,动态、定量的分析向家坝和溪洛渡库区蓄水过程导致的应力变化,同时考察地震活动与应力场演化的关系,计算研究区域内两次 M_S>5.0 级地震震源附近的应力场,分析其成因及机理;基于库区地震的时空分布,分析蓄水前后震源深度和地震活动随时间的演化,并对比有限元模拟的结果,获取地震活动与应力场演化的关系。利用 G-R 关系和 ETAS 模型,对比水库蓄水前后的地震活动统计特征差异,判断库区地震活动是否发生改变,从而确定水库蓄水是否对库区的地震活动起到了调制作用。

9.1 研究方法

9.1.1 流固耦合的有限元方法

基于孔隙弹性理论进行有限单元模拟。该理论将流体与岩石固体骨架的力学行为进行耦合,即孔隙介质的变形与孔隙流体压力之间是完全耦合的,岩石骨架的变形可以改变孔隙压,反之亦然。其本构方程最早由 Biot(1956)将标准线弹性本构关系延伸至孔隙弹性材料而来,Rice 和 Cleary(1976)对其进行了修正,其在地球物理学领域最常用的表达形式为:

$$2G\varepsilon_{ij} = \sigma_{ij} - \frac{\nu}{1+\nu}\sigma_{kk}\delta_{ij} + \frac{3(\nu_u - \nu)}{B(1+\nu)(1+\nu_u)}P\delta_{ij} \tag{9.1}$$

式中,ε_{ij} 和 σ_{ij} 分别为固体骨架的应变和应力张量;G 为剪切模量;ν 和 ν_u 分别为排水和不排水时的泊松比;B 为 Skempton 系数;P 是孔隙压;δ_{ij} 是 Kronecker 函数。孔隙弹性介质的本构关系还需另一包含流体单位体积内质量变化与平均应力、孔隙压的方程进行描述:

$$m - m_0 = \frac{3\rho_0(\nu_u - \nu)}{2GB(1+\nu)(1+\nu_u)}\left(\sigma_{kk} + \frac{3}{B}P\right) \tag{9.2}$$

---
* 本章由缪淼、韩鹏、王蕤执笔。

式中，$m - m_0$ 为单位体积内流体的质量变化；ρ_0 是孔隙流体的密度。当孔隙弹性介质为完全饱和时，其控制方程为：

$$G \nabla^2 u_i + \frac{G}{1-2\nu} \frac{\partial u_j}{\partial x_i \partial x_j} = \alpha \frac{\partial P}{\partial x_i} - F_i \tag{9.3}$$

式中，u 为位移向量；F 为单位体积的体力向量。可以看到，压力梯度项在数学上等价于体力。孔隙压力场与体应变的变化同样是耦合的，其扩散方程为：

$$\frac{k}{\mu} \nabla^2 P + S_\epsilon \frac{\partial P}{\partial t} = \alpha \frac{\partial \varepsilon_{kk}}{\partial t} + Q \tag{9.4}$$

式中，k 为渗透率；μ 为流体的动态黏度；S_ϵ 为应变不排水时的储水系数；ε_{kk} 为体应变，α 为 Biot-Willis 系数；Q 为流体源；t 为时间。对于体应变来说，其符号规定张为正（Wang，2000）。

9.1.2 库仑破裂应力变化（ΔCFS）

地震是岩石在先存断层上克服摩擦而产生的脆性破裂，因此地震过程很好地符合库仑破裂准则，该准则中库仑破裂应力（CFS）决定了岩石是否发生破裂。由于地下岩石的应力状态较为复杂，精准的描述地下的 CFS 较为困难，通常定义库仑应力变化（Harris，1998）：

$$\Delta CFS = \Delta \tau - \mu (\Delta \sigma_n - \Delta P) \tag{9.5}$$

式中，$\Delta \tau$ 为沿断层滑动方向的剪应力；$\Delta \sigma_n + \Delta P$ 为断层面上有效正应力的变化量；μ 为断层两盘的摩擦系数。由此可知，与断层错动方向一致的剪应力增加和有效正应力的降低使得 ΔCFS 增加，促进断层破裂，地震更容易发生（King 等，1994）。

9.1.3 地震活动性参数 b 值

古登堡-里克特定律（G-R 关系）给出了地震震级 M 和地震频度 N 的关系为：

$$\lg N = a - bM \tag{9.6}$$

式中，b 代表直线的斜率，室内研究表明 b 值与岩体的差应力成负相关，天然地震研究表明 b 值与断层上剪应力成负相关，可以指示地震风险（Scholz，2015；Tan 等，2019；Yamashita 等，2021）。另外，在针对诱发地震的研究中，前人发现孔隙压的升高会引起高 b 值异常，可以用于指示流体的运移和火山活动（Ogata 等，1991；Wiemer 等，1998）。为了得到 b 值的时间演化，本文将研究区域内 2008~2019 年的地震目录取 300 个地震事件为一组样本（即数据窗长为 300），每次沿时间轴向后滑移 1 个样本，对每组样本统计计算，从而获取随时间演化的统计结果，对每组样本应用最大曲率法取频度最大的震级加 0.1 计算完备震级。在完备震级的基础上应用最大似然法计算 b 值，最大似然法计算 b 值如下：

$$b = \frac{\lg e}{\overline{M} - M_c} \tag{9.7}$$

式中，$\overline{M}$ 是完备震级以上地震震级平均值；M_c 是完备震级。对每组样本应用自助法（bootstrap）得到每组样本的 b 值和不确定度。

9.1.4　传染型余震序列模型（ETAS）

时间 ETAS 模型描述的是地震活动性的时间演化（Ogata，1998）。该模型从大森-宇津定律描述余震衰减出发，认为所有地震都会触发自己的次级余震，其条件强度函数为：

$$\lambda(t) = \mu + \sum_{t_i < t} \frac{K e^{\alpha(M_i - M_0)}}{(t - t_i + c)^p} \quad M_i \geq M_0 \tag{9.8}$$

式中，t_i 和 M_i 对应地震序列第 i 个地震的发震时刻和地震震级；M_0 是地震序列的震级下限，多取完备震级或完备震级以上；μ 是背景地震活动性；K 是主震触发余震的能力；α 表示余震触发能力与主震震级的关系；c 表示主震触发余震的时间延迟；p 描述余震的衰减性。这 5 个参数均为定值，参数代表不同的地震活动性，可帮助识别和分析地震活动性的变化。ETAS 模型将地震活动分为由地震触发的地震活动 $\left(\text{即} \sum_{t_i < t} \frac{K e^{\alpha(M_i - M_0)}}{(t - t_i + c)^p} \right)$ 和与背景应力场相关的背景地震活动（即 μ）。研究表明 μ 受应力场变化的影响，孔隙压增加会引起 μ 的升高，可用于地下水渗流和岩浆运移的识别（Hainzl 和 Ogata 2005；Kumazawa 等，2016）。

9.2　流固耦合模型的验证

为了验证流固耦合对地震不同阶段库仑应力变化的影响，我们首先模拟了地下介质产生位错后，地下介质由不排水转变为排水状态下的孔隙压变化及库仑应力变化。

如图 9.1 所示，本文建立了一个典型的 $M_W 6.0$ 逆冲性质地震的孔隙弹性有限元模型，物性参数参考前人的方法（Wang，2000；Tao 等，2015），选择典型的花岗岩作为地下介质。模型中设定了一个 10km×7km 的粗糙接触面（asperity patch）作为发震断层，而断层其他部分处理为接触摩擦。通过加载合适的边界条件并降低摩擦系数后，模型中央的 asperity patch 产生了平均 0.5m 的相对滑动，此时模型处于不排水状态，其孔隙压变化与平均应力的变化可用 Skempton 系数代换进行检验（图 9.2）。继续保持该模型的边界条件从而模拟计算震后 60 天的孔隙压时空演化及其对库仑应力变化的影响。

第 9 章 基于流固耦合理论计算库区应力响应及地震危险性分析

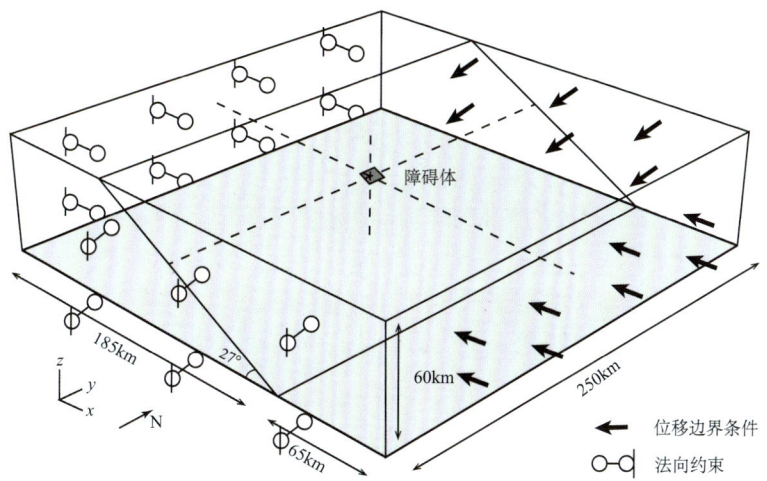

图 9.1 $M_W6.0$ 逆冲型地震的模型几何尺寸及边界条件示意图

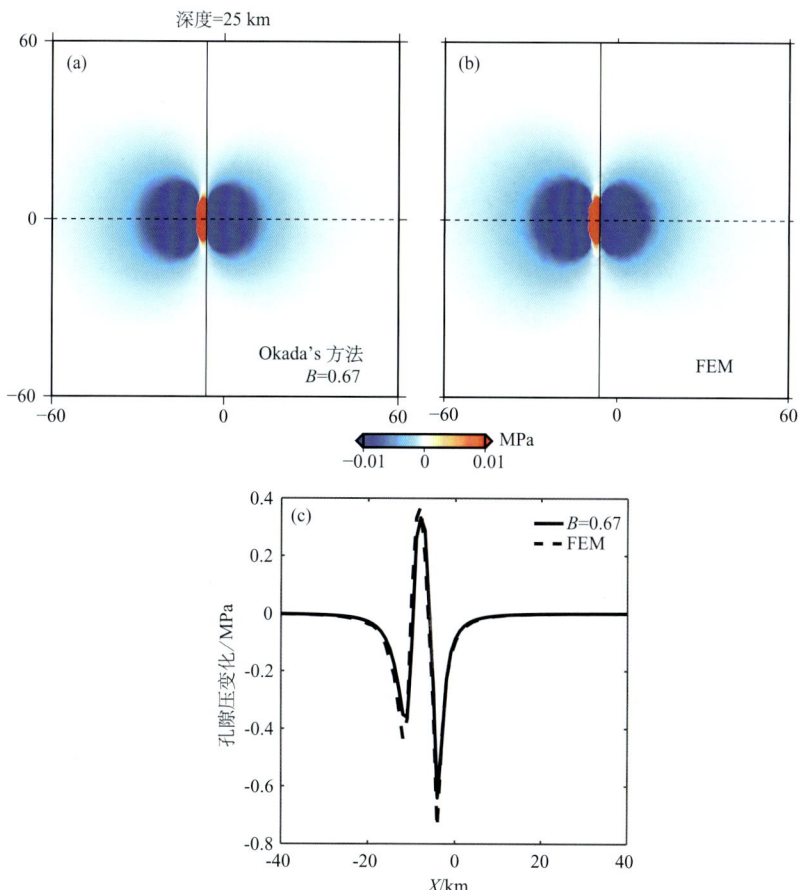

图 9.2 逆冲型地震的同震孔隙压响应（深度为 25km）
（a）利用 Okada 解析解计算的孔隙压变化（由平均应力和 Skempton 系数计算）；
（b）利用流固耦合的有限元模型计算得到的孔隙压变化；
（c）Okada 解析解与有限元结果沿虚线的空间分布对比

图 9.3 展示了在 20km 深度处同震、震后 7 天、15 天和 60 天的孔隙压空间分布。孔隙压降低的速度极快，在 7 天内其变化量便衰减至 0.01MPa 以内，半个月后该深度范围内孔隙压变化已经趋近于零。

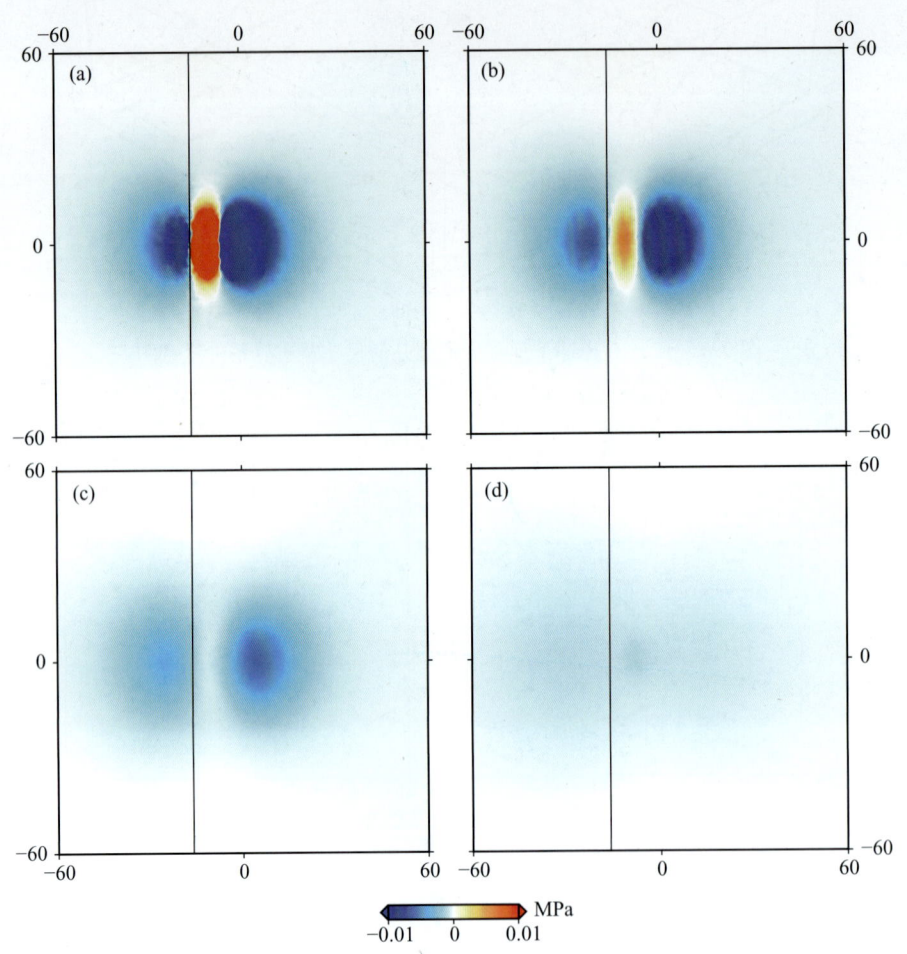

图 9.3　在同震及震后 7 天、15 天和 60 天的孔隙压变化（20km 深度）
(a) 同震孔隙压变化；(b) 震后 7 天；(c) 震后 15 天；(d) 震后 60 天

图 9.3 展示了逆冲性地震产生的库仑应力演化，由于计算过程中流体与固体骨架是耦合计算的，其 ΔCFS 与解析解给出的结果有一定的区别，红色的应力增加区域面积有所减少，与此同时中心的蓝色区域也小幅度缩小。震后由于孔隙压的不断调整，蓝色的区域逐渐减少，60 天后的 ΔCFS 与解析解的结果近似。

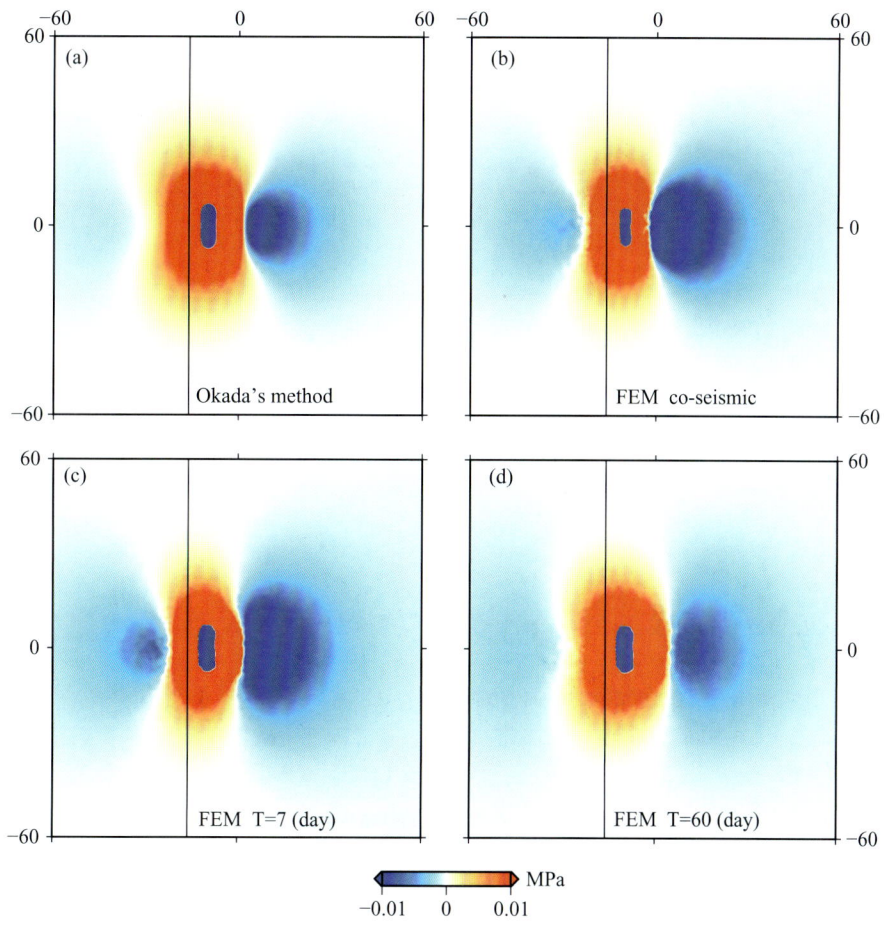

图 9.4 同震及震后 7 天、60 天的 ΔCFS 分布

(a) 基于 Okada 解析解计算的 ΔCFS；(b) 基于流固耦合计算的同震 ΔCFS；
(c) 震后 7 天的 ΔCFS 分布；(d) 震后 60 天的 ΔCFS 分布

另外，图 9.5b 给出了震源附近不同位置 4 个点的 ΔCFS 时间演化曲线，可以看到基于流固耦合计算的同震响应与解析解具有较大差距，$P4$ 点由解析解计算的负值区转变为正值区，其差值甚至达到 0.2MPa，震后随着孔隙流体迁移，ΔCFS 逐渐趋近于解析解，但部分点位仍有差别，其值超过 0.01MPa 的地震应力触发阈值。通过以上模拟计算，可以看出基于流固耦合的计算与基于弹性介质的计算具有一定的差别，ΔCFS 的空间分布会随着孔隙流体的流动而不断变化，最终可能触发更多的地震。

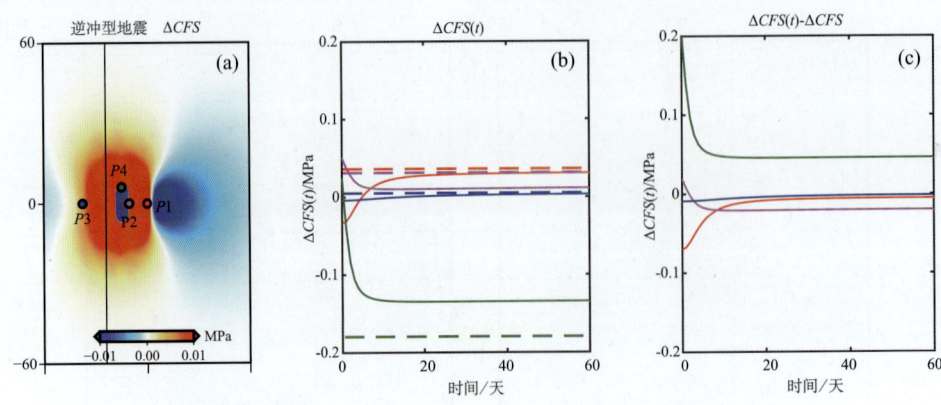

图 9.5 断层附近 $P1\sim P4$ 点处的 ΔCFS 时间演化及其与解析解的差

(a) 利用 Okada 方法计算的逆冲型地震同震 ΔCFS；(b) 利用流固耦合方法计算的 $P1\sim P4$ ΔCFS 时间演化，曲线颜色与（a）中点位颜色一致，实线为流固耦合方法计算的结果，虚线为 Okada 方法计算的结果；(c) 流固耦合方法计算的 ΔCFS 与 Okada 方法结果的差值

9.3 有限元模型设置

这里使用与上述模拟中同样的流固耦合有限元方法，研究水库蓄水与地震活动之间的关系。

首先，基于研究区域的地震目录和大坝位置，确定模型范围为 27.25°~29.125°N，103°~104.5°E，参考 SRTM 系统公布的 90m 精度的数字高程地形模型（DEM），建立包含地形起伏的三维孔隙弹性有限元模型，最大深度为 20km，如图 9.6 所示。模型内依据本书第 5 章给出的研究区域内的断层分布，结合中国大陆活动断层分布，划分 21 条断层。由于本章主要探索孔隙流体渗流带来的影响，断层设定为有厚度的破碎带，其宽度为 100m。

模型的物性参数依据前人在该地区的研究（Tao 等，2015；Zhang 等，2021），选择 Westerly 花岗岩作为地下岩石，地下流体假定为水。模型介质为各向同性完全耦合孔隙弹性介质，且介质在初始状态中即为饱和状态，具体参数如表 9.1 所示。

表 9.1 有限元模型的物性参数

物性参数	值
杨氏模量	37.5GPa
泊松比	0.25
岩石密度	$2.6\times10^3 kg/m^3$
岩石体积模量（含孔隙）	25GPa
岩石骨架体积模量	44GPa
孔隙流体（水）密度	$1\times10^3 kg/m^3$
流体体积模量	23GPa
孔隙比	0.01

续表

物性参数	值
渗透率	断层：$5\times10^{-12}\,\mathrm{m}^2$ 地壳岩石：$5\times10^{-15}\,\mathrm{m}^2$
Skempton 系数（B）	0.8
Biot-Willis 系数（α）	0.43

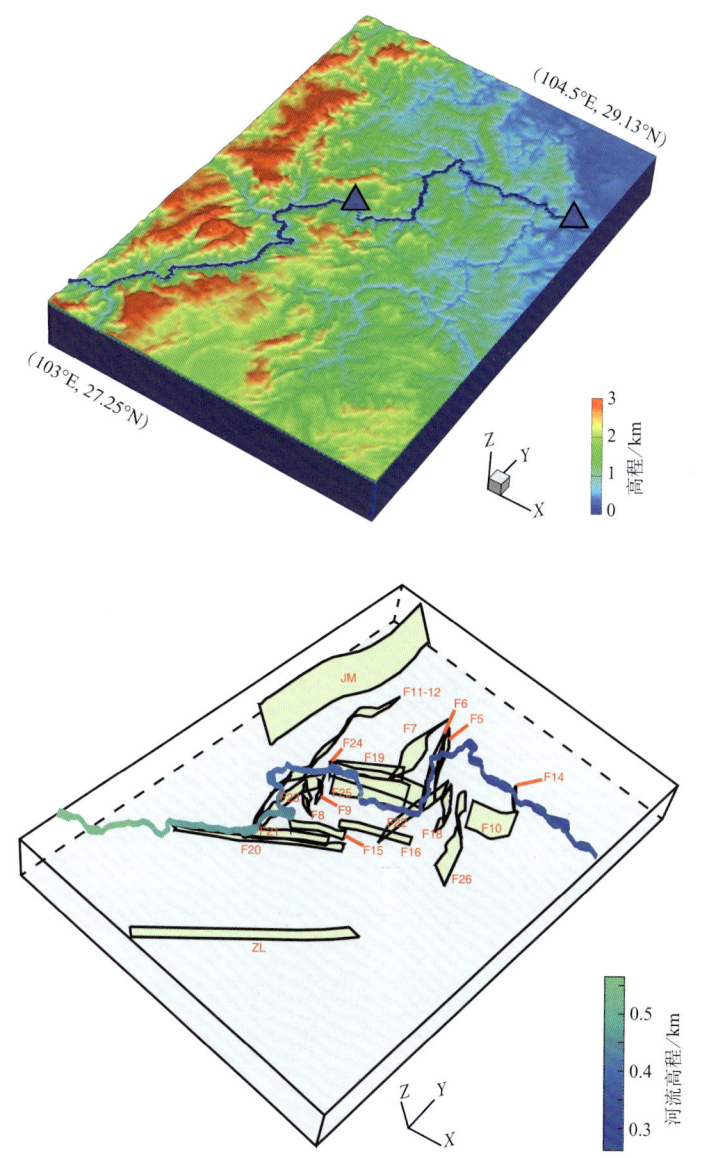

图 9.6 溪洛渡、向家坝库区三维有限元模型及断层、河流分布示意图

蓝色三角为水库大坝所在位置；蓝绿色曲线为金沙江空间展布

黄色曲面为断层在地下的展布，其中：ZL 为昭通—鲁甸断裂，JM 为金河口—梅谷断裂，

F5~F25 与表 6.3 所述断裂名称相同

边界条件对于模拟计算水库加载带来的影响极为重要，本文基于已有的方法（Tao 等，2015；Tung 等，2018），对模型的侧面和底面进行法向约束，顶部为自由表面。由于库水位的测量值仅包括溪洛渡和向家坝的大坝处，为了更准确地模拟水体带来的影响，本项目参考 SRTM 给出的 90m 精度地形数据，沿河流加载不同的水位，水头高度为水位与河床高程的差值，如图 9.7 所示。库水带来的影响分为两部分，一是由库水重力带来的影响，二是库水加载带来的孔隙压力传播影响。因此需要在河流所在的节点加载随时空变化的孔隙压和压力边界，模拟库水位变化带来的影响。

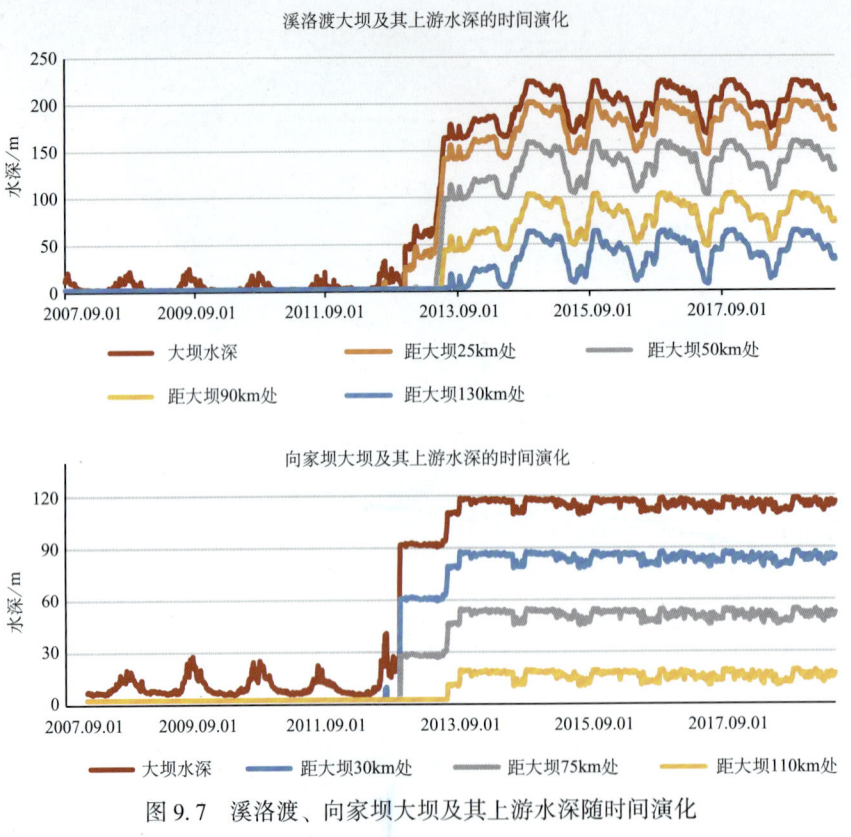

图 9.7　溪洛渡、向家坝大坝及其上游水深随时间演化

9.4　孔隙压时空演化

水库蓄水前的孔隙压及地震的空间分布如图 9.8 所示，在蓄水前该区域仅包括由金沙江中的河水扩散带来的背景孔隙压力场，地震的分布较为分散。南部的昭通—鲁甸断裂附近的地震丛集为 2012 年彝良两次 M_S>5.0 级地震的余震，与河流的水位变化产生的孔隙压变化并无明显的时空相关性。此时由于向家坝水库进行极小规模的蓄水（水深 30m 左右），大坝附近具有一定的孔隙压上升。

随着向家坝和溪洛渡水库的不断蓄水，在溪洛渡水深达到 183m 时（水位 559m），溪洛渡库区附近的桥棚子断裂上发生了 M_S5.1 地震，通过模拟计算可知，2014 年 4 月 5 日的 M_S5.1 地震事件受到了库水加载引起的 0.059MPa 的孔隙压上升（图 9.9b）；而在 2014 年 8 月

第 9 章 基于流固耦合理论计算库区应力响应及地震危险性分析

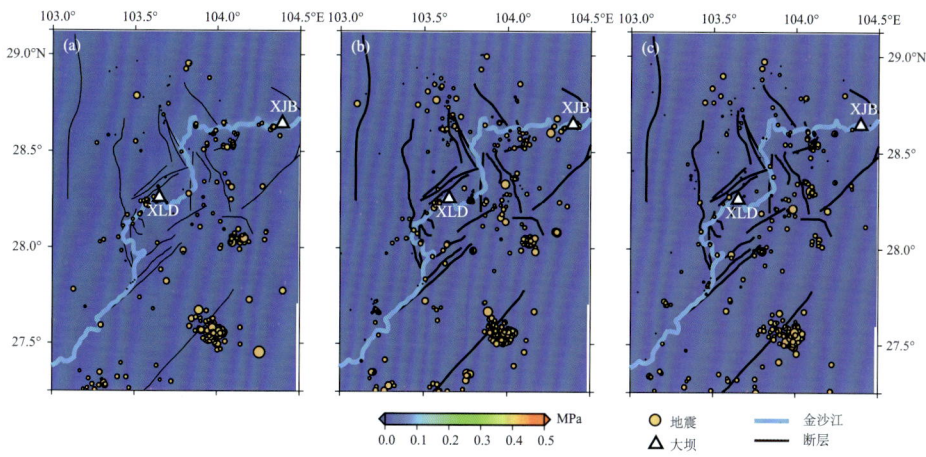

图 9.8 向家坝水库蓄水前库区孔隙压与地震分布

（a）、（b）和（c）为 2012.11.01 孔隙压分别在深度 3km、7km 和 11km 的分布；
地震为 2010.01.01~2012.11.01 间分别在深度 2~4km、6~8km 和 10~12km 的地震分布

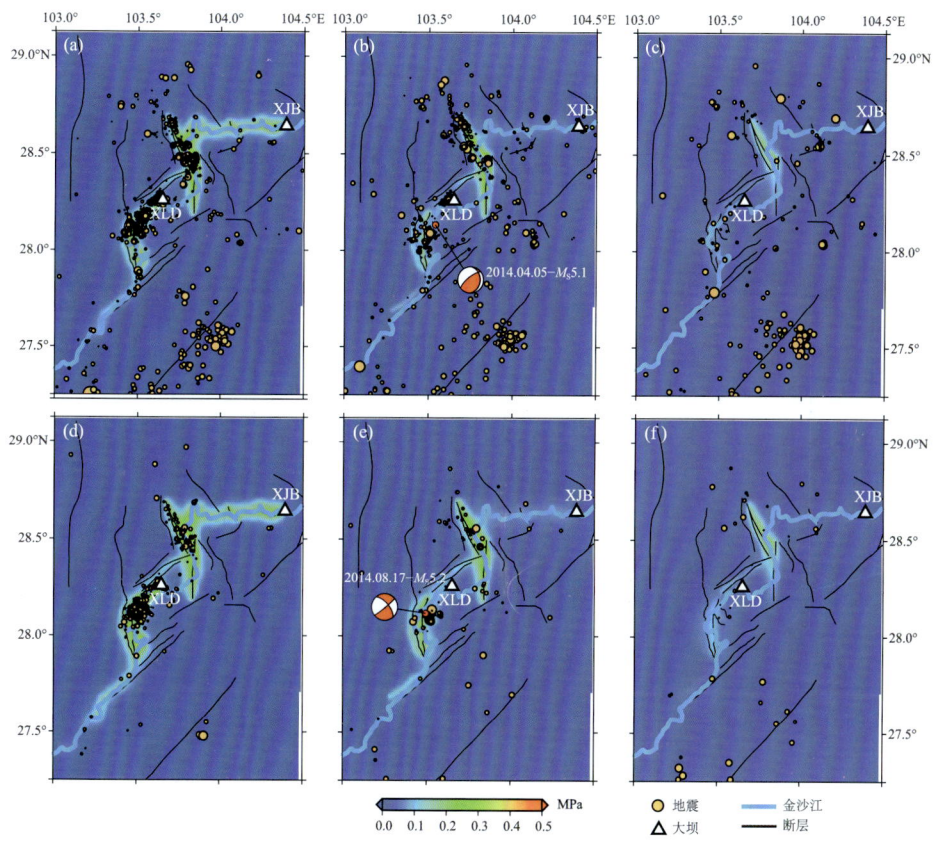

图 9.9 两次 $M_S>5.0$ 级地震时的孔隙压变化及地震分布

（a）、（b）和（c）为 2014.04.05 孔隙压分别在深度 3km、7km 和 11km 的分布；地震为 2012.11.01~2014.04.05 间分别在深度 2~4km、6~8km 和 10~12km 的分布；（d）、（e）和（f）为 2014.08.17 孔隙压分别在深度 3km、7km 和 11km 的分布；地震为 2014.04.06~2014.08.17 间分别在 2~4km、6~8km 和 10~12km 的分布

17日水深达到198m（水位574m）时，谢家寨断裂上发生了M_S5.2事件，其受到了0.11MPa的孔压变化（图9.9e）。另外，从图9.9中也可以看出，两个库区下方都是孔隙压增加的地方，这是因为受到了水库蓄水的影响。相应地，其所在位置的库仑应力变化会有一定程度的增加。此外，大部分小震的震源深度都在10km以内，与孔隙压的分布具有一致性。

图9.10给出了第五次蓄水以后（2017.03.01）和水位数据截止时（2019.05.15）研究区域的孔隙压分布。由于库水水位较高，且已经蓄水较长时间，孔隙压沿金沙江呈明显的高值分布，且在断层附近传播速度较快，金沙江附近大部分区域的孔隙压都超过了0.2MPa。地震同样也呈现出明显随断层分布的特征，特别是在溪洛渡大坝附近，该区域也是孔隙压力增加较大的区域，最大超过0.4MPa。

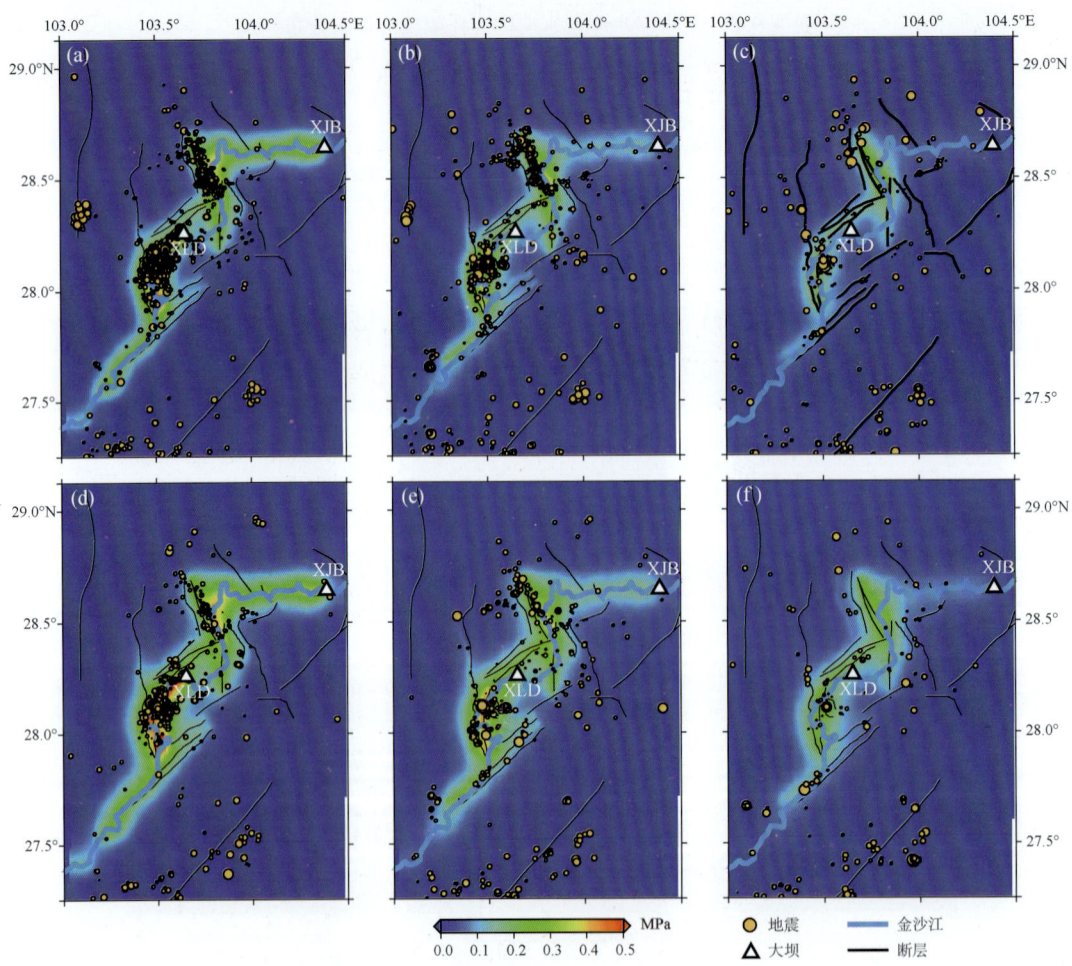

图9.10　2017年3月1日及截至2019年5月的孔隙压与地震分布

(a)、(b)和(c)为2017.03.01孔隙压分别在深度3km、7km和11km的分布；地震为2014.08.17~2017.03.01间分别在深度2~4km、6~8km和10~12km的分布；(d)、(e)和(f)为2019.05.15孔隙压分别在深度3km、7km和11km的分布；地震为2017.03.01~2019.05.15间分别在2~4km、6~8km和10~12km的分布

第9章　基于流固耦合理论计算库区应力响应及地震危险性分析 · 129 ·

值得注意的是，向家坝水库的上游区域虽然距离向家坝断层较远，但其孔隙压增加幅度较大，且该区域有大量地震发生。根据地震地质的调查结果和马文涛等（2015）的岩溶发育调查报告可知，该区大量岩溶发育，为库水强渗透区，因此其孔隙压上升速率也较高，地震也多发生在该区域的地壳浅部（7km深度以内）。

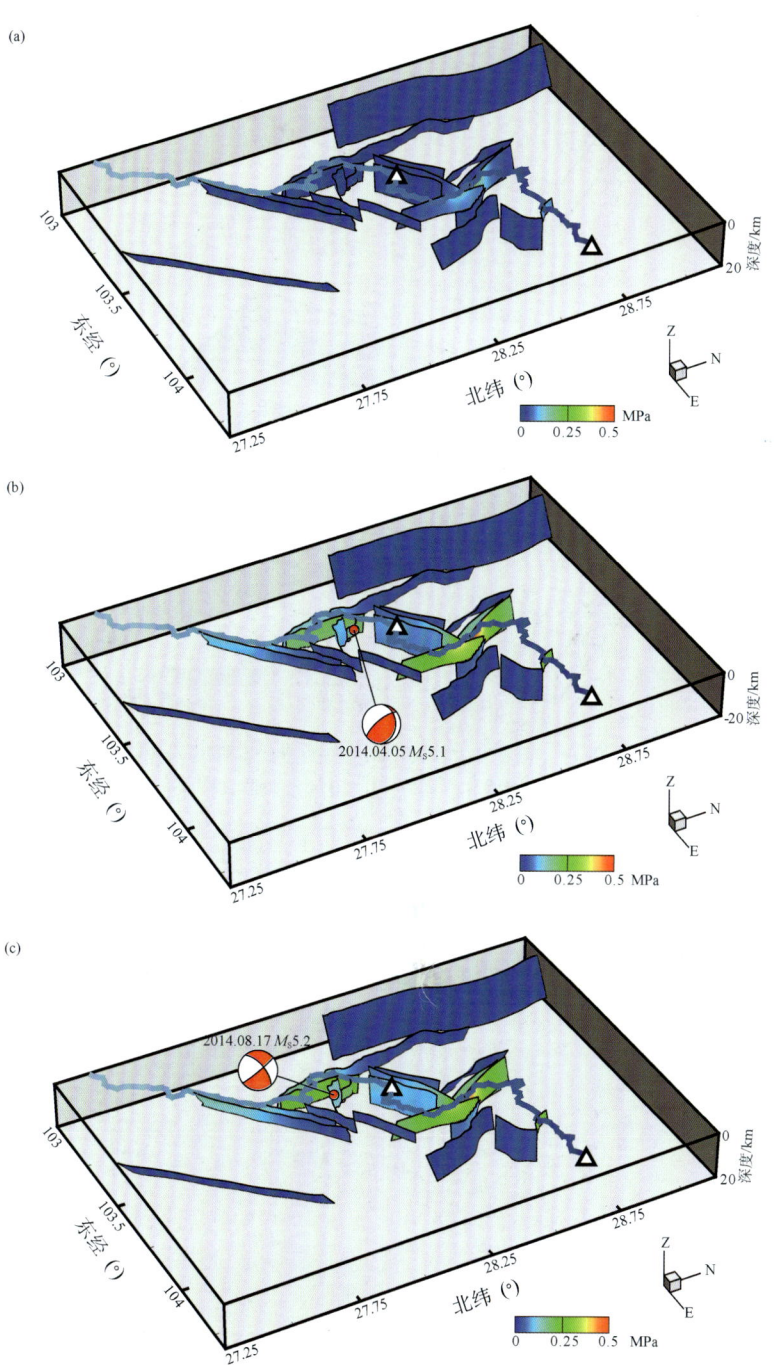

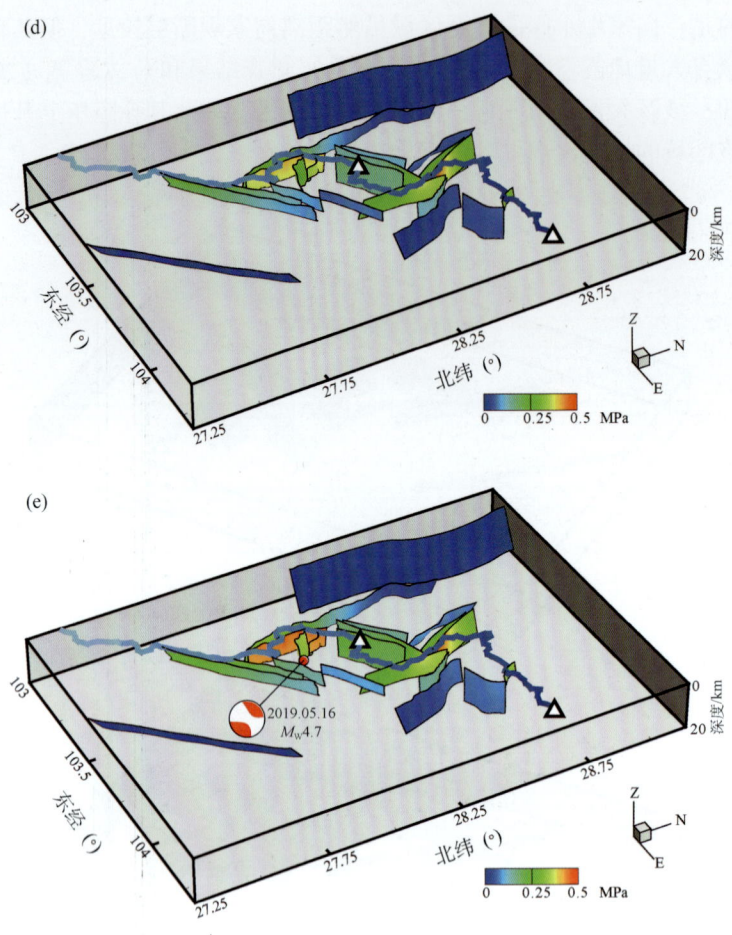

图 9.11 蓄水不同时期库区内断层的孔隙压分布

(a) 溪洛渡水库蓄水前 (2012.11.01); (b) M_S5.1 地震同震时刻 (2014.04.05);
(c) M_S5.2 地震同震 (2014.08.17); (d) 溪洛渡水库第五次蓄水后 (2017.03.01);
(e) 溪洛渡水库水位数据截止 (2019.05.16)

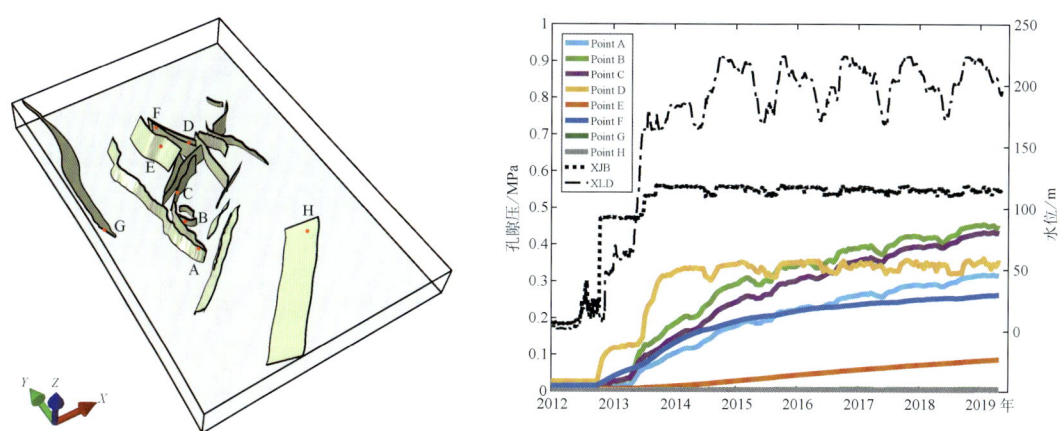

图 9.12 研究区域内不同断层上测点的孔隙压随时间的演化
A、B、C 点为距离溪洛渡水库较近的点；D、E、F 为距离向家坝水库较近的点；
G、H 为远离水库及金沙江的点，各点的深度均为 5km

9.5 库仑应力演化

这里我们将水库蓄水产生的应力变化投影至两次地震的震源机制节面上（表 9.2），考察两者之间的触发关系。

表 9.2 $M_S5.1$ 和 $M_S5.2$ 地震断层库水加载引起的孔隙弹性应力变化孔隙压变化和库仑应力变化

时间	经纬度 (°)	深度 (km)	震级 M_S	节面	走向/倾向/倾角 (°)	ΔP (MPa)	ΔCFS (MPa)
2014.04.05	103.540/28.134	7.50	5.1	1	231/72/109	0.059	0.073
				2	4/26/46		-0.005
2014.08.17	103.494/28.118	6.87	5.2	1	51/85/-154	0.11	0.119
				2	319/64/-6		0.081

由本书第 6 章的活断层分布可知，$M_S5.1$ 地震的发震断层桥棚子断裂为一条逆冲断层，$M_S5.2$ 地震的发震断层谢家寨断裂为一条走滑断层，因此两次地震的实际破裂面应分别为节面 1 和节面 2（表 2 中加粗的节面）。当不考虑孔隙压扩散引起的应力变化，仅考虑库水重力作用产生的孔隙弹性应力时，两次地震分别受到 0.038MPa 和 0.017MPa 的应力加载；而在考虑库水引起的孔隙压扩散对震源位置的影响时，其库仑应力变化分别为 0.073MPa 和 0.081MPa。

图 9.13 给出了两次地震受到的库仑应力变化随时间的演化。可以看到在向家坝蓄水以后，$M_S5.1$ 和 $M_S5.2$ 地震所在的断层由于距离向家坝库区较远，受到的影响极为微弱，仅受

到溪洛渡水库背景孔隙压的影响，其孔隙压上升不足 0.03MPa，库仑应力变化仅为 0.01MPa 左右。当溪洛渡水库开始蓄水后，由于两次地震所在的断层距离水库较近，库水的重力加载使得其库仑应力变化迅速上升；另外，由于两次地震所在断层与金沙江较近，流体的扩散速度也较快，且变化频率也受库水的季节性变化影响较大。当孔隙压逐渐扩散至震源附近时，其库仑应力又随水位的变化而逐渐变化；当两个水库第一次蓄水完毕后，并未立刻发生地震；随着水库开始逐渐放水，震源处的孔隙压开始快速下降（图 9.13 中红色虚线），其库仑应力变化也有一定程度的下降，在这种应力积累达到一定程度后，水库蓄水、放水带来的应力变化率较高时，发生了 2014 年 4 月的第一次 $M_S5.1$ 地震。2014 年 8 月的 $M_S5.2$ 地震所在的谢家寨断裂与水库库区的距离相对于桥棚子断裂较远，且其断层类型为左旋走滑型，受到库水重力加载带来的影响较小。虽然该断层上的孔隙压上升较大，其库仑应力变化并不显著，而当溪洛渡水库开始第二次蓄水后，库水重力加载使得该断层短时间内处于不排水状态，剪应力与正应力快速上升，当孔隙压逐渐扩散至该断层上时，其库仑应力变化快速升高，达到 0.1MPa 后，该断层上发生了 $M_S5.2$ 地震。

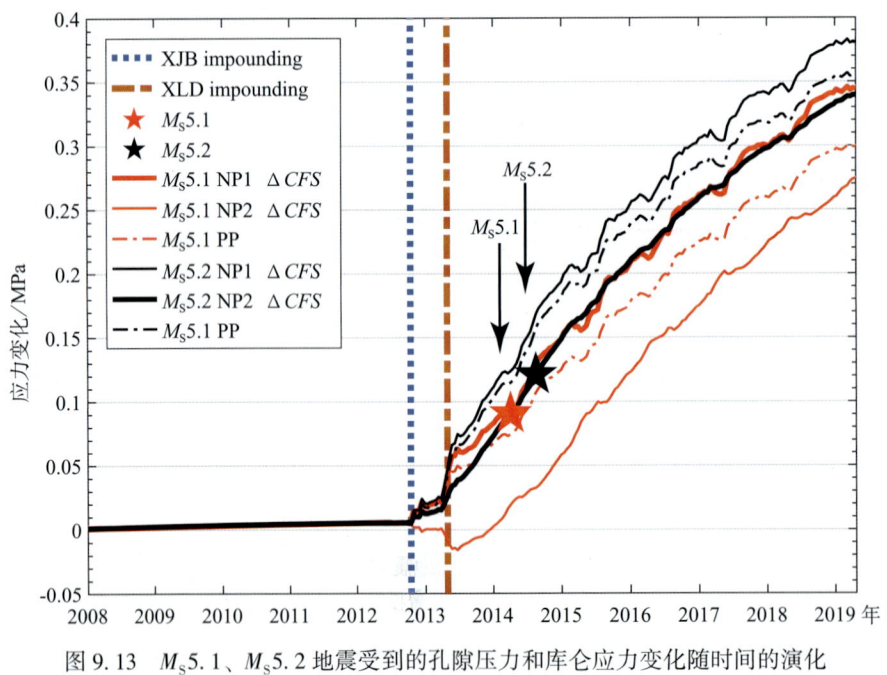

图 9.13 $M_S5.1$、$M_S5.2$ 地震受到的孔隙压力和库仑应力变化随时间的演化

下面详细给出两次 $M_S>5.0$ 级地震所在的桥棚子断裂（F9）和谢家寨断裂（F8）断层上的剪应力变化、有效正应力变化、孔隙压力变化和库仑应力变化，并将距离断裂较近的地震活动投影至断层面上，考察对应时间范围内的地震活动与孔隙压力变化和库仑应力变化之间的关系。

图 9.14 至图 9.17 给出了桥棚子断裂在不同时间（$M_S5.1$ 地震时、$M_S5.2$ 地震时、2017 年 2 月底和 2019 年 5 月）的剪应力变化、有效正应力变化、孔隙压变化和库仑应力变化，

其应力投影面为断层面（走向 323°/倾角 88°/滑动角 109°）。可以看到在最初蓄水后，断裂的北西端受到库水的重力加载作用，其剪应力有一定程度的下降（图 9.14a）。该区域在蓄水前到刚开始蓄水后，地震活动较为频繁，其库仑应力变化却始终保持较小的值，因而该时期地震活动应为背景地震，与水库的蓄水无关。

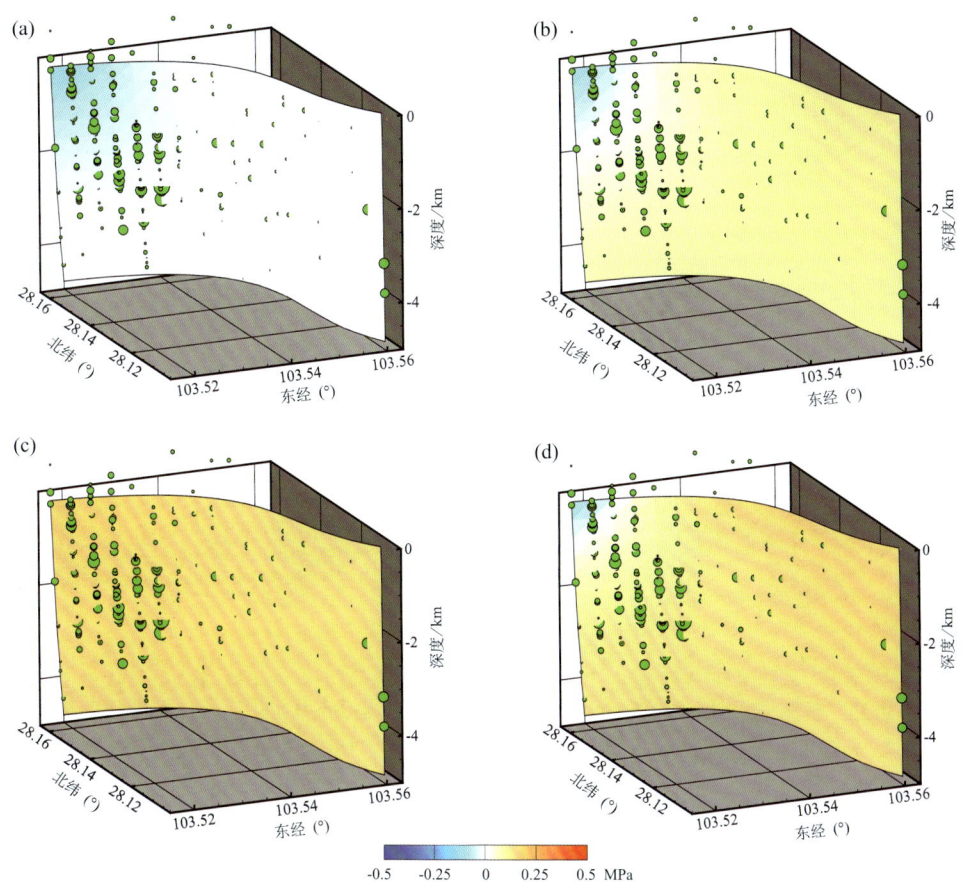

图 9.14　桥棚子断裂上的（a）剪应力变化、（b）有效正应力变化、（c）孔隙压变化、（d）库仑应力变化（2014.04.05）和地震分布（2012.10.31~2014.04.05）

绿色圆圈表示周围的地震在断层上的位置投影；绿圆半径越大表示震级越大

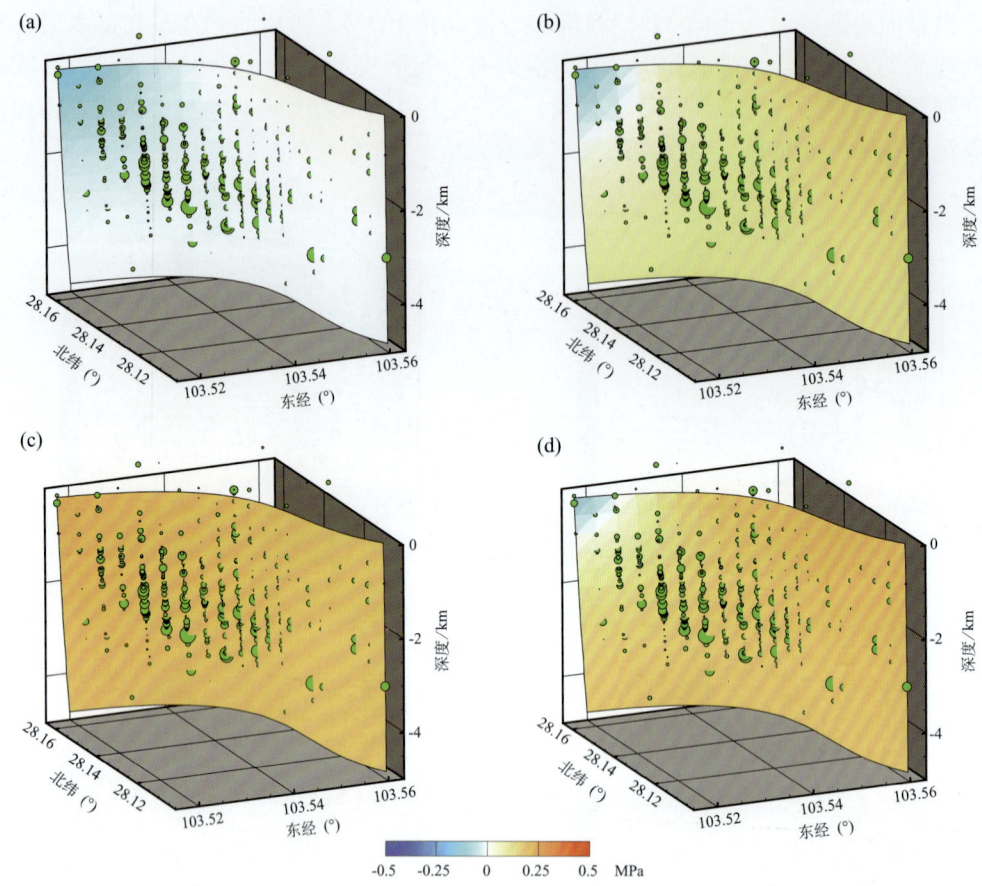

图 9.15 桥棚子断裂上的（a）剪应力变化、（b）有效正应力变化、（c）孔隙压变化、（d）库仑应力变化（2014.08.17）和地震分布（2014.04.05~2014.08.17）

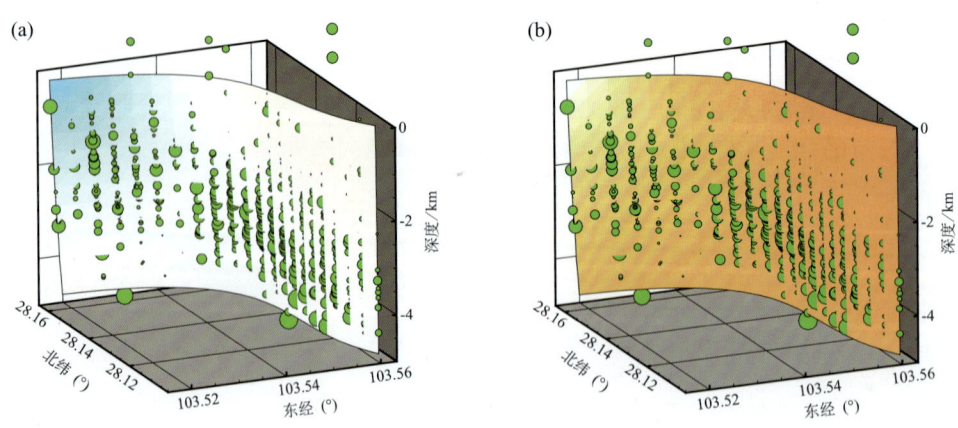

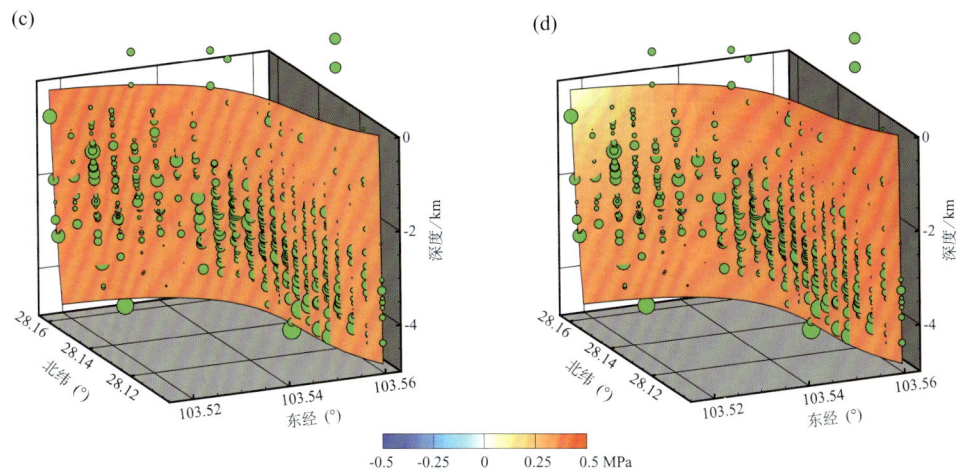

图 9.16 桥棚子断裂上的（a）剪应力变化、(b) 有效正应力变化、(c) 孔隙压变化、
(d) 库仑应力变化（2017.03.01）和地震分布（2014.08.17~2017.03.01）

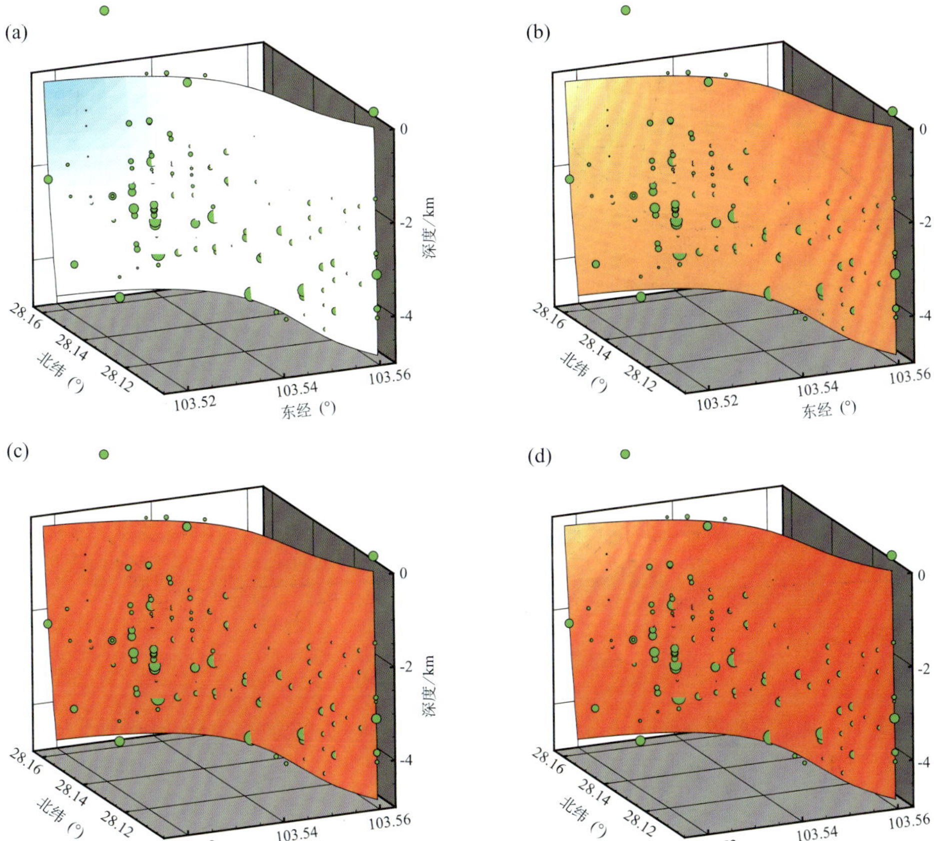

图 9.17 桥棚子断裂上的（a）剪应力变化、(b) 有效正应力变化、(c) 孔隙压变化、
(d) 库仑应力变化（2019.05.15）和地震分布（2017.03.01~2019.05.15）

在溪洛渡水库不断蓄水后，由于库水带来的孔隙压力传播，桥棚子断层上的孔隙压力逐渐增加，库仑应力最高时增至 0.48MPa。该区的地震活动分布由最初的西北端逐渐向东南端迁移，且震源深度也随时间逐渐加深，与该区的孔隙压变化、库仑应力变化有较好的一致性。

图 9.18 至图 9.21 展示了谢家寨断裂在不同时间（M_S5.1 地震时、M_S5.2 地震时、2017 年 2 月底和 2019 年 5 月）的剪应力变化、有效正应力变化、孔隙压变化和库仑应力变化，使用的应力投影面为具体断层面（走向 316°/倾角 69°/滑动角-6°）。由于该断层的地理位置距离水库相对较远、断层顶面距离地面较远，且几何形态有一定的特殊性，断层面上的孔隙压与库仑应力变化始终保持在较低的水平，最高时不超过 0.3MPa；同时该断层附近除了 2014 年 8 月的 M_S5.2 地震事件，其地震活动始终在一个较低的水平。因此该断层在水库蓄水的影响下，弹性应变能逐渐小规模的释放，降低了其未来大震的风险。

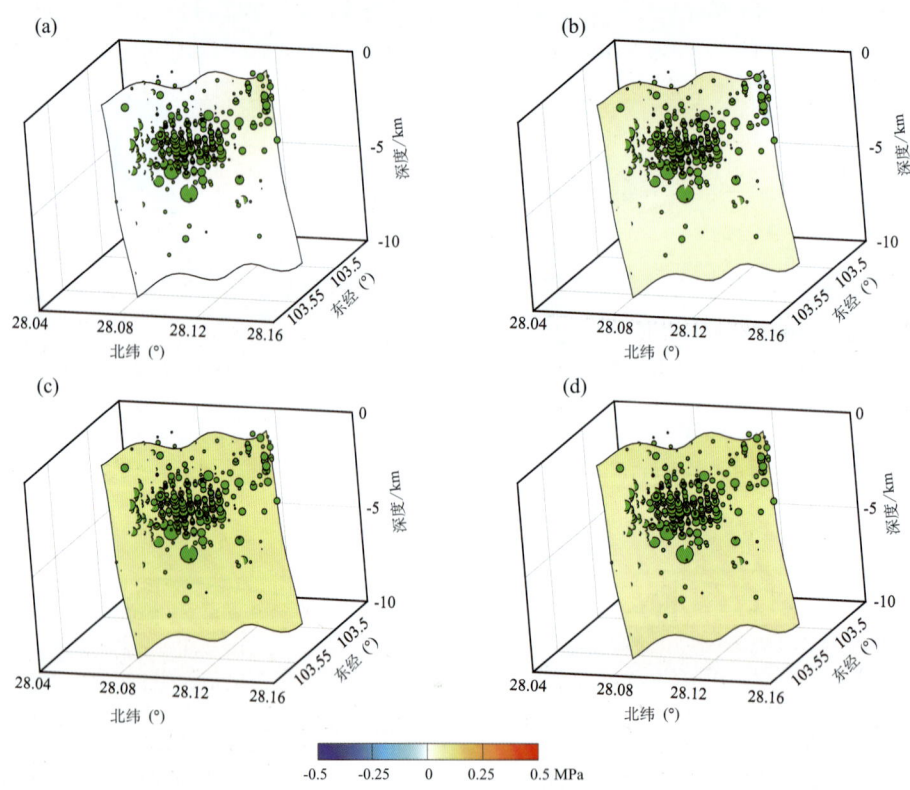

图 9.18 谢家寨断裂上的 (a) 剪应力变化、(b) 有效正应力变化、(c) 孔隙压变化、(d) 库仑应力变化（2014.04.05）和地震分布（2012.10.31~2014.04.05）

第9章　基于流固耦合理论计算库区应力响应及地震危险性分析 ·137·

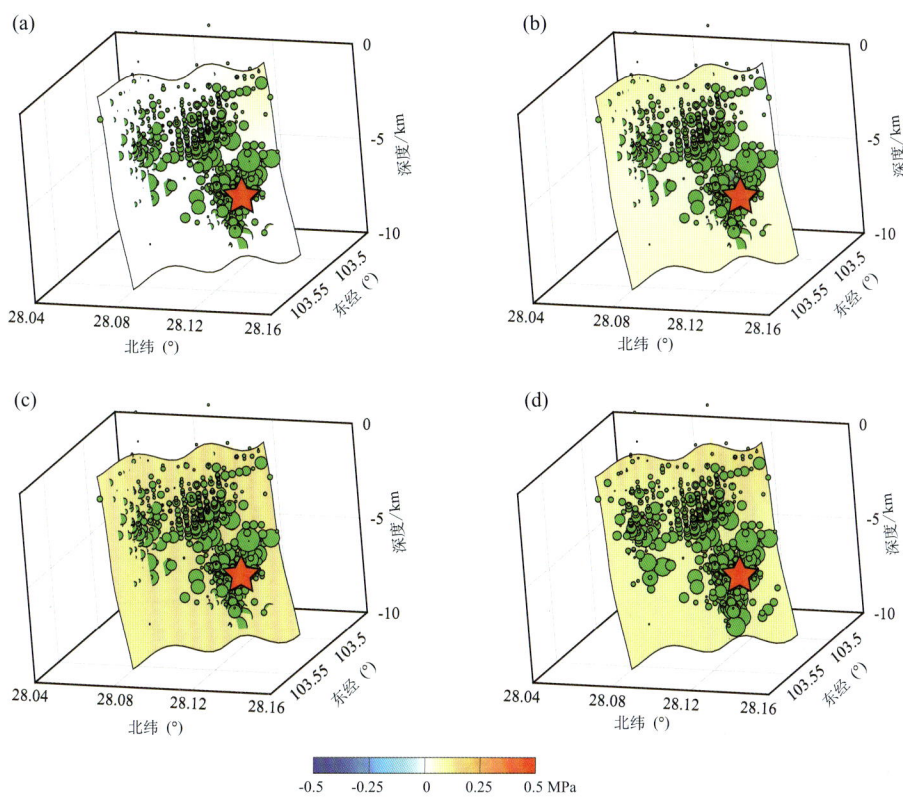

图 9.19　谢家寨断裂上的（a）剪应力变化、（b）有效正应力变化、（c）孔隙压变化、
（d）库仑应力变化（2014.08.17）和地震分布（2014.04.05~2014.08.17）

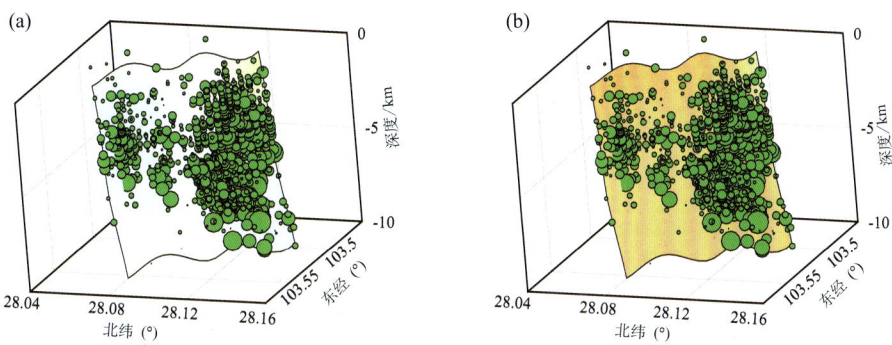

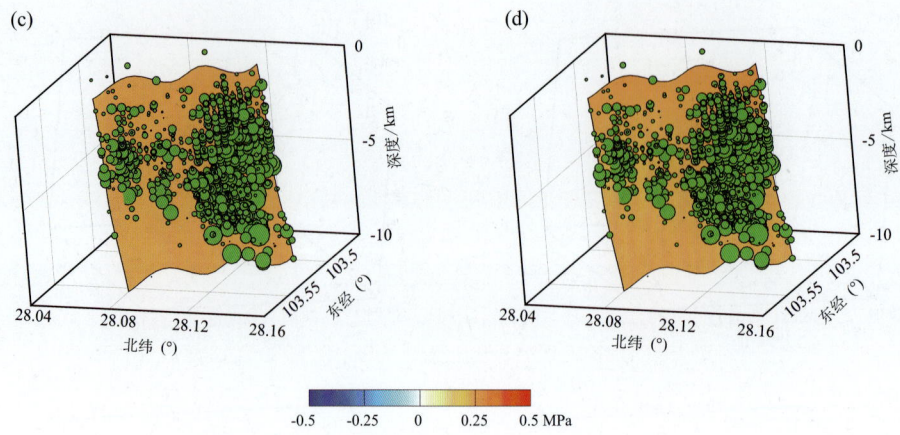

图 9.20 谢家寨断裂上的（a）剪应力变化、（b）有效正应力变化、（c）孔隙压变化、（d）库仑应力变化（2017.03.01）和地震分布（2014.08.17~2017.03.01）

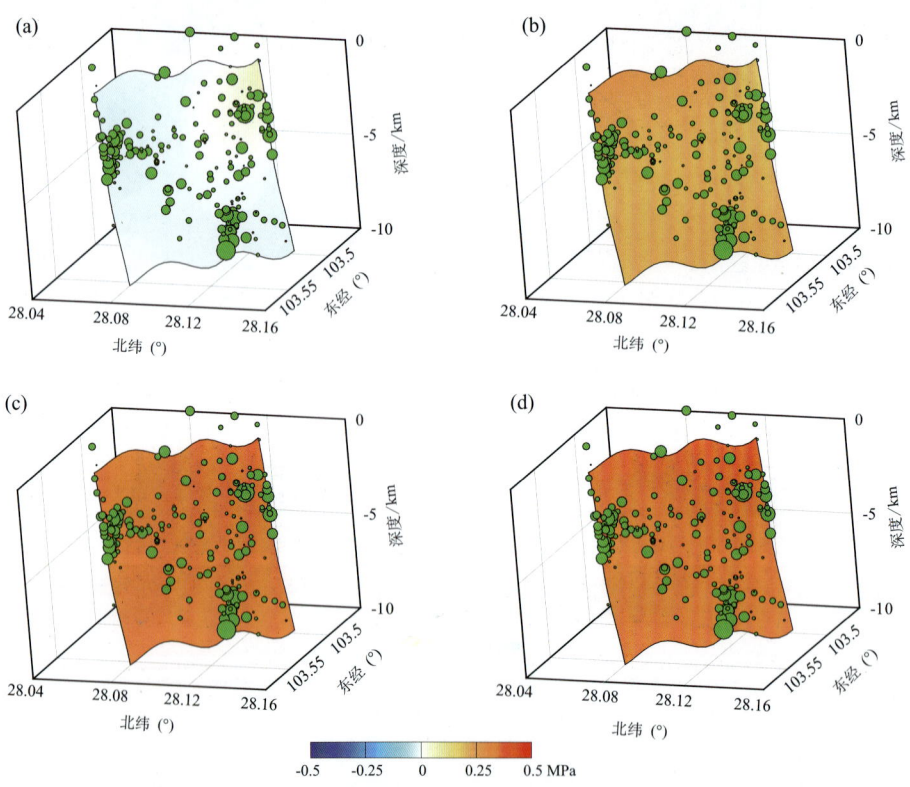

图 9.21 谢家寨断裂上的（a）剪应力变化、（b）有效正应力变化、（c）孔隙压变化、（d）库仑应力变化（2019.05.15）和地震分布（2017.03.01~2019.05.15）

距离库区较近的两条断层（夏溪—芭蕉滩断裂和烟峰断裂）上的孔隙压力变化也较为明显，这里同样将库水加载引起的孔隙弹性应力投影至这两条断裂上，同时考虑孔隙压传播的影响，计算库仑应力变化在断层上的分布，并将周围地震投影至断层面上，分析库仑应力变化对周围地震的触发作用。

首先考察夏溪—芭蕉滩断裂（F5）的应力演化，其投影面为断层面（走向 321°/倾角 88°/滑动角 0°）。图 9.22 至图 9.25 给出了夏溪—芭蕉滩断裂在不同时期（M_S5.1 地震时、M_S5.2 地震时、2017 年 2 月底和 2019 年 5 月）的剪应力变化、有效正应力变化、孔隙压变化和库仑应力变化沿断层的分布。可以看到由于库水的加载，断层上的剪应力始终表现为负值，且并不随孔隙压的扩散而变化，即孔隙压对剪应力没有影响。而有效正应力随着孔隙压逐渐扩散至断层面上，发生了较明显的变化。另外，由于该断层距离库区较近且本身所处地理位置为强渗透区，有效正应力随季节的变化也较为明显，第五次蓄水后的有效正应力比 2019 年 5 月时高。

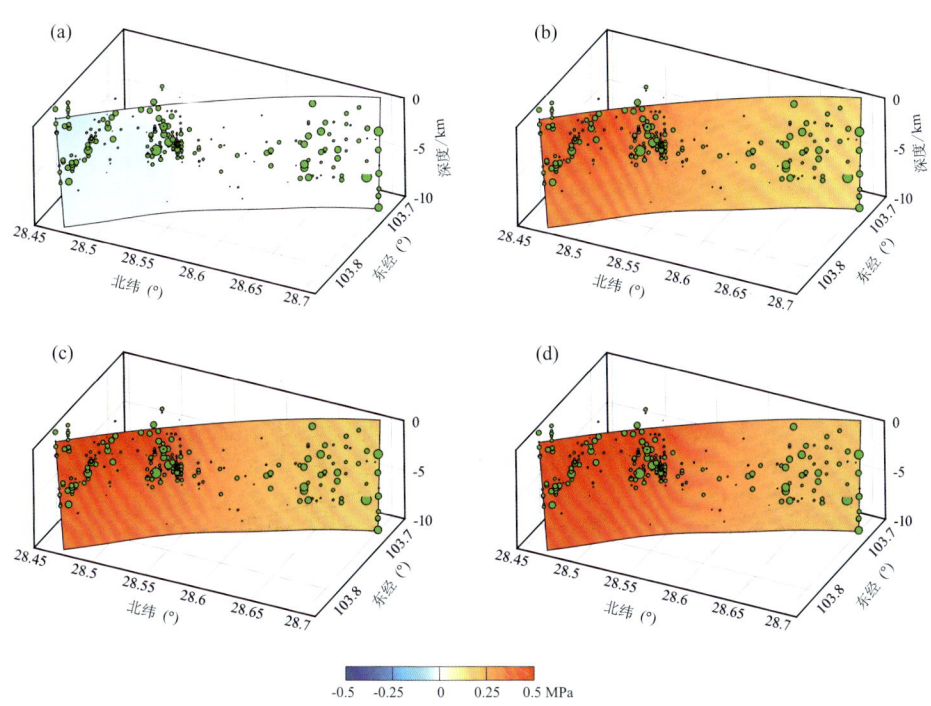

图 9.22　夏溪—芭蕉滩断裂上的（a）剪应力变化、（b）有效正应力变化、（c）孔隙压变化、（d）库仑应力变化（2014.04.05）和地震分布（2012.10.31~2014.04.05）

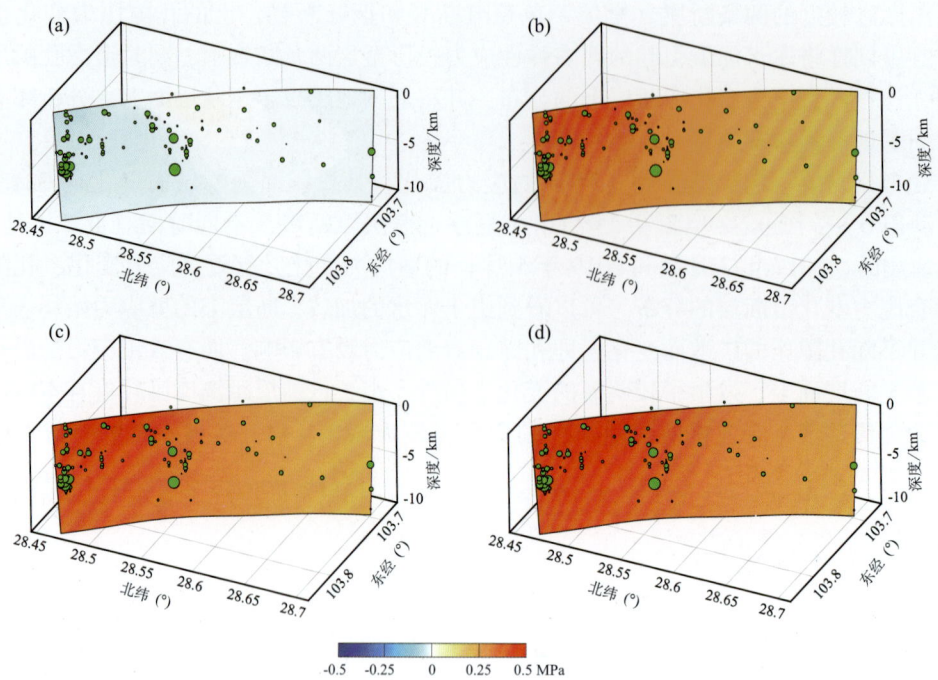

图 9.23 夏溪—芭蕉滩断裂上的（a）剪应力变化、（b）有效正应力变化、（c）孔隙压变化、（d）库仑应力变化（2014.08.17）和地震分布（2014.04.05~2014.08.17）

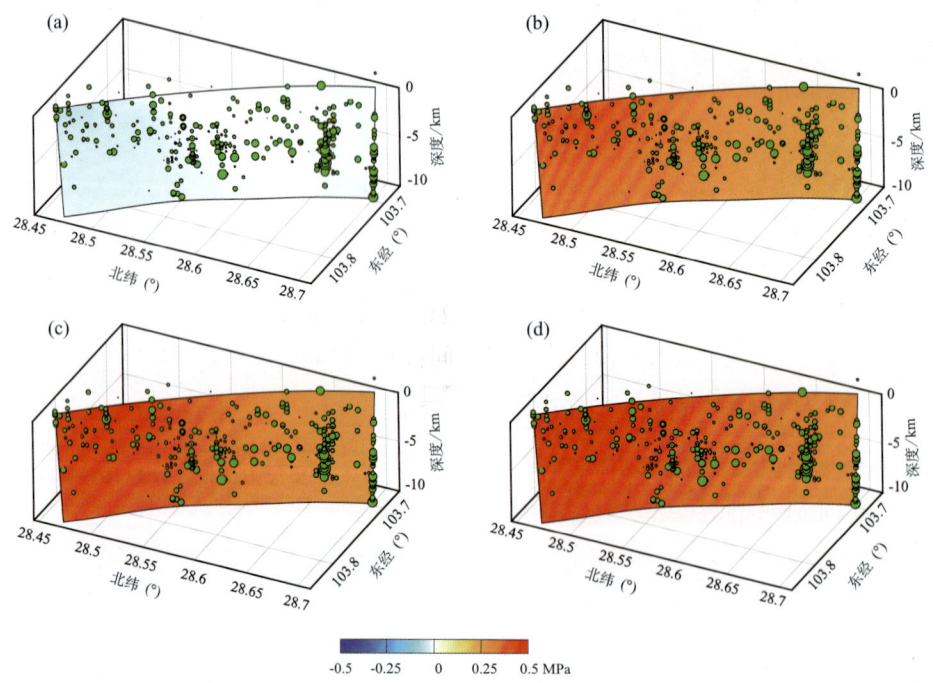

图 9.24 夏溪—芭蕉滩断裂上的（a）剪应力变化、（b）有效正应力变化、（c）孔隙压变化、（d）库仑应力变化（2017.03.01）和地震分布（2014.08.17~2017.03.01）

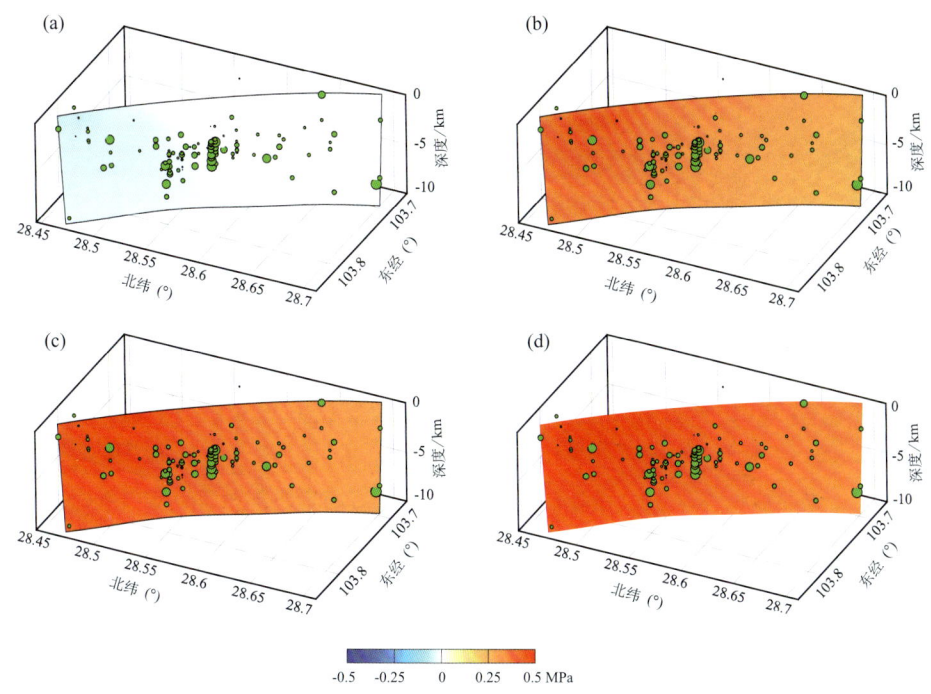

图 9.25　夏溪—芭蕉滩断裂上的（a）剪应力变化、（b）有效正应力变化、（c）孔隙压变化、（d）库仑应力变化（2019.05.15）和地震分布（2017.03.01～2019.05.15）

由图 9.22 至图 9.25 可以看出，地震活动大多分布在有效正应力和库仑应力变化较高的区域，特别是图 9.22 和图 9.24 中，断层南部分布的地震明显多于北部。

其次，考察距离溪洛渡水库较近的烟峰断裂（F23）的应力演化，图 9.26 至图 9.29 给出了烟峰断裂的剪应力变化、有效正应力变化、孔隙压变化和库仑应力变化沿断层的分布。由于断层形态更加复杂一些，浅部的剪应力与深部有一定的区别。该断层位于溪洛渡库区的下方，孔隙压可以直接在渗透率较大的断层面上进行传播，因此整个模型中其孔隙压力变化最大，在蓄水后不久（2014 年 4 月）即达到 0.2MPa；在经过多次蓄-放水后，2019 年 5 月时其孔隙压超过 0.5MPa。但是，烟峰断层的空间位置较为特殊，其与溪洛渡库区有两个交会，库水重力使该断层产生了较高的弹性响应，具体表现为在浅部存在两个剪应力、有效正应力的负值区。虽然在孔隙压力的作用下，断层整体的库仑应力变化都有较大幅度的增加，但两个负值区使得浅部的库仑应力变化始终低于周围及深部区域。

溪洛渡库区的断层较为复杂，断层走向除烟峰断层和三河口—烟峰断裂（F11）近南—北向外，还有北西—南东向的谢家寨断裂（F8）和桥棚子断裂（F9），地震的分布也受这些断层的控制。从图 9.8、图 9.10、图 9.19 和图 9.20 中可以看出，烟峰断裂附近的地震呈明显的北边多，南边少；北边的地震大部分投影至了烟峰断裂上，而南边的地震则大部分投影至旁边的三河口—烟峰断裂（F11）上了。烟峰断裂上的地震大部分发生在断层北端的库仑应力升高区域内，而浅部近地表的两个低值区内则较少发生。随着时间的推移，孔隙压逐渐在断层内部传播，深部的库仑应力也逐渐增大，因此，小震震源深度也越来越大。

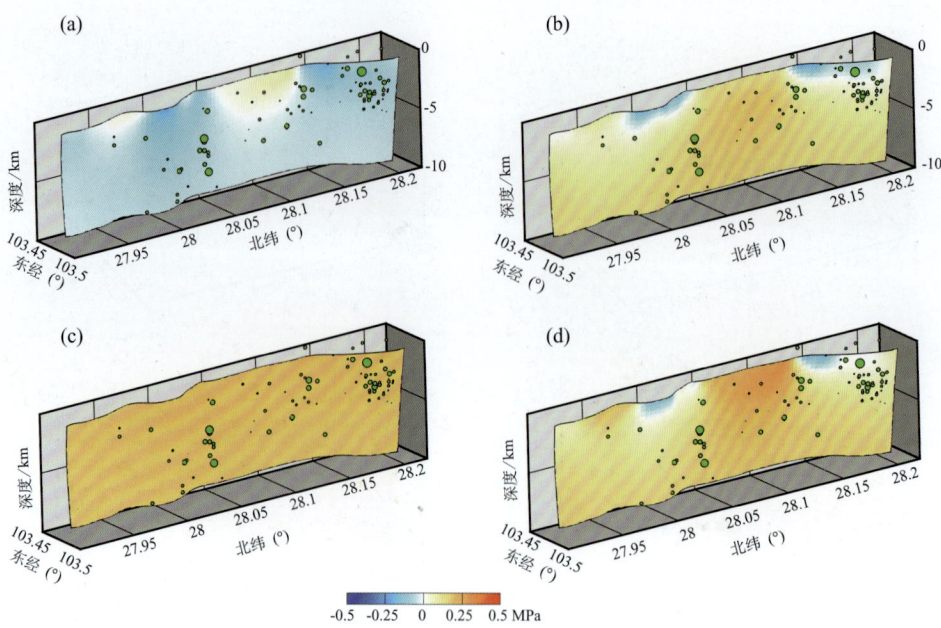

图 9.26 烟峰断裂上的（a）剪应力变化、（b）有效正应力变化、（c）孔隙压变化、（d）库仑应力变化（2014.04.05）和地震分布（2012.10.31~2014.04.05）

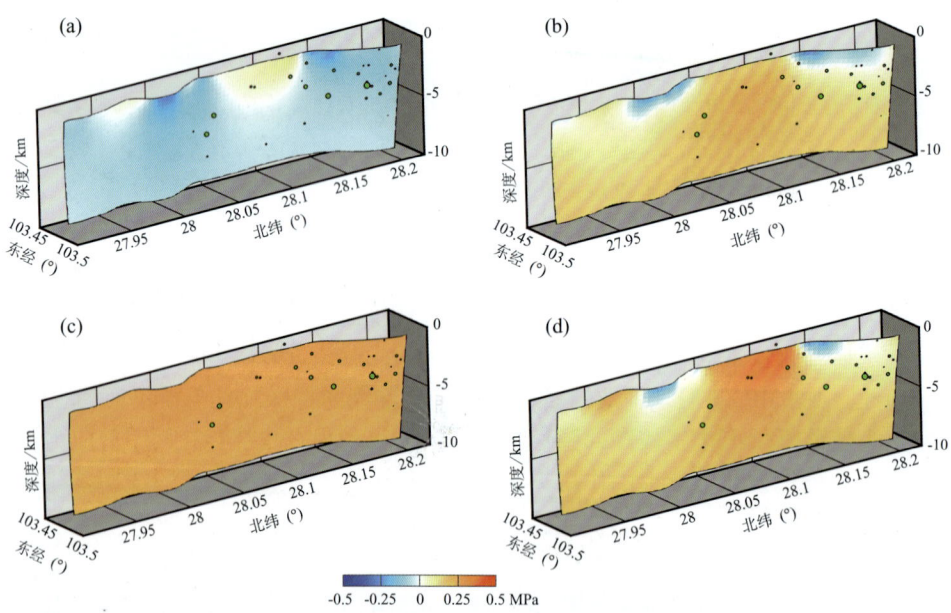

图 9.27 烟峰断裂上的（a）剪应力变化、（b）有效正应力变化、（c）孔隙压变化、（d）库仑应力变化（2014.08.17）和地震分布（2014.04.05~2014.08.17）

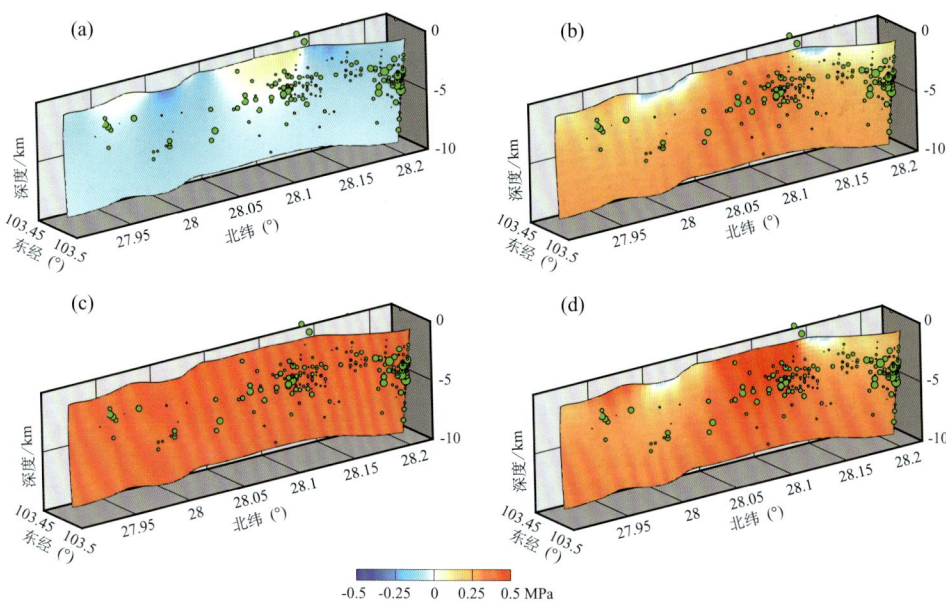

图 9.28 烟峰断裂上的（a）剪应力变化、（b）有效正应力变化、（c）孔隙压变化、（d）库仑应力变化（2017.03.01）和地震分布（2014.08.17~2017.03.01）

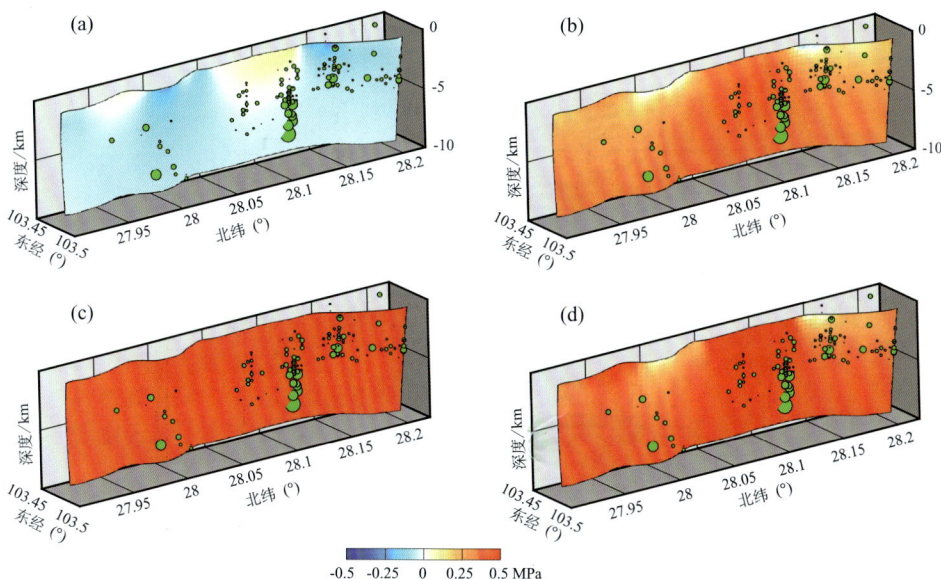

图 9.29 烟峰断裂上的（a）剪应力变化、（b）有效正应力变化、（c）孔隙压变化、（d）库仑应力变化（2019.05.15）和地震分布（2017.03.01~2019.05.15）

从图 9.22 至图 9.25 可以看出，蓄水前烟峰断裂附近的地震活动较少，且蓄水初期其地震也较多分布于断裂的北端，推断其南端的背景库仑应力处于较低的水平，虽然该断裂在蓄水后其孔隙压变化超过了 0.5MPa，但由于背景应力可能距离临界状态较远，蓄水加载引起的库仑应力变化并未使断层达到能够发生破裂的状态。在蓄水后，发生的小震活动又逐渐释放了一定的弹性应变能，因此，该断层虽然库仑应力变化大，但并未发生 $M_S>5.0$ 级的地震。

9.6 地震活动性分析

我们进一步基于以上孔隙压时空演化的结果，利用统计的方法分析研究区域内的地震活动性，探讨孔隙压对地震活动性的影响。

首先对研究区域进行分区，划定蓄水后地震丛集明显的向家坝库区、溪洛渡库区进行地震活动统计分析（图 9.30 中的区域 1 和 2），同时使用距库区较远的地区作为参考（图 9.30 中的区域 3）。区域 1、2 和 3 中地震丛集活动是否受蓄水活动的影响是本章地震活动分析的重点。

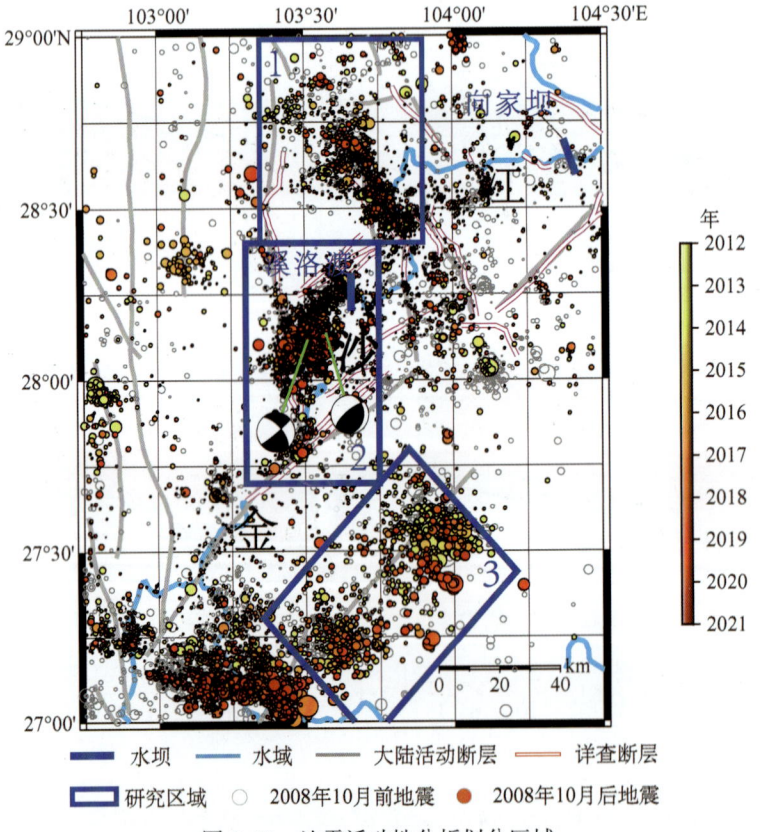

图 9.30 地震活动性分析划分区域
区域 1：向家坝库区上游；区域 2：溪洛渡库区；区域 3：昭通—鲁甸断裂附近，距库区较远的参考区

首先对比各区域的几何中心的孔隙压与地震的时间-深度分布。前人研究表明，地震活动性与应力的变化速率有关（Dieterich，1994；Gilchrist 等，2013）。因此，分别将各区域几何中心的孔隙压、孔隙压相对变化和孔隙压相对变化的日变化，与地震活动时间-深度的演化进行对比，如图 9.31 至图 9.34 所示。

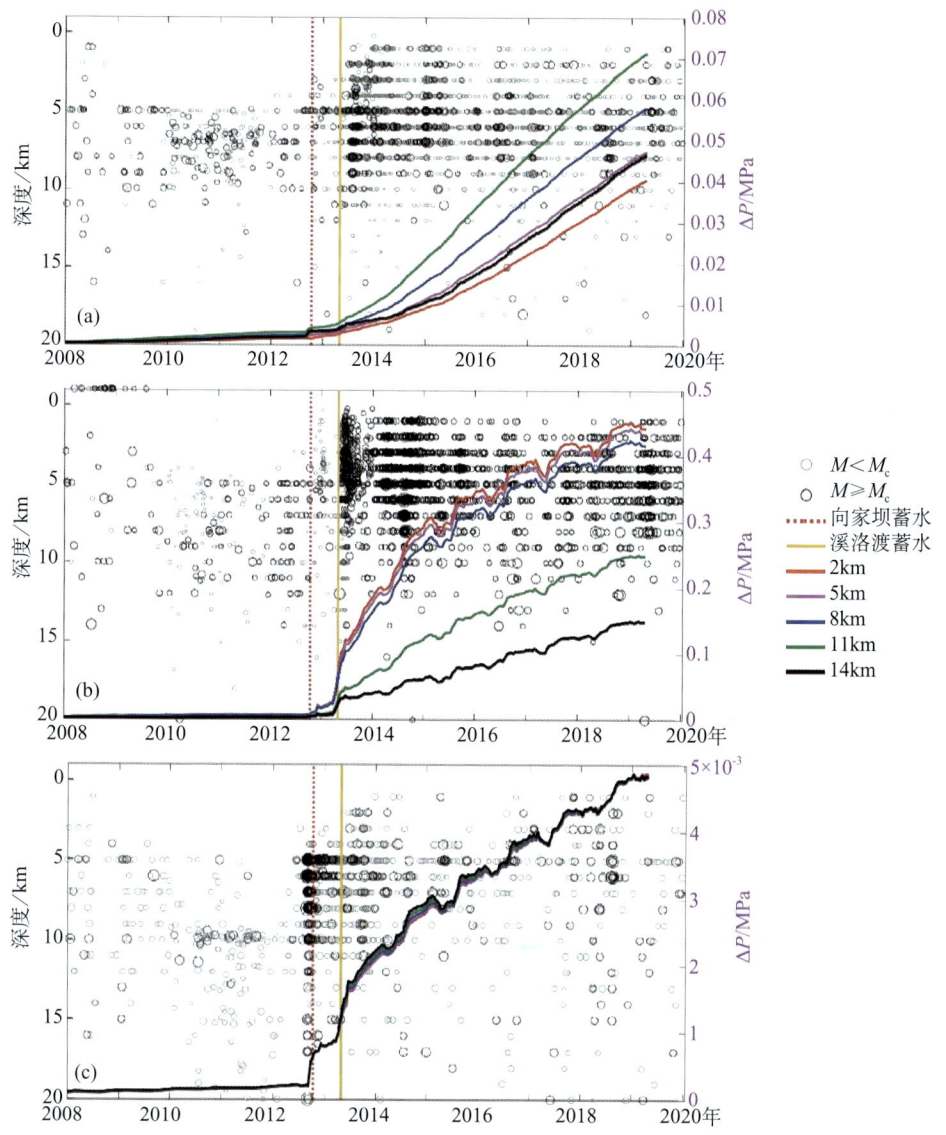

图 9.31 区域地震活动的时间-深度分布和不同深度的孔隙压力变化孔隙压力取自各区域几何中心处
(a) 区域 1；(b) 区域 2；(c) 区域 3

利用向家坝蓄水前的地震进行 ETAS 模型拟合和参数优化，根据向家坝蓄水前的模型参数预测之后的地震活动演化，判断地震活动与蓄水前是否有差异。另外，由于区域 3 在向家坝蓄水前便发生了 2012 年彝良 M_S5.3 和 M_S5.6 地震，且余震持续了较长时间，因此在区域 3 应用 ETAS 模型对溪洛渡蓄水前的地震活动进行参数优化，来预测后续的地震活动。通过对比观测地震活动和 ETAS 模型预测的地震活动，判断蓄水前后地震活动的差异性，进而判断水库蓄水对地震活动的影响。

如图 9.31 所示，区域 1 和区域 2 的孔隙压在向家坝蓄水后有所上升，并且在溪洛渡蓄水后明显增长，伴随着地震活动频繁且向深部扩散，此处地震活动的改变与蓄水活动有一定的关联。区域 3 相对区域 1 和区域 2 孔隙压的增长延迟至溪洛渡蓄水后约 2 月后发生，其量级远小于区域 1 和区域 2。区域 2 的孔隙压演化随深度有较明显变化，且随水位升降明显。经分析，该现象是由于区域 2 中心更靠近库区，直接受水位变化引起的水体重力加载和孔隙压的影响。区域 1 和区域 3 的孔隙压演化随深度变化极小，显示区域 1 和区域 3 的各深度孔隙压演化接近同步。经过分析认为这是因为区域 1 和区域 3 的中心距水库较远，主要受孔隙压的扩散的影响，水体的重力加载作用较小，且当孔隙压变化扩散至此处时，扩散范围大使得各深度孔隙压同步变化。

各区域各深度孔隙压相对静水压力的变化（$\Delta P/P_0$）随深度降低（图 9.32），这是因为各层的孔隙压变化相差小，而静水压随深度的增加而增长。如图 9.32 所示，区域 1 和区域 2 的孔隙压相对变化在向家坝蓄水后增长并在溪洛渡蓄水后增长明显，地震活动的改变与蓄水引起孔隙压上升对应。区域 3 因距离库区较远，孔隙压上升的时刻相对较晚，这与图 9.31c 的结果一致。同样，由于区域 1 和区域 3 的中心距水库较远，受水位变化影响较小，而区域 2 的中心位于水库附近，因此受水位变化的影响较大。

图 9.33 展示了孔隙压相对静水压力的日变化率，可以看到区域 1 和区域 3 的日变化自向家坝蓄水后一直为正，且随深度增加降低。区域 1 因位于向家坝库区，自向家坝开始蓄水孔隙压相对日变化逐日增加；区域 3 位于溪洛渡上游且距库区较远，受向家坝蓄水影响小，而在溪洛渡蓄水前后增长明显。区域 1 和区域 3 的日变化分别于 2013 年底和 2015 年初达到最大，在之后逐渐下降，即孔隙压的增长分别于 2013 年底和 2015 年初达到最快，之后逐渐放缓。区域 1 和区域 3 的地震活动性均随时间衰减，其中的因素可能包括余震随时间衰减或孔隙压变化的影响，需要未来进一步的分析。区域 2 因为靠近溪洛渡库区，孔隙压的相对日变化受水库蓄水的影响起伏较大。图 9.33b 中，2013 年间和 2014 年间的地震活动与孔隙压的增长速率的正值有较好的对应。

由图 9.31 至图 9.33 中的地震时间-深度分布可知，区域 1 和区域 2 的地震深度在溪洛渡蓄水前后差异明显。图 9.34 对比了 0~5km、5~10km 和 10~15km 三个深度范围累计地震数量的时间变化和孔隙压的相对变化，发现在向家坝蓄水前区域 1、区域 2 和区域 3 的地震主要分布在 5~10km 深度范围。在向家坝蓄水后，区域 1 和区域 2 的地震则主要分布在 0~10km，其中区域 1 的地震分布在 5~10km，区域 2 的地震分布在 0~5km。该现象的原因可能是水库蓄水引起中浅层深度的孔隙压升高，进而库仑应力升高，从而导致浅层多发地震活动。而区域 3 的地震更多发生在 5~10km 深度范围内，少量地震发生在 10~15km，符合天然地震的分布特征。

本文进一步应用 b 值分析各区域的地震活动性在蓄水前后是否发生变化（图 9.35），发现区域 1 的 b 值普遍小于 1，在向家坝蓄水后略微上升。而在溪洛渡蓄水一段时间后，b 值

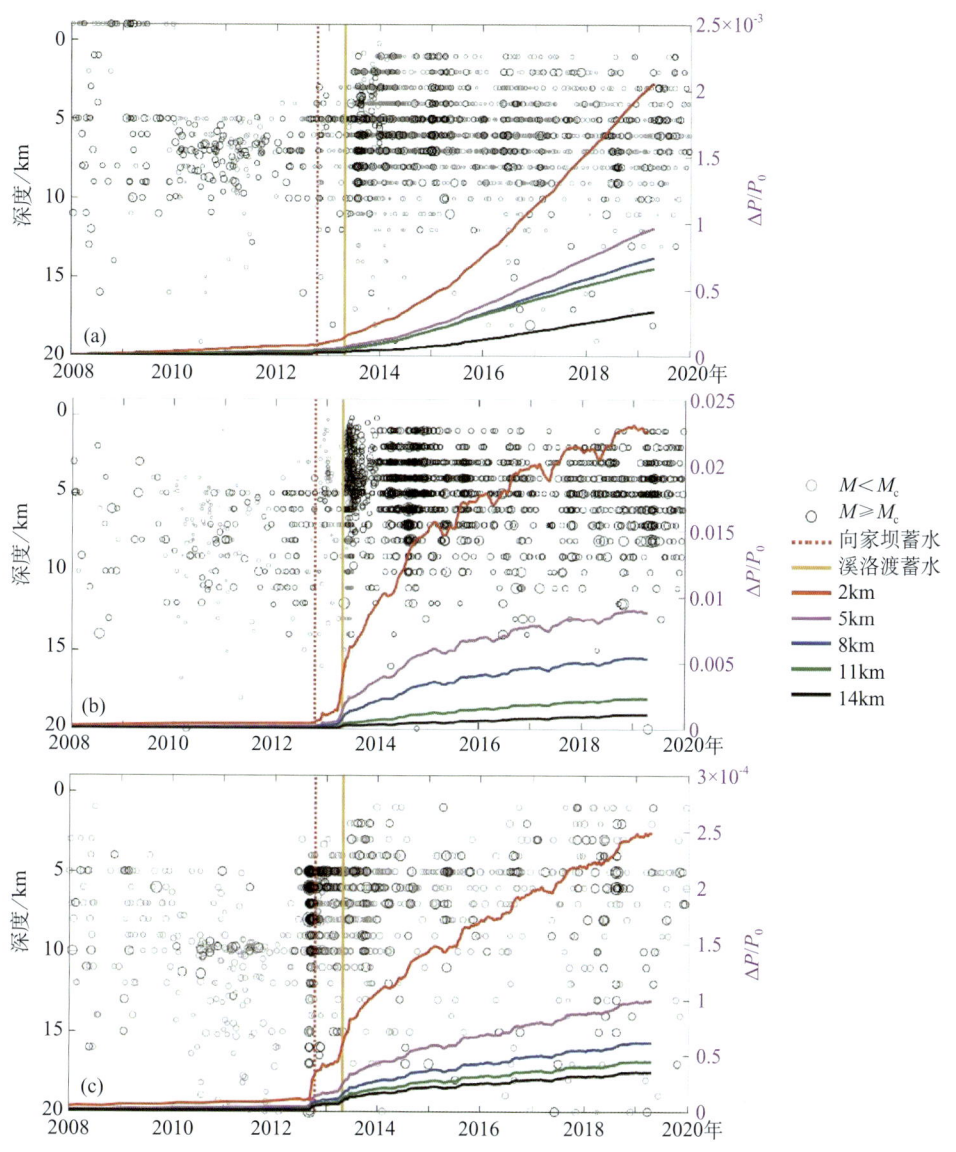

图 9.32 各区域地震活动的时间-深度分布和不同深度的孔隙压力相对静水压力变化

孔隙压力相对静水压力变化为各区域几何中心处的数据

(a) 区域 1; (b) 区域 2; (c) 区域 3

下降至 0.6 左右，表现为低 b 值异常，且 b 值在 2014 年前后出现先上升后下降的现象，然后在 2015 年又表现为上升趋势，最后保持平稳（图 9.35a、b）。区域 2 的 b 值在向家坝蓄水后出现下降的现象，而在溪洛渡蓄水后又迅速上升至 1.5 左右，并在 2014 年中下降至蓄水前水平，表现为明显的高 b 值（图 9.35c、d），最后 b 值持续波动。区域 3 在向家坝蓄水前的 2 个 $M_S>5.0$ 级地震发生时，b 值迅速下降并快速回升至 1 左右，并稳定在该值附近。区域 3 的 b 值只有 2 个 $M_S>5.0$ 级地震发生前有升高的过程，而蓄水后并未出现明显异常。总的来说，区域 2 在溪洛渡蓄水后有明显的高 b 值异常，符合孔隙压增加引起地震活动异常

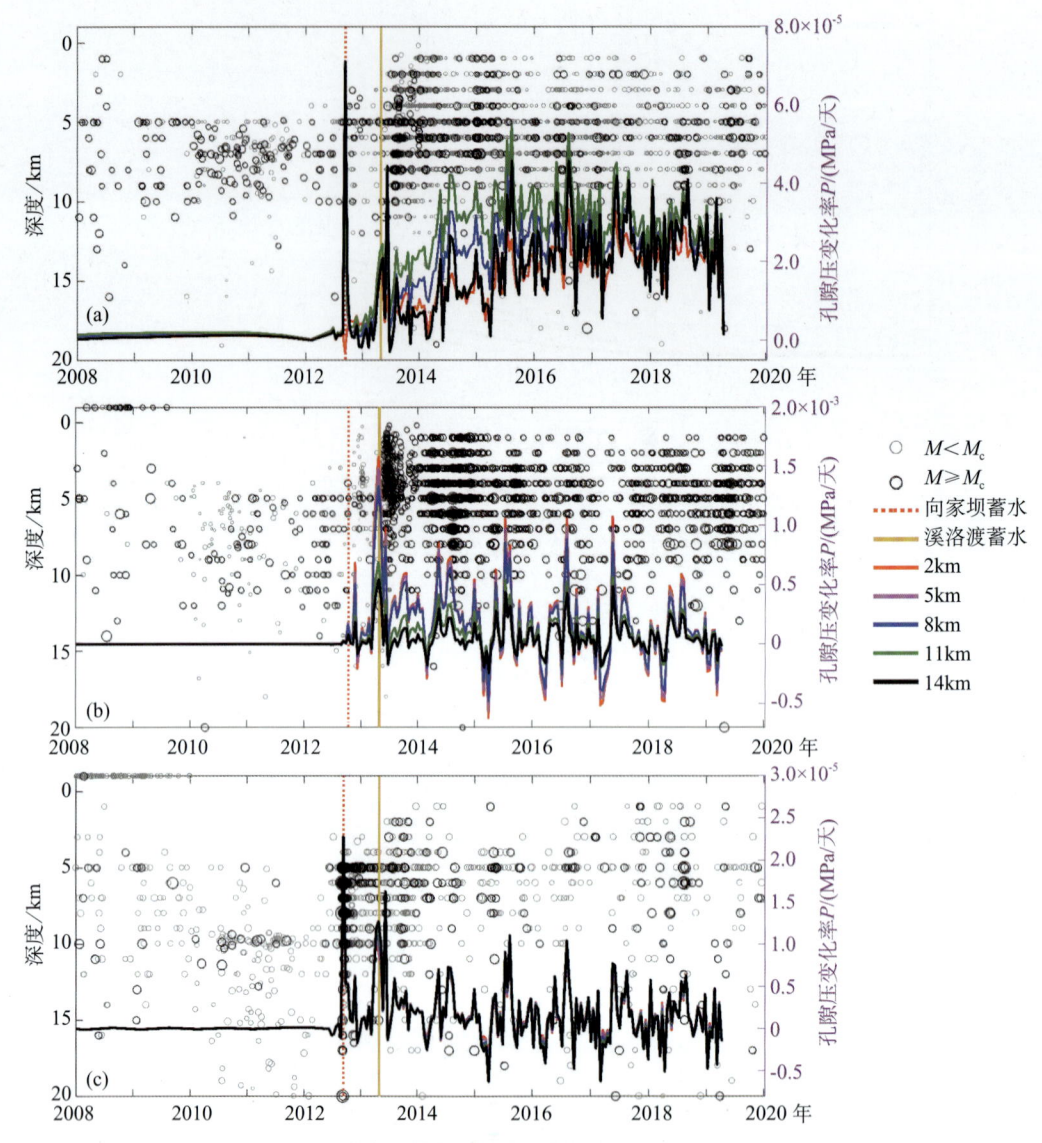

图 9-33 各区域地震活动的时间-深度分布和不同深度的孔隙压力变化率
孔隙压力变化率为各区域几何中心处的数据
(a) 区域1; (b) 区域2; (c) 区域3

的特征,而区域1和区域3在蓄水后并未出现明显的高 b 值异常。

应用 ETAS 模型对研究区域内的地震活动进行分析(图9.36)。首先利用区域1和区域2在向家坝蓄水前的地震活动优化模型参数,然后将该优化模型用于检验并预测后续地震活动。对于区域1和区域2,模型对向家坝蓄水后(红色实线)和溪洛渡蓄水前(黄色虚线)之间时间段的地震活动拟合效果较好,表明地震活动在该时间段内无明显差异。溪洛渡蓄水之后,区域1和区域2的实际地震活动与 ETAS 模型预测的地震活动产生较大差异,实际地震活动要高于模型的预测结果,表明区域1和区域2在溪洛渡蓄水后的地震活动相对蓄水前

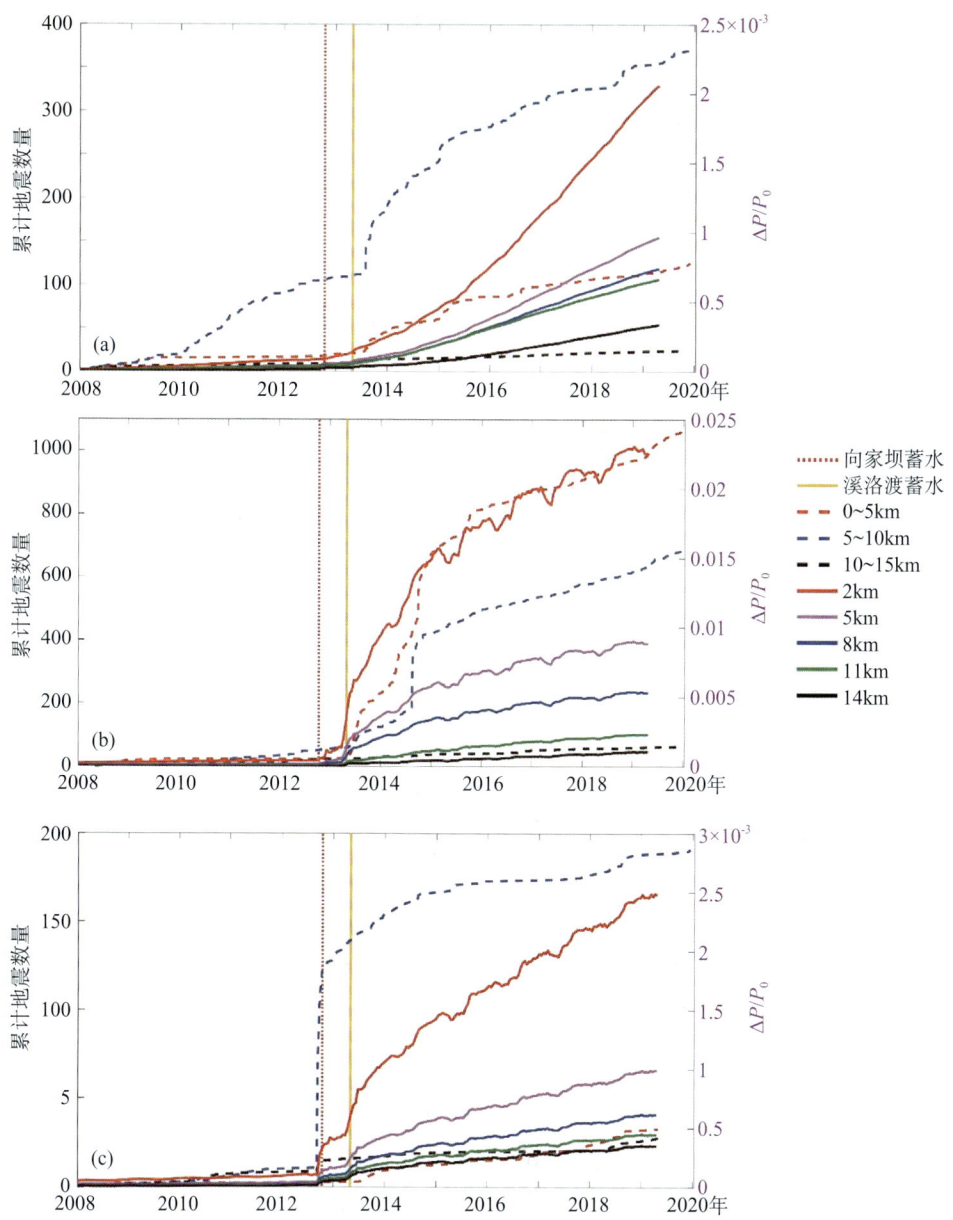

图9.34 各区域地震活动在不同深度范围内随时间的累计地震数目和不同深度孔隙
压力相对静水压力变化

孔隙压力相对静水压力变化为各区域几何中心处的数据，虚线为各深度层地震累积数目，
实线为各深度处的孔隙压力相对静水压力变化
(a) 区域1；(b) 区域2；(c) 区域3

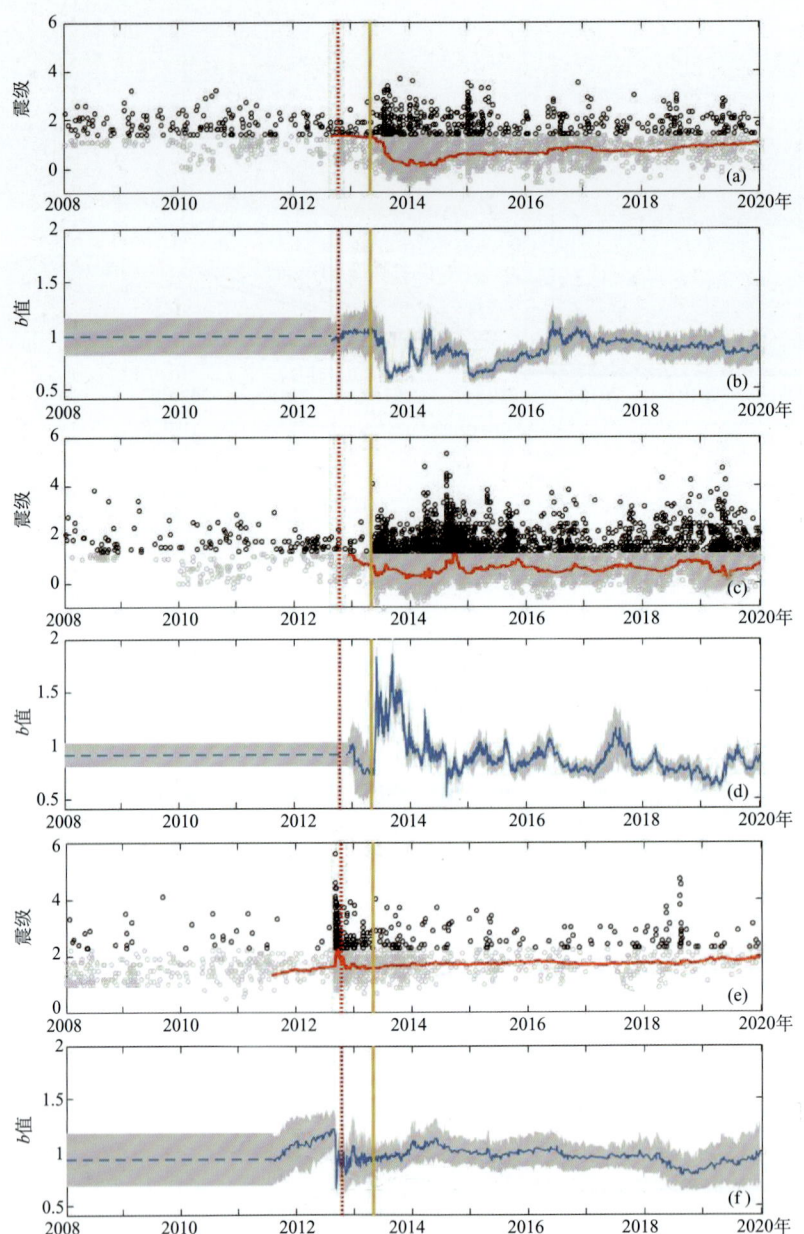

图 9.35 各区域内地震活动的震级-时间分布和 b 值时间演化

红色虚线表示向家坝开始蓄水的时间，黄色实线是溪洛渡开始蓄水的时间

（a、b）为区域 1 的震级-时间分布及 b 值的时间演化；

（c、d）为区域 2 的震级-时间分布及 b 值的时间演化；

（e、f）为区域 3 的震级-时间分布及 b 值的时间演化

红色实线为完备震级的时间演化，取最大值作为整体完备震级；灰色圆点是小于完备震级的地震事件；黑色圆点是大于或等于完备震级的地震；蓝色虚线是第一个数据窗的范围，蓝色实线代表 b 值的时间演化，灰色范围代表 b 值的误差扰动

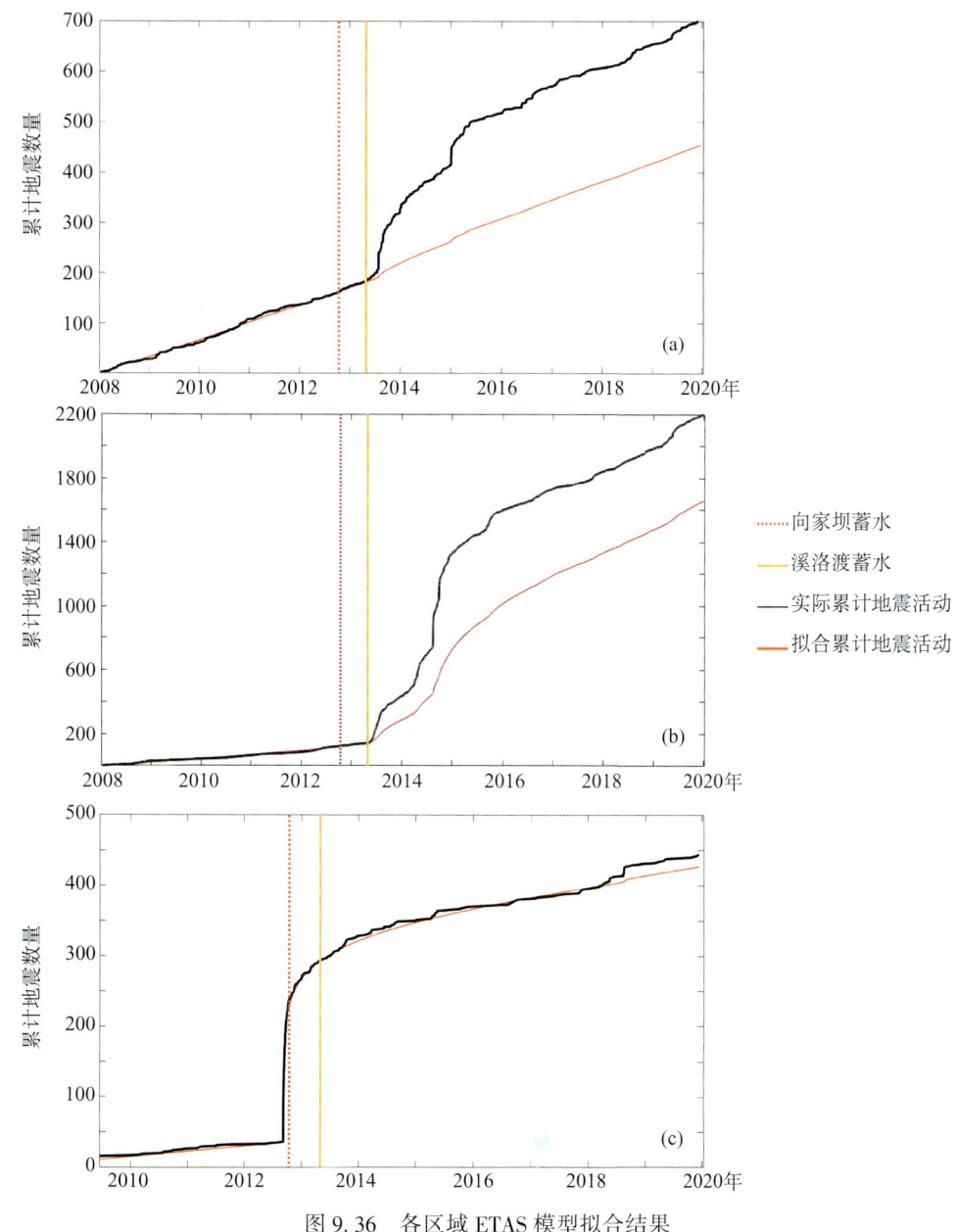

图 9.36 各区域 ETAS 模型拟合结果

(a) 区域 1 的累计地震活动和向家坝蓄水前模型参数的 ETAS 模型拟合结果;
(b) 区域 2 累计地震活动和溪洛渡蓄水前模型参数的 ETAS 拟合结果;
(c) 区域 3 累计地震活动和溪洛渡蓄水前模型参数的 ETAS 拟合结果

发生了变化,背景地震活动性的增加伴随地震触发能力的增长,符合孔隙压升高引起的地震活动特征。其中区域 1 的差异产生相对于区域 2 有约 3 个月的延迟,这说明地震活动性变化的延迟与蓄水位置、相对水库距离有很强的关联性。对于区域 1 和区域 2,地震活动性改变后,地震触发能力明显提高,需要进一步对背景地震活动和地震触发能力进行量化研究。

与区域1和区域2不同的是，模型对区域3在溪洛渡蓄水后的地震活动预测与实际地震活动拟合效果好，表明区域3在蓄水前后的地震活动性无明显变化，且区域3的地震活动主要以地震触发为主，受水库蓄水影响很小。

总的来说，地震的时间-深度分布表明溪洛渡蓄水之后，区域1和区域2的地震活动明显增加，且时间上与孔隙压变化、孔隙压相对变化及孔隙压相对日变化的时间一致。水库蓄水后，地震的深度由5~15km扩散至0~15km内，且主要分布在0~10km深度，符合孔隙压扩散在浅层诱发地震的特征。区域3的地震震源深度在蓄水前后没有明显改变，主要分布于5~10km，在溪洛渡蓄水后只有少量地震发生在0~5km深度，相对区域1和区域2受水库蓄水的影响小。各区域的b值分析表明，区域2在蓄水后产生高b值异常，说明区域2地震活动受水库蓄水引起孔隙压增加的影响，而区域1和区域3无明显高b值异常。ETAS模型预测的地震活动性结果表明，区域1和区域2在水库蓄水后，背景地震活动和地震触发能力与蓄水前存在显著差异，符合受孔隙压增大影响的地震活动特征。区域3作为参考区，模型预测的地震活动在蓄水前后地震活动没有明显差异，说明该区域受水库蓄水的影响很小。

9.7 讨论

本节利用流固耦合的孔隙弹性理论对溪洛渡、向家坝水库蓄水产生的应力场时空演化进行了有限元模拟，同时考察了两次$M_S 5.0$以上地震受到的孔隙压和库仑应力变化。在流固耦合的孔隙弹性介质模拟中，渗透率决定了地下流体在孔隙介质中的传导速度，是一个极为关键的参数。前人的研究认为在地表附近渗透率范围为$10^{-11} \sim 10^{-13} m^2$，在地壳40km深度范围内为$10^{-14} \sim 10^{-20} m^2$，而断层的渗透率通常比周围岩石高1~2个数量级。考虑到前人的地表调查结果显示研究区域包含多个库水强渗透区和库水一般渗透区，我们对地下介质的渗透率设定与岩石力学的结果保持一致，孔隙压在地下介质中的传播较慢，从而造成了地震受到的孔隙压力增加较小，下一步的工作中应针对不同区域、不同深度，使用具有差异的渗透率进行模拟，获取更为准确的孔隙压演化。

另外，考虑到溪洛渡和向家坝水库是沿金沙江而建的峡谷型水库，其蓄水会使金沙江流域的水位同步上涨，因此我们在设定边界条件时，将模型地表的河流节点都加载了同步变化的水位，相比其他研究中仅针对溪洛渡水库大坝加载边界条件，这里的加载方式更符合实际，引起的孔隙压变化也更加快速。

在进行库区应力场演化的计算时，除了精细的断层模型和有效的模拟计算方法，研究区域内的参数选取也至关重要。在本章的模拟计算过程中，虽然渗透率无法直接获取，但可以通过其他方式间接限定其范围。由于孔隙压的改变会引起背景应力场的变化，从而影响背景地震活动和地震触发率，因此可以通过ETAS模型检验背景地震活动μ等模型参数的变化，进而反映孔隙压扩散过程。如ETAS模型预测结果表明区域1的地震活动变化相对区域2有延迟，这是区域1和区域2的几何中心距库区的距离不同而导致的。区域3的地震活动性虽然没有明显改变，但区域3的浅层地震活动在溪洛渡蓄水后，也发生了约半年的延迟现象。通过地震活动性的研究，对比模拟结果从而限定渗透率的范围，可以获得更为准确的应力场演化结果。

应用ETAS模型选取蓄水前地震进行模型优化，可以用来预测后续的地震活动，对比预测与实际地震活动，检验孔隙压演化计算的正确性。通过分析蓄水后ETAS模型中背景地震活动μ、地震触发参数K和α等参数的变化，可以反映背景应力场的变化，分析蓄水带来的影响，优化模拟过程中所需使用的参数。本项目未来将对蓄水后的参数变化进行优化分析，为库区的地震风险估计提供重要参考。

9.8 结论

溪洛渡、向家坝水库蓄水使周围地区的孔隙压上升了0.1MPa以上，与地震活动的分布具有一定的时空关联。溪洛渡库区的$M_S5.1$和$M_S5.2$地震分别受到水库蓄水引起的约0.089MPa和0.112MPa的库仓应力加载作用。在溪洛渡和向家坝库区，水库蓄水引起的孔隙压升高使地震活动在深度0~5km的浅层明显增多。地震活动与孔隙压的变化速率有较高的关联，地震发生时间与到水库的距离有关。在距离水库相对较远的区域（10km以外），地震活动受孔隙压影响较小，其变化不明显。

发地震还是构造地震活动，水库地震的发生机理是什么，随蓄水过程水库地震的动态发展和趋势判定等问题，都是被提出和重点关注的科学和社会问题。水库在高烈度区大规模建设的现实是我们面临的新形势，也是中国水库建设向水库地震研究者提出的新问题。上述水库诱发地震特征大多是来自于库盆型水库地震的震例，库盆型水库通常是建设在背景地震活动性较弱的地区，研究所积累的地震活动特征及其与蓄水过程的关系、成因机制等还受到观测条件和研究技术的制约，以建立在不完全数据基础上的统计分析为主，存在一定程度的局限性。显然，高烈度区水库地震研究尚需要在高质量地震观测基础上，采取前沿的方法和综合手段开展综合和深入的分析，并不断积累观测数据和提炼研究结果。结合金沙江下游几个水库近年仍处于蓄水水位动态变化过程，开展对这些关键问题的研究，即是水库地震研究的前沿课题，也具有强烈的紧迫性和实际意义。

近70多年的水库诱发地震研究表明，水库诱发/触发地震的发生，是局部地质条件与水库属性及具体蓄水过程共同作用的结果。诱发地震活动特征与构造地震之间存在显著的差异，不同的构造条件下其孕育和发展规律也不同。总体来说，相对较大的水库地震（$M \geqslant 4.0$级）往往与断层、裂隙或隐伏断层的活化有关，主要机理是流体通过物理或化学作用影响着断层、裂隙或岩石的变形机制，从而影响断层的力学性质，导致地震的发生。而较小的诱发地震活动则与岩性关系较密切。一般来讲库容较大的水库导致相对较大的水库地震活动。库区精细的三维介质结构，断层准确的空间分布及产状是诱发地震危险性分析需要解决的关键科学问题。

10.2 溪洛渡水库区地震成因分析

从地貌上看，溪洛渡库首区属于高山峡谷地貌，金沙江河谷在海拔400m左右，附近山峰最高达到3400m左右，高差3000m。金沙江由正南向东北方向流淌，基本上受到地层和断裂的控制。溪落渡水库区和向家坝水库区主要地层从古生代、中生代到新生代地层都有分布，但出露地表的地层中近一半地层是古生代地层，其次是三叠系，约占33%，16%为侏罗系—白垩系。广泛地分布着灰岩，剩余1%地层是第四系，分布在雷波县城和马湖等地（马文涛等，2015）。

库区支流水系以北西向为主，表明整个区域发育北西向张性或张扭性裂隙。库首区，大坝西侧的库段为石灰岩峡谷地段，大坝东侧的库段为峨眉山玄武岩地段。雷波—永善盆地分布着古生代地层。

从地表出露地层倾角的空间展布特征上看（图10.2），存在着一系列的背斜轴部分布，其走向分别为北北西向或近南北向和北东向，这与该地区的北北西向或近南北向的峨边—金阳断裂带、北东向的雷波断裂带和北东向的莲峰断裂带等构造走向基本一致。它们都反映了地壳中不同的变形过程，只不过背斜是地壳褶皱变形。考虑到背斜和断裂带之间的空间位置关系，北北西向或近南北向的峨边—金阳断裂带、北东向的雷波断裂带和北东向的莲峰断裂带等构造发育在这些背斜轴部上或附近区域，说明断裂带是强烈地壳褶皱变形的最后结果。

在溪落渡水库区和向家坝水库区附近，古生代、中生代到新生代地层都有灰岩出露，其中以古生代的二叠纪和三叠纪最为突出，这两个地层中碳酸岩纯度最高，水溶蚀现象突出。

第10章 溪洛渡水库区地震活动成因浅析

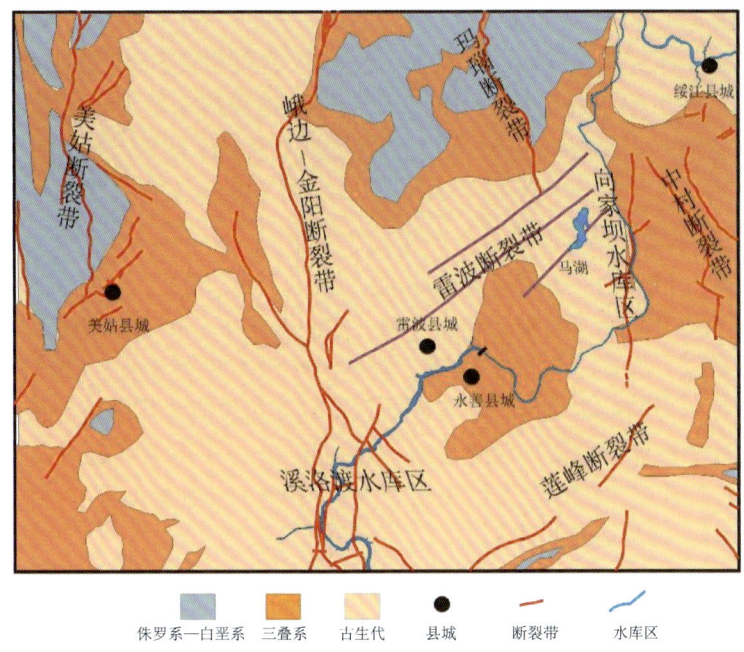

图 10.1 溪落渡水库区和向家坝水库区主要地层分布图（马文涛等，2015）

如图 10.2 所示，在雷波县城下山公路边、千万贯乡、金沙江边岩石上等地可见大量小规模的溶洞出露。

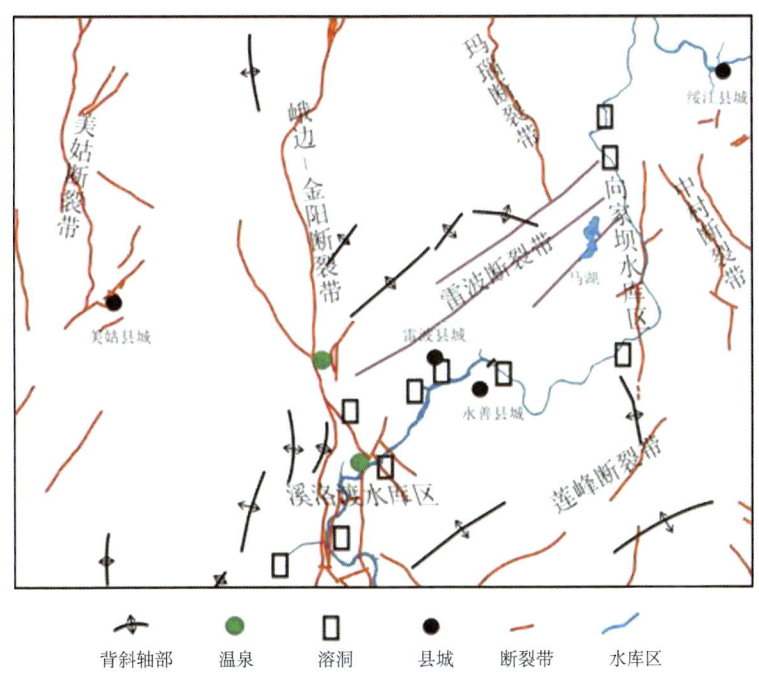

图 10.2 溪落渡水库区和向家坝水库区主要背斜、岩溶发育、温泉分布图（马文涛等，2015）

如图3.2、图4.4所示,在蓄水前的11个月时间里,只在大坝附近有零星几次地震发生。溪洛渡蓄水后,水库不同区域的地震活动表现出不同的特征,蓄水后微震很快沿河流分布且并未随时间向外扩散,20个月后河流两岸的地震地震活动呈现出主要沿大坝上下游河流两岸分布、在雷波—永善盆地内部形成2个北西向地震条带状展布的特征。下面分别讨论其可能的发震成因。

1. 大坝上下游河流两岸地震活动

溪洛渡蓄水后,沿大坝上下游河流两岸的地震活动迅速增强,出现以微震为主的地震活动,时间上随着水位升高快速响应又快速衰减,空间上集中分布于沿着金沙江河道两岸的石灰岩层中,深度较浅,大部分在5km以浅,震级大小没有显著变化。其成因可能一方面由于在峡谷底部是原岩应力的集中区,峡谷段往往是局部边坡应力作用下的重力不稳定区;另一方面可能由于峡谷段基岩裸露、裂隙发育,且在图10.2中可见多处溶洞分布,利于库水的渗透所导致(丁原章,1989a、b;Simpson等,1988)。随着地壳应力达到新的平衡,2015年后活动强度迅速减弱且趋于平稳。

2. 雷波—永善盆地内部地震活动

如第1章所述,雷波—永善盆地是一个被南北向和北东向构造所围陷的向斜构造盆地,在盆地内发育有次一级的褶皱,产状平缓,倾角5°~15°,地表未见大的断层分布。盆地四周由古生界地层构成,两翼不对称。2013年5月4日溪洛渡大坝开始蓄水后,逐渐在库首区永善库段的右岸雷波—永善盆地内部白胜村至务基镇形成了2个基本平行的北西向地震活动条带,在这两个条带上分别发生了2014年4月5日白胜村$M_S5.1$和2019年6月5日$M4.2$地震、2014年8月17日务基镇$M_S5.2$地震和2019年5月16日$M4.7$地震。

2013年5月4日溪洛渡开始蓄水后,在$M_S5.1$地震震中与主河道之间出现了微震活动,并呈现随时间向远离河流方向逐渐迁移的特征,蓄水11个月后发生的2014年4月5日$M_S5.1$地震,表现为对库区已位于高水位后再次高速下降的快速响应。$M_S5.1$地震的机制解揭示其发震构造走向为北东向、逆冲机制。白胜村$M_S5.1$的所有近台记录都到了极为发育的面波(图10.3、图10.5),表明这次地震的震源深度较浅,与矩张量反演结果一致,震源深度介于2~3km。白胜村$M_S5.1$地震震源谱为简单的自停止特征,释放应力较大为126.4MPa,表明雷波—永善盆地长期以来已经积累了较高程度应力,同时还受到水库蓄水引起的约0.089MPa的库仓应力加载作用。此次地震发生后,除了此次地震的余震形成了北东方向的余震条带(第6章的小震机制解显示这些余震与5.1级地震同为逆冲机制)外,小震继续向南东方向延伸,形成了一个沿北西向、尺度约6km的小震条带,揭示了这里还存在一个北西走向的隐伏断层活动。2015年4月后该条带中北段地震活动减弱,南段小震活跃并形成两个小震群,西侧小震群与中段地震条带衔接,东侧的小震群在2019年6月5日发生$M4.2$地震,是该条带上震级仅次于$M_S5.1$的地震。

2014年8月17日务基镇$M_S5.2$地震的序列类型和震源特性与4月5日白胜村$M_S5.1$地震存在明显不同(图10.4、图10.5)。蓄水后,深度较浅的地震迅速在2014年8月17日$M_S5.2$地震震源东南形成小震条带,$M_S5.2$地震的余震也非常发育,前—主—余地震形成一条清晰的、约10km北西走向的地震条带,垂直于江岸,序列具有0.7左右的低b值。震源

第10章 溪洛渡水库区地震活动成因浅析

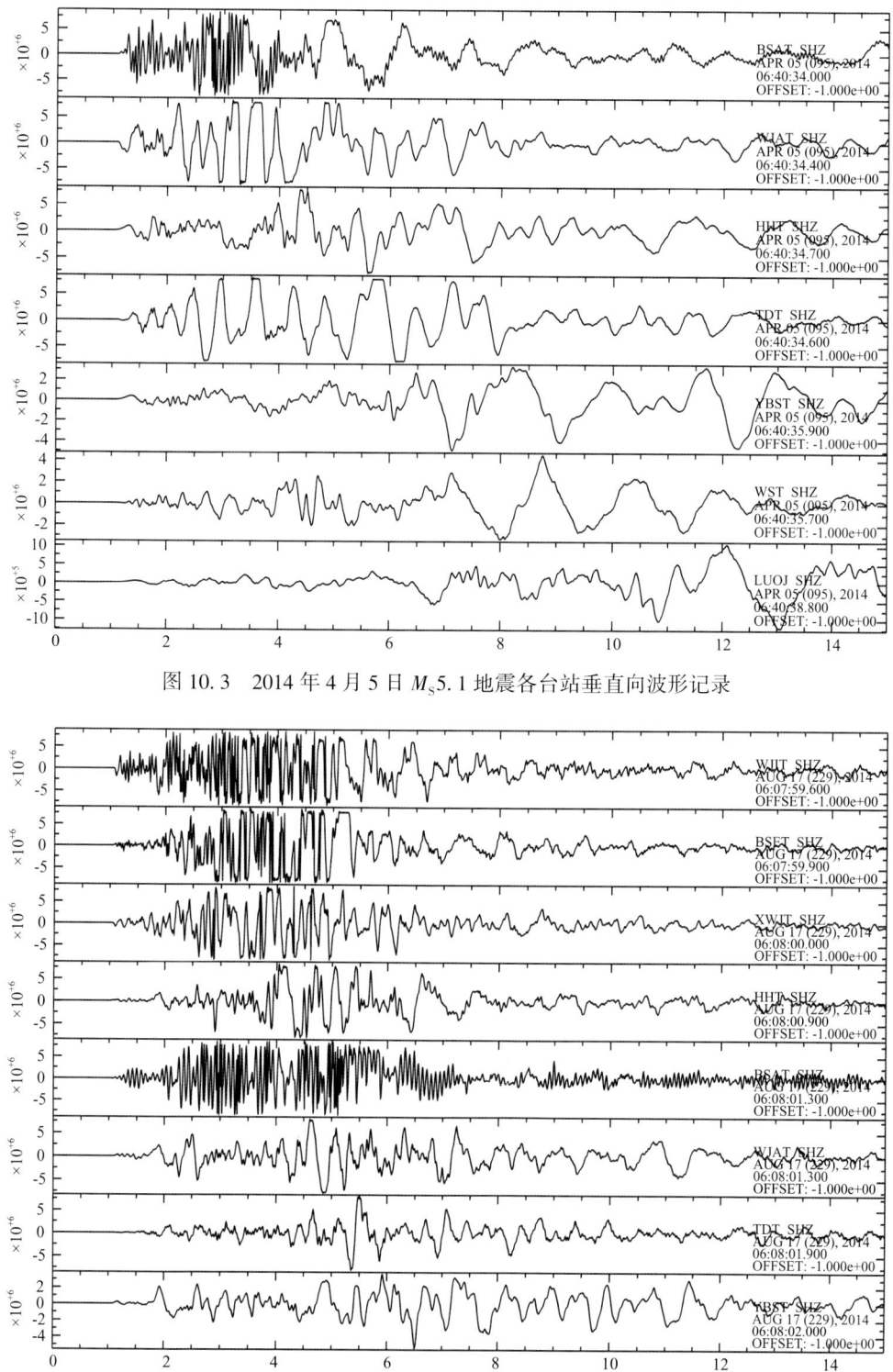

图10.3 2014年4月5日 $M_S5.1$ 地震各台站垂直向波形记录

图10.4 2014年8月17日 $M_S5.2$ 地震各台站垂直向波形记录

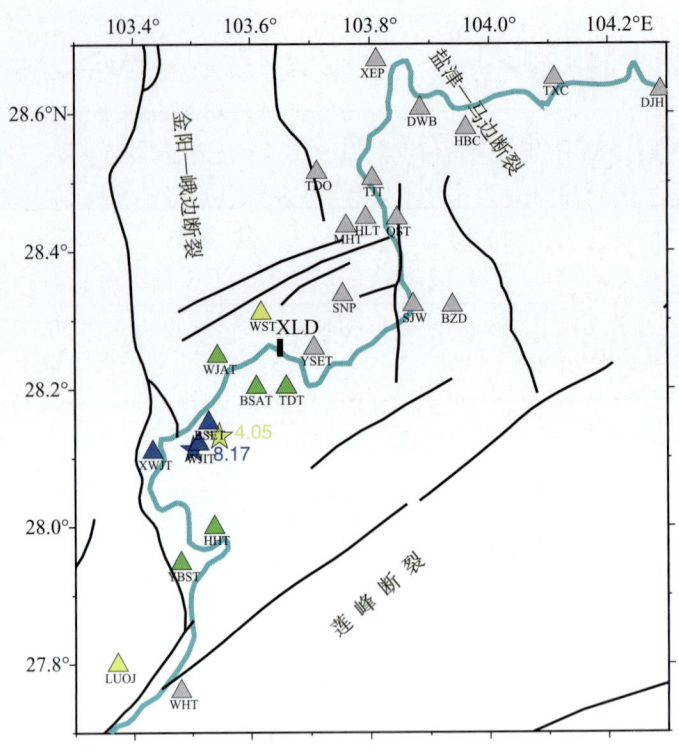

图 10.5 两次 5 级地震及周围台站分布

绿色三角形代表对 2 次 5 级地震均有记录的台站；黄色三角形代表仅对 4 月 5 日 $M_S5.1$ 地震有记录的台站；蓝色三角形代表对 8 月 17 日 5.2 地震有记录的台站

机制解反演得到这次地震是走滑机制类型，深度 6km，其中的一个节面与小震条带完全一致。我们确定 $M_S5.2$ 地震的发震构造是一条走向北西、倾向东南的左旋隐伏断层。此隐伏断层可能是地质调查给出的止于金沙江左岸的金阳—峨边断裂的分支断层的一部分，$M_S5.2$ 地震及其余震发生在该断层较深的部位，深浅构造倾角不同。北西向左旋走滑断层受到其东南端近东西向右旋走滑小断层的阻挡而停止向东南方向的扩展。此次 $M_S5.2$ 地震释放了 67.1MPa 的应力，受到水库蓄水引起的 0.112MPa 的库仓应力加载作用。

第 9 章基于 ETAS 模型的研究表明，溪洛渡库区的地震在蓄水后出现高 b 值异常，说明溪洛渡库首区的地震活动受水库蓄水引起孔隙压增加的影响。ETAS 模型预测的地震活动性结果表明，溪洛渡水库库首区及向家坝库尾段在蓄水后，背景地震活动和地震触发能力与蓄水前存在显著异差，符合受孔隙压增大影响的地震活动特征。

综合本书各部分的研究结果，我们认为溪洛渡库首区发生的这两次 $M_S5.1$ 和 $M_S5.2$ 地震，与一条北东向、一条北西向的隐伏构造活动有关。4 月 5 日 $M_S5.1$ 地震是走向北东向处于应力临界状态的逆冲性质的褶皱构造在扩散孔压作用下发生活动所导致，褶皱构造埋深较浅。8 月 17 日北西向隐伏构造属于河道左岸峨边—金阳断裂带的分支断裂。推测蓄水后河流两侧微小地震的持续发生使断层带的连通性变好，水位升高和水头压力增大使岩石孔隙压增强，库水沿断层带渗透扩散，断层摩擦力降低、正应力减小，断层的抗剪强度变小，使处于临界应力状态的断层发生较大范围错动。同时，随着时间的推移，库水的渗透和孔隙压扩散也使地震向河流两岸更远的地方延伸。这正如新丰江水库地震的成因研究所揭示的，库区地震的发生主要受控于当地的岩性、地质构造特征和背景应力强度，蓄水引发的水的渗透作用和孔隙压增强是地震发生的诱因（He 等，2018；Dong 等，2022）。

在北西向近水平区域主压应力作用下，蓄水引起的应力扰动和孔隙压效应更易使北西向左旋走滑和北东向逆冲断层滑动。库首区位于马边—盐津强震带、峨边—金阳断裂带和莲峰断裂带包围的相对稳定的小块内，相对稳定的块体能积累较高的应变能，且该区蓄水后的应力场与区域应力场一致。透水良好的碳酸盐库基、利于滑动的断层走向、与背景应力方向一致的附加应力的加持，最终导致了溪洛渡水库中强地震的发生。从已知断层的位置和滑动性质来看，库首区地震活动与周边其他已知断层的关系并不明显。

洛渡库区高分辨率三维可视化构造模型。该模型包含了 26 条库区断裂的详细信息，包括产状、长度、断层性质等。相对于前人对该地区的研究，新增加 12 条断层。

（10）构建了库区带地形和精细断层模型的三维模型，实现精准计算蓄水导致的库区断层孔隙压力场及库仑应力场的时空演化，可动态分析库区各断层的库仑应力变化，为地震危险性分析提供依据。所建模型集成了库区精细三维断层系统、金沙江江底的海拔数据以及金沙江水位的时空变化。库区蓄水前后孔隙压力场的时空演化计算结果表明，地震活动与孔隙压的相对日变化有较高的关联，且随着与水库距离的增加存在相应延时。溪洛渡水库蓄水使周围地区的孔隙压上升了 0.1MPa 以上，最高超过 0.4MPa。溪洛渡库区 $M_S5.1$ 和 $M_S5.2$ 地震受到水库蓄水引起的约 0.089MPa 和 0.112MPa 的库仑应力加载作用。在距离水库相对较远的区域，地震活动受孔隙压影响较小。

参 考 文 献

GB 21075—2007，水库诱发地震危险性评价 [S]，北京：中国标准出版社
曹忠权、汪一鹏、殷秀华等，1993，马边地震带发震构造背景的初步研究 [J]，中国地震，(04)：87~97
常廷改，2006，岩溶塌陷型水库地震的形成条件分析 [J]，水文地质工程地质，33 (5)：4
常廷改、胡晓，2018，水库诱发地震研究进展 [J]，水利学报，49 (09)：1109~1122
陈翰林、赵翠萍、修济刚等，2009，龙滩水库地震精定位及活动特征研究 [J]，地球物理学报，52 (08)：2035~2043
程佳、刘杰、甘卫军等，2011，川滇菱形块体东边界各断层段强震演化特征研究 [J]，中国科学：地球科学，41 (09)：1311~1326
程佳、刘杰、徐锡伟、甘卫军，2014，大凉山次级块体内强震发生的构造特征与2014年鲁甸6.5级地震对周边断层的影响，地震地质，(04)：1228~1243
程万正、刁桂苓、吕弋培等，2003，川滇地块的震源力学机制、运动速率和活动方式 [J]，地震地质，25 (1)：71~87
程万正、阮祥、张致伟、邵玉萍，2022，高烈度区水库地震研究例析，北京：地震出版社
邓起东、张培震、冉勇康、杨小平，2002，中国活动构造基本特征，中国科学：D辑，32 (12)：1020~1030
刁桂苓、王曰风、冯向东等，2014，溪洛渡库首区蓄水后震源机制分析 [J]，地震地质，36 (3)：14
丁原章，1989a，水库诱发地震 [M]，北京：地震出版社
丁原章，1989b，中国的水库诱发地震 [J]，华南地震，(01)：64~72
丁原章、潘建雄、肖安予等，1983，新丰江水库诱发地震的构造条件，地震地质，5 (3)：63~74
段斌，2020，企业视角下我国水电高质量发展方向探讨，能源科技，18 (6)：1~5
段梦乔、赵翠萍，2019，金沙江下游水库区地震震源机制特征，地震地质，41 (5)：1155~1171
冯向东、岳秀霞、王曰风等，2015，由向家坝水库震源机制探讨诱发地震的成因 [J]，地震地质，37 (2)：565~575
顾功叙，1983，中国地震目录（公元前1831—公元1969年）[M]，北京：科学出版社，894
郭威，2016，马边—大关地震带地震活动性研究 [D]，云南大学
郭伟、赵翠萍、左可桢、赵策，2022，金沙江下游白鹤滩水库蓄水前后地震活动特征，doi：10.6038/cjg2022Q0119
韩德润，1993，马边—永善地震带构造形式及地震特征，地震地质，(03)：253~260
韩德润、王继存、张国庆，1994，向家坝水库诱发地震危险性初步分析 [J]，地壳构造与地壳应力文集，(1)：12
韩竹军、何玉林、安艳芬等，2009，新生地震构造带——马边地震构造带最新构造变形样式的初步研究，地质学报，83 (02)：218~229
何宏林、池田安隆、何玉林、东乡正美、陈杰、陈长云、冈田真介，2008，新生的大凉山断裂带——鲜水河—小江断裂系中段的裁弯取直，中国科学（D辑：地球科学），(05)：564~574
侯治华、韩德润、梁金鹏，1999，关于1844年云南大关北地震问题的讨论，地球物理学进展，14 (1)：78~83
华卫、陈章立、郑斯华、晏纯清，2010，三峡水库地区震源参数特征研究，地震地质，(04)：533~542

华卫、陈章立、郑斯华、晏纯清，2012，水库诱发地震与构造地震震源参数特征差异性研究——以龙滩水库为例，地球物理学进展，（03）：924~935

黄金莉、赵大鹏，2005，首都圈地区地壳三维P波速度细结构与强震孕育的深部构造环境，科学通报，50（4）：348~355

蒋海昆、张晓东、单新建等，2014，中国大陆水库地震统计特征及预测方法研究［M］，北京：地震出版社，1~312

雷兴林、马胜利、闻学泽等，2008，地表水体对断层应力与地震时空分布影响的综合分析——以紫坪铺水库为例，地震地质，30（4）：1046~1064

李大虎、丁志峰、吴萍萍等，2019，川滇交界东段昭通、莲峰断裂带的深部结构特征与2014年鲁甸$M_S6.5$地震，地球物理学报，62（12）：4571~4587

李大虎、吴萍萍、丁志峰，2015，四川芦山$M_S7.0$地震震源区及其周边区域P波三维速度结构研究，地震学报，37（3）：371~385

李建有、石宝文、徐晓雅等，2018，利用远震接收函数探测四川盆地及周边地区的地壳结构，地球物理学报，61（7）：2719~2735

李全林、陈锦标、于渌等，1978，b值时空扫描——监视破坏性地震孕育过程的一种手段［J］，地球物理学报，（2）

李锐、杜治洲、杨佳刚，2019，中国水电开发现状及前景展望，水科学与工程技术，6：73~77

李永华、吴庆举、田小波等，2009，用接收函数方法研究云南及其邻区地壳上地幔结构，地球物理学报，52（1）：67~80

刘杰、郑斯华、黄玉龙，2003，利用遗传算法反演非弹性衰减系数、震源参数和场地响应，地震学报，（02）：211~218

刘伟、吴庆举、张风雪，2019，利用双差层析成像方法反演青藏高原东南缘地壳速度结构，地震学报，41（2）：155~168

卢德源、崔作舟、黄立言、陈纪平，1989，康滇南北构造带北段丽江—西昌—新市镇地区地壳结构，中国地质科学院562综合大队集刊

罗建伟、李勇、叶建庆，2020，溪洛渡水库影响区地震活动性分析，地震研究，43（1）：118~124

马文涛、蔺永、苑京立等，2013，水库诱发地震的震例比较与分析［J］，地震地质，35（04）：914~929

马文涛、罗佳宏、袁京立，2015，关于2015年溪落渡水库区断裂、岩溶和地震调查的结果，内部资料

梅世蓉、薛艳、尹京苑，1999，唐山、邢台地震序列特征与三维速度结构的关系—兼论强震群型地震的预测问题［J］，地震学报，02

钱晓东、秦嘉政、刘丽芳，2011，云南地区现代构造应力场研究［J］，地震地质，33（1）：91~106，doi：10.3969/j.issn.0253-4967.2011.01.009

任纪舜，1980，中国大地构造及其演化［M］，北京：科学出版社，1~116

阮祥、程万正、乔惠珍等，2010，马边—大关构造带震源参数及应力状态研究，地震研究，33（04）：294~376

石玉涛、高原、张永久等，2013，松潘—甘孜地块东部、川滇地块北部与四川盆地西部的地壳剪切波分裂，地球物理学报，56（2）：481~494

苏珊、韩立波、郭祥云，2020，溪洛渡水库近场区蓄水前后震源机制及应力场研究，地震研究，43（2）：402~411

孙成民，2010，四川地震全记录（上卷）［M］，成都：四川人民出版社

唐荣昌、韩胃宾，1993，四川活动断裂与地震［M］，北京：地震出版社

汪一鹏、胡毓良、蒋溥等，1990，金沙江溪洛渡水电站工程地震综合研究报告

王长在、吴建平、杨婷等,2018,太原盆地及周边地区双差层析成像,地球物理学报,61(3):963~974

王椿镛、Mooney W D、王溪莉等,2002,川滇地区地壳上地幔三维速度结构研究[J],地震学报,24(1):1~16

王夫运、段永红、杨卓欣等,2008,川西盐源—马边地震带上地壳速度结构和活动断裂研究——高分辨率地震折射实验结果,中国科学 D 辑:地球科学,38(5):611~621

王辉、曹建玲、荆燕等,2012,川滇地区强震活动前 b 值的时空分布特征[J],地震地质,34(03):531~543

王妙月、杨懋源、胡毓良等,1976,新丰江水库地震的震源机制及其成因的初步探讨[J],中国科学,19(01):85~97

王敏、沈正康,2020,中国大陆现今构造变形:三十年的 GPS 观测与研究,中国地震,36(4):660~683

王勤彩,2016,中国地震局监测司《金沙江中下游梨园、鲁地拉、溪洛渡和向家坝水库地震活动特征研究》项目课题报告

王勤彩、赵翠萍、华卫,2015,中国水库地震震例,北京:地震出版社

王阎昭、王恩宁、沈正康等,2008,基于 GPS 资料约束反演川滇地区主要断裂现今活动速率,中国科学 D 辑:地球科学,38(5):582~597

闻学泽、杜方、龙锋等,2011,小江和曲江—石屏两断裂系统的构造动力学与强震序列的关联性,中国科学:地球科学,(05):713~724

闻学泽、杜方、易桂喜等,2013,川滇交界东段昭通、莲峰断裂带的地震危险背景[J],地球物理学报,56(010):3361~3372

吴建平、杨婷、王未来等,2013,小江断裂带周边地区三维 P 波速度结构及其构造意义,地球物理学报,56(7):2257~2267

肖白云,2013,溪洛渡水电站巨大的综合效益,中国三峡,7:12~16

徐涛、张忠杰、刘宝峰等,2015,峨眉山大火成岩省地壳速度结构与古地幔柱活动遗迹:来自丽江—清镇宽角地震资料的约束,中国科学:地球科学,45(5):561~576

徐锡伟、程佳、许冲、李西、于贵华、陈桂华、谭锡斌、吴熙彦,2014,青藏高原块体运动模型与地震活动主体地区讨论:鲁甸和景谷地震的启示,地震地质,36(04):1116~1134

徐锡伟、韩竹军、杨晓平等,2016,中国及邻近地区地震构造图,北京:地震出版社

徐小明、丁志峰、张风雪,2015,南北地震带南段远震 P 波走时层析成像研究,地球物理学报,58(11):4041~4051

阎春恒、周斌、陆丽娟等,2015,龙滩水库蓄水后库区中小地震震源机制[J],地球物理学报,58(11):4207~4222

杨磊、李保华、常廷改,2019,向家坝水电站蓄水前后库区地震活动特征[J],大地测量与地球动力学,39(9):919~923

杨卓欣、刘宝峰、王勤彩等,2013,新丰江库区上地壳三维细结构层析成像,地球物理学报,56(4):1177~1189

叶秀薇、邓志辉、黄元敏等,2017,新丰江水库中上地壳 P 波三维速度结构特征及库水的渗透影响,地球物理学报,60(9):3432~3444

易桂喜、闻学泽、张致伟等,2010,川南马边地区强震危险性分析,地震地质,32(02):282~293

张超然、陈先明、朱红兵,2009,金沙江下游梯级水电站抗震安全分析,四川大学学报,41(03):1~6

张超然、陈先明、朱红兵,2020,金沙江下游梯级水电站抗震安全分析,四川大学学报,41(3):1~5

张培震、邓起东、张国民等,2003,中国大陆的强震活动与活动地块,中国科学:D 辑,33(增刊):12~20

张培震、沈正康、王敏、甘卫军,2004,青藏高原及周边现今构造变形的运动学,地震地质,(03):367~377

张培震、王琪、马宗晋，2002，青藏高原现今构造变形特征与GPS速度场，地学前缘，(02)：442~450

张世民、聂高众、刘旭东、任俊杰、苏刚，2005，荥经—马边—盐津逆冲构造带断裂运动组合及地震分段特征，地震地质，(02)：221~233

张世民、聂高众、刘旭东等，2005，荥经—马边—盐津逆冲构造带断裂运动组合及地震分段特征，地震地质，(02)：221~233

赵策，2022，金沙江下游地区水库地震活动特征研究［D］，中国地震局地震预测研究所

赵翠萍、陈章立、华卫、王勤彩、李志雄、郑斯华，2011，中国大陆主要地震活动区中小地震震源参数研究，地球物理学报，(06)：1478~1489

赵静、刘杰、牛安福等，2014，大凉山次级块体周边断层的闭锁特征，地震地质，36（04）：1135~1144

中国地震局地质研究所、四川省地震局，1990，金沙江溪洛渡水电站工程地震综合研究报告［R］

中国地震局震害防御司，1999，中国近代地震目录［M］，北京：中国科学技术出版社

左可桢、陈继锋，2018，门源地区地壳三维体波速度结构及地震重定位研究，地球物理学报，61（7）：2788~2801

Abercrombie R E, 2014, Stress drops of repeating earthquakes on the San Andreas Fault at Parkfield: Stress drops of repeating earthquakes, Geophysical Research Letters, 41（24）：8784-8791

Abercrombie R E, 2015, Investigating uncertainties in empirical Green's function analysis of earthquake source parameters: uncertainties in EGF analysis, Journal of Geophysical Research: Solid Earth, 120（6）：4263-4277

Abercrombie R, Leary P, 1993, Source parameters of small earthquakes recorded at 2.5km depth, Cajon Pass, southern California: implications for earthquake scaling, Geophysical Research Letters, 20（14）：1511-1514

Aki K, 1965, Maximum likelihood estimate of b in the formula $\lg N=a-bM$ and its confidence limits［J］，Bulletin of the Earthquake Research Institute, University of Tokyo, 43（2）：237-239

Aki K, Christofferson A, Husebye E S, 1977, Determination of the three-dimensional seismic structure of the lithosphere, J. Geophys. Res., 82：277-296

Aki K, Lee W H K, 1976, Determination of three-dimensional velocity anomalies under a seismic array using first P arrival times from local earthquakes, 1, A homogeneous initial model, J. Geophys. Res., 81：4381-4399

Bell M L, Nur A, 1978, Strength changes due to reservoir-induced pore pressure and stresses and application to lake Oroville, J Geophys Res, 83：4469-4483

Biot M A, 1956, Theory of propagation of elastic waves in a fluid-saturated porous solid, I. Low-frequency range, The Journal of the acoustical Society of america, 28（2）：168-178

Boatwright J, 1980, A spectral theory for circular seismic sources; simple estimates of source dimension, dynamic stress drop, and radiated seismic energy, Bulletin of the Seismological Society of America, 70（1）：1-27

Bouchon M, 1981, A simple method to calculate Green´s functions for elastic layered media［J］，Bulletin of the Seismological Society of America, 71（4）：959-971

Bouchon M, 2003, A Review of the Discrete Wavenumber Method［J］，Pure & Applied Geophysics, 160（3）：445-465

Brune J N, 1970, Tectonic stress and the spectra of seismic shear waves from earthquakes. Journal of Geophysical Research, 75（26）：4997-5009

Catchings R D, Dixit M M, Goldman M R et al., 2015, Structure of the Koyna-Warna Seismic Zone, Maharashtra, India: A possible model for large induced earthquakes elsewhere, Journal of Geophysical Research: Solid Earth, 120（5）：3479-3506

Clément Narteau, Svetlana Byrdina, Peter Shebalin, Danijel Schorlemmer, 2009, Common dependence on stress for the two fundamental laws of statistical seismology [J], Nature, 462 (7273): 642-645

Dahm T, Becker D, Bischoff M et al., 2013, Recommendation for the discrimination of human-related and natural seismicity, Journal of Seismology, 17 (1): 197-202

Dieterich J, 1994, A constitutive law for rate of earthquake production and its application to earthquake clustering, Journal of Geophysical Research: Solid Earth, 99 (B2): 2601-2618

Dixit M M, Kumar S, Catchings R D et al., 2014, Seismicity, faulting, and structure of the Koyna-Warna seismic region, Western India from local earthquake tomography and hypocenter locations, Journal of Geophysical Research: Solid Earth, 119 (8): 6372-6398

Dong S, Li L, Zhao L, Shen X, Wang W, Huang H et al., 2022, Seismic evidence for fluid-driven pore pressure increase and its links with induced seismicity in the Xinfengjiang Reservoir, South China, Journal of Geophysical Research: Solid Earth, 127, e2021JB023548, https://doi.org/10.1029/2021JB023548

Eberhart-Phillips D, 1986, Three-dimensional velocity structure in northern California Coast Ranges from inversion of local earthquake arrival times, Bulletin of the Seismological Society of America, 76 (4): 1025-1052

Eshelby J D, 1957, The determination of the elastic field of an ellipsoidal inclusion, and related problems, Proceedings of the royal society of London, Series A, Mathematical and physical sciences, 241 (1226): 376-396

Feng Z, Jin B, Lei H et al., 2021, Spatiotemporal Characteristics of Reservoir-Induced Earthquakes Using P-Wave Velocity Structures [J], Shock and Vibration

Gao L N, Zhang H J, Yao H J et al., 2017, 3D V_P and V_S models of southeastern margin of the Tibetan plateau from joint inversion of body-wave arrival times and surface-wave dispersion data, Earthquake Science, 30 (1): 17-32

Gephart J W, 1990, Stress and the direction of slip on fault planes, Tectnics, 9: 845-858

Gephart J W, Forsyth D W, 1984, An improved method for determining the regional stress tensor using earthquake focal mechanism data: Application to the San Fernando earthquake sequence, J Geophys Res, 89: 9305-9320

Gilchrist J J, Dieterich J H, Richardsdinger K B, Xu H, 2013, Earthquake Clustering and Triggering of Large Events in Simulated Catalogs, Agu Fall Meeting

Guo H, Zhang H, Froment B, 2018, Structural control on earthquake behaviors revealed by high-resolution V_P/V_S imaging along the Gofar transform fault, East Pacific Rise, Earth Planet. Sci. Lett. 499: 243-255

Gupta H K, 1983, Induced seismicity hazard mitigation through water level manipulation: a suggestion, Bull Seismol Soc Am, 73: 679-682

Gupta H K, 2002, A review of recent studies of triggered earthquakes by artificial water reservoirs with special emphasis on earthquakes in Koyna, India, Earth Science Reviews, 58 (3): 279-310

Haggag H M, Bhattacharya P M, Kamal S et al., 2009, Seismicity and 3D velocity structure in the Aswan Reservoir Lake area, Egypt [J], Tectonophysics, 476 (3-4): 450-459

Hainzl S, Ogata Y, 2005, Detecting fluid signals in seismicity data through statistical earthquake modeling, J. Geophys. Res., 110 (B5), B05S07

Hansen S E, DeShon H R, Moore-Driskell M M et al., 2013, Investigating the P wave velocity structure beneath HarratLunayyir, northwestern Saudi Arabia, using double-difference tomography and earthquakes from the 2009 seismic swarm, Journal of Geophysical Research: Solid Earth, 118 (9): 4814-4826

Harris R A, 1998, Introduction to special section: Stress triggers, stress shadows, and implications for seismic hazard, J. Geophys. Res., 103 (B10): 24347-24358

Hauksson E, 2006, Southern California Hypocenter Relocation with Waveform Cross-Correlation, Part 1: Result Using the Double-Difference Method [J], Aids Policy & Law, 21 (20): 896-903

He L, Sun X, Yang H, Qin J, Shen Y, Ye X, 2018, Upper crustal structure and earthquake mechanism in the Xinfengjiang Water Reservoir, Guangdong, China, Journal of Geophysical Research: Solid Earth, 123

Hua W, Chen Z, Zheng S, 2013a, Source parameters and scaling relations for reservoir induced seismicity in the Longtan reservoir area, Pure and Applied Geophysics, 170: 767-783

Hua W, Zheng S, Yan C et al., 2013b, Attenuation, site effects, and source parameters in the Three Gorges Reservoir area, China, Bull Seismol Soc Am, 103 (1): 371-382

Hua W, Fu H, Chen Z, Zheng S, Yan C, 2015, Reservoir-induced seismicity in high seismicity region—a case study of the Xiaowan reservoir in Yunnan province, China, Journal of Seismology, 19: 567-584

Huang J L, Zhao D P, 2004, Crustal heterogeneity and seismotectonics of the region around Beijing, China, Tectonophysics, 385 (1-4): 159-180

Huang J L, Zhao D P, Zheng S H, 2002, Lithospheric structure and its relationship to seismic and volcanic activity in southwest China, Journal of Geophysical Research: Solid Earth, 107 (B10): ESE 13-1-ESE 13-14

Huang R, Zhu L, John E et al., 2018, Seismic and Geologic Evidence of Water-Induced Earthquakes in the Three Gorges Reservoir Region of China [J], Geophysical Research Letters, 45

Humphreys E, Clayton R W, 1988, Adaptation of back projection tomography to seismic travel time problems, Journal of Geophysical Research: Solid Earth, 93 (B2): 1073-1085

Julia J, Nyblade A A, Durrheim R, Linzer L, Gök R, Dirks P, Walter W, 2009, Source mechanisms of mine-related seismicity, Savukamine, South Africa, Bull. seism. Soc. Am., 99: 2801-814

King G C P, Stein R S, Lin J, 1994, Static stress changes and the triggering of earthquakes, Bull. Seism. Soc. Am, 84 (3): 935-953

Kumazawa T, Ogata Y, Kimura K, Maeda K, Kobayashi A, 2016, Background rates of swarm earthquakes that are synchronized with volumetric strain changes, Earth and Planetary Science Letters, 442: 51-60

Kusalara J, Talwani P, 1992, The role of elastic, undrained, and drained resoinses in triggering earthquakes at Monticello Reservoir, South Carolina [J], Bulletin of the Seismological Society of America, 82 (4): 1867-1888

Lei J, Zhao D, 2009, Structural heterogeneity of the Longmenshan fault zone and the mechanism of the 2008 Wenchuan earthquake (M_S8.0), Geochem. Geophys. Geosyst. 10 (10), doi: 10.1029/2009GC002590

Leloup P H, Lacassin R, Tapponnier P et al., 1995, The Ailao Shan-Red River shear zone (Yunnan, China), Tertiary transform boundary of Indochina, Tectonophysics, 251 (1-4): 3-84

Li J L, Zhang H J, Kuleli H S et al., 2011, Focal mechanism determination using high-frequency waveform matching and its application to small magnitude induced earthquakes [J], Geophysical Journal International, 184: 1261-1274

Liao L, Li P G, Yang J S, Feng J Z, 2020, The simulation of rupture dynamics from potential earthquakes around XiLuoDu reservoir dam, China, 302, 106488, https://doi.org/10.1016/j.pepi.2020.106488

Lu R Q, Liu Y D, Xu X W et al., 2019, Three-dimensional model of the lithospheric structure under the eastern Tibetan Plateau: Implications for the active tectonics and seismic hazards, Tectonics, 38: 1292-1307

Lu R Q, Wang M M, Li Z G, Liu-Zeng J, 2022, Three-Dimensional Community Active Faults Models of CSES, in China Seismic Experimental Site: Theoretical Framework and Ongoing Practice, Li Y G, Zhang Y, Wu Z (Editors), Springer Nature Singapore, Singapore 91-109, https://doi.org/10.1007/978-981-16-8607-8_5

Madariaga R, 1976, Dynamics of an expanding circular fault. Bulletin of the Seismological Society of America, 66 (3): 639-666

McGarr F, Simpson D, Seeber L, 2002, 40-Case histories of induced and triggered seismicity, International Geophysics, 81: 647-661

Ogata Y, 1998, Space-Time Point-Process Models for Earthquake Occurrences, Annals of the Institute of Statistical Mathematics, 50 (2): 379-402

Ogata Y, Imoto M, Katsura K, 1991, 3-D Spatial Variation of b-Values of Magnitude-Frequency Distribution Beneath the Kanto District, Japan, Geophysical Journal International, 104 (1): 135-146

Onwuemeka J, Liu Y, Harrington R M, 2018, Earthquake stress drop in the Charlevoix Seismic Zone, eastern Canada, Geophysical Research Letters, 45 (22): 12-226

Paige C C, Saunders M A, 1982, LSQR: An algorithm for sparse linear equations and sparse least squares, ACM Transactions on Mathematical Software, 8 (1): 43-71

Pennington C N, Chen X, Abercrombie R E, Wu Q, 2021, Cross validation of stress drop estimates and interpretations for the 2011 Prague, OK, earthquake sequence using multiple methods, Journal of Geophysical Research: Solid Earth, 126 (3), e2020JB020888

Plesch A, Shaw J H, Benson C, Bryant W A, Carena S, Cooke M, Dolan J, Fuis G, Gath E, Grant L, Hauksson E, Jordan T, Kamerling M, Legg M, Lindvall S, Magistrale H, Nicholson C, Niemi N, Oskin M, Perry S, Planansky G, Rockwell T, Shearer P, Sorlien C, Süss M P, Suppe J, Treiman J, Yeats R, 2007, Community Fault Model (CFM) for Southern California, Bulletin of the Seismological Society of America 97: 1793-1802, https://doi.org/10.1785/0120050211

Prieto G A, Parker R L, Vernon Ⅲ F L, 2009, A Fortran 90 library for multitaper spectrum analysis, Computers & Geosciences, 35 (8): 1701-1710

Rastogi B K, Prantik M, 1999, Foreshocks and nucleation of small-to moderate-sized Koyna earthquakes (India) [J], Bulletin of the Seismological Society of America, 89 (3): 829-836

Rice J R, Cleary M P, 1976, Some basic stress diffusion solutions for fluid-saturated elastic porous media with compressible constituents, Reviews of Geophysics, 14 (2): 227-241

Royden L H, Burchfiel B C, Van der Hilst R D, 2008, The geological evolution of the Tibetan Plateau, science, 321 (5892): 1054-1058

Scholz C H, 2015, On the stress dependence of earthquake b value, Geophysical Research Letters, 42 (5): 1399-1402

Shaw J H, Plesch A, Tape C, Suess M P, Jordan T H, Ely G, Hauksson E, Tromp J, Tanimoto T, Graves R, Olsen K, Nicholson C, Maechling P J, Rivero C, Lovely P, Brankman C M, Munster J, 2015, Unified structural representation of the southern California crust and upper mantle, Earth and Planetary Science Letters, 415: 1-15

Shito A, Matsumoto S, Shimizu H et al., 2017, Seismic velocity structure in the source region of the 2016 Kumamoto earthquake sequence, Japan, Geophysical Research Letters, 44 (15): 7766-7772

Simpson D W, Leith W S, Scholz C H, 1988, Two types of reservoir-induced seismicity, Bull. Seismol. Soc. Am. 78: 2025-2040

Simpson D W, Negmatullaev S K, 1981, Induced seismicity at Nurek Reservoir, Bull Seismol Soc Am, 71: 1561-1586

Takwani P, Acree S, 1987, Induced seismicity at Montice ervoir: a case study, U S Geol Suev. Final Tech Rept 271

Tan Y J, Waldhauser F, Tolstoy M, Wilcock W S D, 2019, Axial Seamount: Periodic tidal loading reveals stress dependence of the earthquake size distribution (b value), Earth and Planetary Science Letters, 512: 39-45

Tao W, Masterlark T, Shen Z-K, Ronchin E, 2015, Impoundment of the Zipingpu reservoir and triggering of the 2008 M_W7.9 Wenchuan earthquake, China, Journal of Geophysical Research: Solid Earth, 120 (10):

7033-7047

Tapponnier P, Zhiqin X, Roger F et al., 2001, Oblique stepwise rise and growth of the Tibet Plateau, Science, 294 (5547): 1671-1677

Thomson D J, 1982, Spectrum estimation and harmonic analysis, In: Proceedings of the IEEE, 70: 1055-1096

Thurber C H, 1992, Hypocenter-velocity structure coupling in local earthquake tomography, Physics of the Earth and Planetary Interiors, 75 (1-3): 55-62

Tian J H, Luo Y, Zhao L, 2019, Regional stress field in Yunnan revealed by the focal mechanisms of moderate and small earthquakes, Earth Planet. Phys., 3 (3): 243-252

Tomic J, Abercrombie R E, Do Nascimento A F, 2009, Source parameters and rupture velocity of small $M \leqslant 2.1$ reservoir induced earthquakes, Geophysical Journal International, 179 (2): 1013-1023

Tung S, Masterlark T, Dovovan T, 2018, Transient poroelastic stress coupling between the 2015 M7.8 Gorkha, Nepal earthquake and its M7.3 aftershock, Tectonophysics, 733: 119-131

Utsu T, 1966, A statistical significance test of the difference in b-value between two earthquake groups [J], Journal of Physics of the Earth, 14 (2): 37-40

Vavryčuk V, 2014, Iterative joint inversion for stress and fault orientations from focal mechanisms [J], Geophysical Journal International, 1: 69-77

Wang H F, 2000, Theory of linear poroelasticity, Princeton Series in Geophysics, Princeton University Press, Princeton, N J

Waldhauser F, Ellsworth W L, 2000, A double-difference earthquake location algorithm: Method and application to the northern Hayward fault, California, Bulletin of the Seismological Society of America, 90 (6): 1353-1368

Wen J, Chen X, Xu J, 2018, A dynamic explanation for the ruptures of repeating earthquakes on the San Andreas fault at Parkfield, Geophysical Research Letters, 45 (20)

Wiemer S, McNutt S R, Wyss M, 1998, Temporal and three-dimensional spatial analyses of the frequency-magnitude distribution near Long Valley Caldera, California, Geophysical Journal International, 134 (2): 409-421

Wu J, Suppe J, Lu R, Kanda R, 2016, Philippine Sea and East Asian plate tectonics since 52 Ma constrained by new subducted slab reconstruction methods, Journal of Geophysical Research: Solid Earth, 121: 4670-4741, https://doi.org/10.1002/2016JB012923

Xin H L, Zhang H J, Kang M et al., 2018, High-Resolution Lithospheric Velocity Structure of Continental China by Double-Difference Seismic Travel-Time Tomography, Seismological Research Letters, 90 (1): 229-241

Xu J, Zhang H, Chen X, 2015, Rupture phase diagrams for a planar fault in 3-D full-space and half-space, Geophysical Journal International, 202 (3): 2194-2206

Yamashita F, Fukuyama E, Xu S, Kawakata H, Mizoguchi K, Takizawa S, 2021, Two end-member earthquake preparations illuminated by foreshock activity on a meter-scale laboratory fault, Nature Communications 2021 12: 1, 12 (1): 1-11

Yao H J, Van Der Hilst R D, Montagner J P, 2010, Heterogeneity and anisotropy of the lithosphere of SE Tibet from surface wave array tomography, Journal of Geophysical Research: Solid Earth, 115 (B12307)

Yao Y S, Wang Q L, Liao W L et al., 2017, Influences of the Three Gorges Project on seismic activities in the reservoir area [J], Science Bulletin, 62 (15): 1089-1098

Yu H, Harrington R M, Kao H, Liu Y, Abercrombie R E, Wang B, 2020, Well proximity governing stress drop variation and seismic attenuation associated with hydraulic fracturing induced earthquakes, Journal of Geophysical Research: Solid Earth, 125 (9), e2020JB020103

Zhang H, Chen X, 2006a, Dynamic rupture on a planar fault in three-dimensional half space — I. Theory, Geophysical Journal International, 164 (3): 633-652

Zhang H, Chen X, 2006b, Dynamic rupture on a planar fault in three-dimensional half-space—Ⅱ. Validations and numerical experiments, Geophysical Journal International, 167 (2): 917-932

Zhang H J, Thurber C H, 2003, Double-difference tomography: The method and its application to the Hayward fault, California, Bulletin of the Seismological Society of America, 93 (5): 1875-1889

Zhang H J, Thurber C H, 2006, Development and applications of double-difference seismic tomography, Pure and Applied Geophysics, 163 (2-3): 373-403

Zhang H J, Wang F, Myhill R et al., 2019, Slab morphology and deformation beneath Izu-Bonin, Nature communications, 10 (1): 1310-1310

Zhang M, Ge S, Yang Q, Ma X, 2021, Impoundment-associated hydro-mechanical changes and regional seismicity near the Xiluodu reservoir, Southwestern China, Journal of Geophysical Research: Solid Earth, 126, e2020JB021590, https://doi.org/10.1029/2020JB021590

Zhao C, Zhao C P, Lei, H F, Yao M D, 2022, Seismic activities before and after the impoundment of the Xiangjiaba and Xiluodu reservoirs in the lower Jinsha River, Earthquake Science, 35: 355-370

Zhao D P, Hasegawa A, Horiuchi S, 1992, Tomographic imaging of P and S wave velocity structure beneath northeastern Japan, Journal of Geophysical Research: Solid Earth, 97 (B13): 19909-19928

Zhao L S, Helmberger D V, 1994, Source estimation from broadband regional seismograms [J], Bulletin of the Seismological Society of America, 84 (1): 91-104

Zheng X, Zhao C P, Zheng S H et al., 2019, Crustal and upper mantle structure beneath the SE Tibetan Plateau from joint inversion of multiple types of seismic data, Geophysical Journal International, 217 (1): 331-345

Zhou L Q, Zhao C P, Chen Z L et al., 2012, Three-Dimensional V_p and V_p/V_s Structure in the Longtan Reservoir Area by Local Earthquake Tomography, Pure and Applied Geophysics, 169 (1): 123-139

Zhou L Q, Zhao C P, Luo J et al., 2018, A Detailed Insight into Fluid Infiltration in the Three Gorges Reservoir Area, China, from 3D V_p, V_p/V_s, Qp, and Qs Tomography, Bulletin of the Seismological Society of America, 108 (5B): 3029-3045

Zhu L P, Helmberger D V, 1996, Advancement in source estimation techniques using broadband regional seismograms [J], Bulletin of the Seismological Society of America, 86 (5): 1634-1641

Zoback M L, 1992, First-and Second-Order Patterns of Stress in the Lithosphere: The World Stress Map Project [J], Journal of Geophysical Research Atmospheres, 97 (B8): 11703-11728

Zuo K, Lei H, Zhao C, Zhao C, Zhang H, 2023, 3D V_p, V_s, and V_p/V_s Structures and Seismicity of the Lower Reaches of the Jinsha River, China, Seismol. Res. Lett. 94: 2384-2396, doi: 10.1785/0220230039

Zuo K, Zhao C, Zhang H, 2020, 3D crustal structure and seismicity characteristics of Changning-Xingwen area in the southwestern Sichuan basin, China, Bull. Seismol. Soc. Am. 110 (5): 2154-2167